A TRIP TO THE EDGE OF TIME AND

SPACE

旅行到时空边缘

李德范

著

北京时代华文书局

图书在版编目（CIP）数据

旅行到时空边缘 / 李德范著 . -- 北京 ：北京时代华文书局， 2018.1
ISBN 978-7-5699-1946-2

Ⅰ . ①旅… Ⅱ . ①李… Ⅲ . ①宇宙－起源－普及读物 Ⅳ . ① P159.3-49

中国版本图书馆 CIP 数据核字 (2017) 第 297451 号

旅行到时空边缘

Lüxing dao Shikongbianyuan

著　　者 | 李德范

出 版 人 | 陈　涛
选题策划 | 高　磊
责任编辑 | 余　玲　高　磊
封面设计 | 天行健设计
版式设计 | 段文辉
责任印制 | 刘　银　訾　敬

出版发行 | 北京时代华文书局 http://www.bjsdsj.com.cn
北京市东城区安定门外大街 138 号皇城国际大厦 A 座 8 楼
邮编：100011　电话：010－64267955　64267677
印　　刷 | 永清县晔盛亚胶印有限公司　0316-6658663
（如发现印装质量问题，请与印刷厂联系调换）
开　　本 | 787mm×1092mm　1/16　印　　张 | 17.5　字　　数 | 249 千字
版　　次 | 2018 年 3 月第 1 版　印　　次 | 2020 年 5 月第 3 次印刷
书　　号 | ISBN 978-7-5699-1946-2
定　　价 | 58. 00 元

目录 / CONTENTS

下篇　创生之路

从创世之光到宇宙生命系统

上篇

追溯之旅

旅行到空间与时间的尽头

第 1 章　顺行逆行的故事

行星在天空前进和后退，竟然影响了无数人的命运

向东进发

公元前 1048 年，夏日一天的后半夜，一颗大星从东方地平线上冉冉升起。这颗星明显与众不同，它发出醒目的光芒，明亮却不闪烁，显得庄严而肃穆。这颗星是木星，中国古代又称其为岁星，西方人把它看作罗马神话中的众神之王——朱庇特。

木星是一颗行星，它总是慢悠悠地在黄道星座中漫步，从一个星座移到下一个星座。这年夏天，木星一直坚定地沿双子座（井宿）自西向东前进。等到秋天来临时，它已经走到了双子座的东边缘。双子座的东方是巨蟹座，按照这个势头，深秋之时，木星将东移进入巨蟹座。在中国古代，巨蟹座这片星空被称为鬼宿，二十八宿之一。

木星的行踪让周武王备感振奋。三年前，立志讨伐商纣王的父亲文王去世，武王继承父志，一边守孝，一边积蓄力量。这年秋天，守孝期满，农忙也过去了，武王组织起军队，开始了伐纣的战争。

军队沿着黄河向东进发，拂晓前正好迎着东方天空熠熠生辉的木星。日子一天天过去，木星离鬼宿越来越近，武王的信心也越来越高涨。看呐，东方地平线上，一只吉祥大鸟正缓缓跃出，迎接木星的到来，那是一只红色的雀鸟——由柳宿、星宿、张宿、翼宿等组成的朱雀，木星犹如一颗璀璨的明珠，即将被衔入口中。

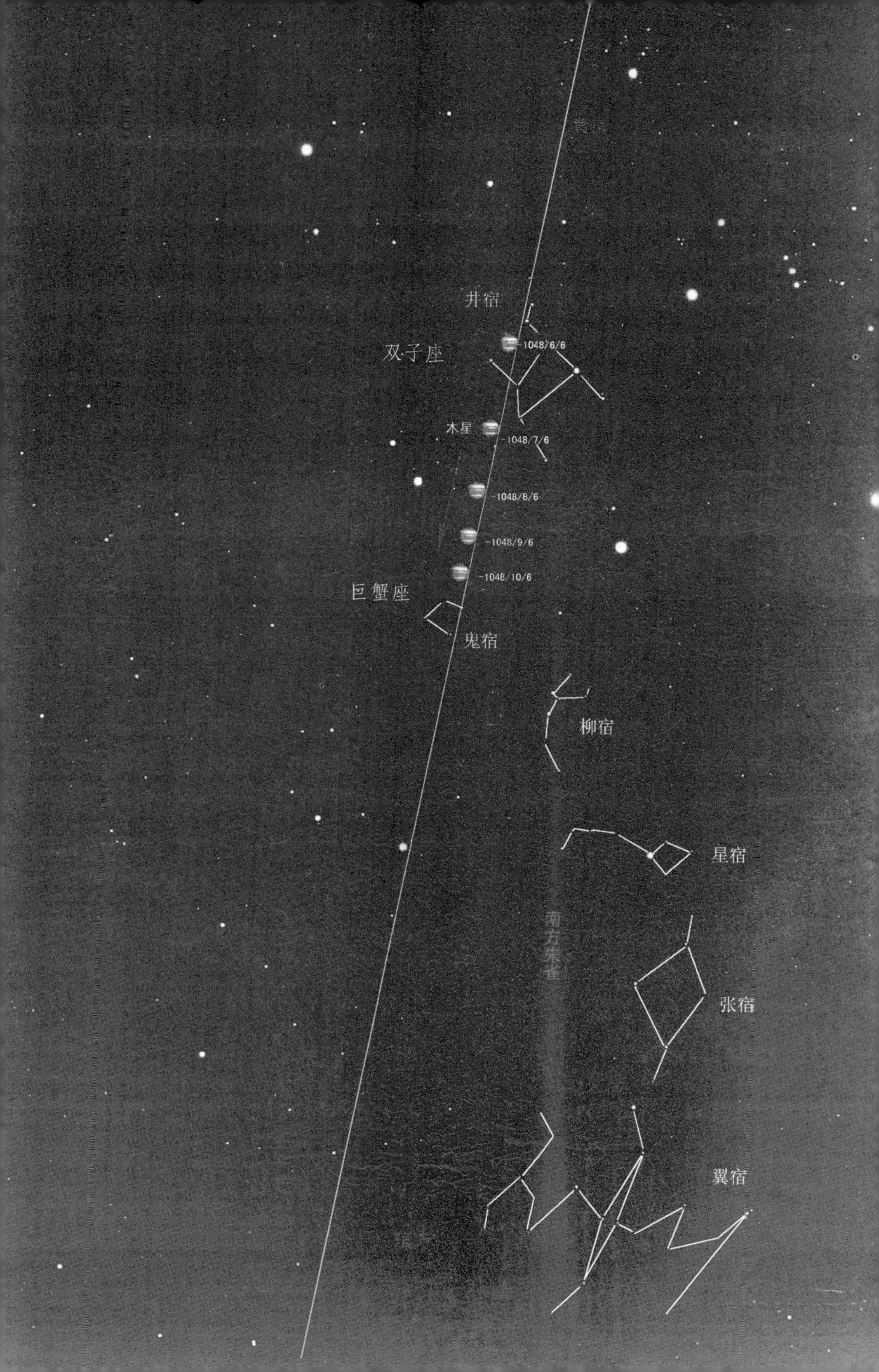

井宿
双子座
-1048/6/6
木星
-1048/7/6
-1048/8/6
-1048/9/6
-1048/10/6
巨蟹座
鬼宿
柳宿
星宿
南方朱雀
张宿
翼宿

周武王无比激动，感谢上天垂示吉祥的天象，把天命转移到周人身上。武王心头，浮现出11年前那次极为奇特的天象——凤鸣岐山。

凤鸣岐山

在遥远的古代，人们就注意到天上的星星可以分为两类：

一类占大多数，它们相互间恒定不动，这样的星叫恒星，恒星组成的图案固定不变，星座就由这些图案想象而来。

另一类就是行星，它们能够在星空里缓慢移动，肉眼可见的行星只有五颗——水星、金星、火星、木星和土星。

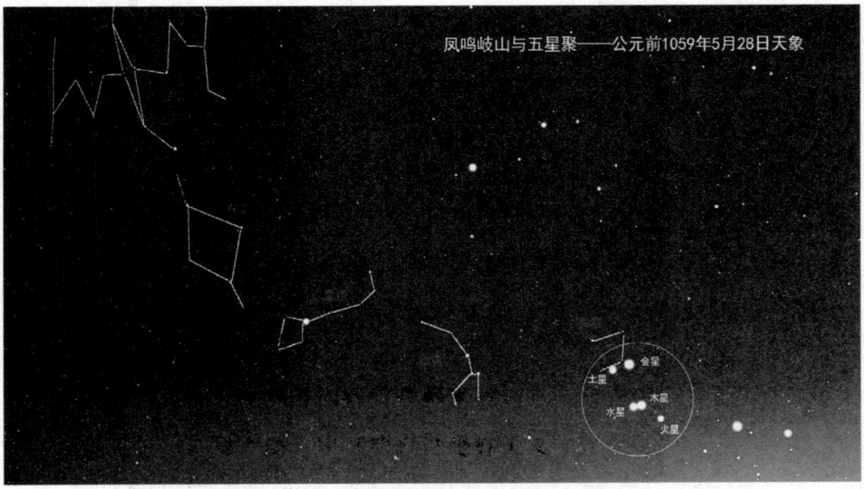

凤鸣岐山与五星聚——公元前1059年5月28日天象

通常，五行星在黄道星座里各自游荡，大多数时候天各一方，彼此难以照面，但在公元前1059年5月，五兄弟来了一次极为罕见的聚会，地点就在鬼宿。行动迟缓的土星提前半年多率先来到，木星则在西边的井宿（双子座内）徘徊了几个月，似乎在等待其他三个兄弟。5月初的时候，水星、金星、火星急匆匆赶来，和木星一起进入鬼宿（巨蟹座），与早已等候在此的土星团聚。

五行星中的水星就像一个羞涩的少年，总是躲在太阳的光辉里不愿露面，但此时为了赶赴五星之约，也离开太阳超过20度。在日落后的一个小时内，人们可以在西方低空清楚地看到行星五兄弟的聚会。在鬼宿这片暗淡的恒星背景前，五星的会聚显得极为引人注目。尤其是5月28日这天，五大行星聚集得如此紧密，以至于伸直胳膊后握紧的拳头就能把它们全部挡住。紧密会聚的五星，如同一块珍奇的圭玉从天垂下。五星的上方，那只美丽的大鸟——朱雀正展翼翱翔，俯冲而下，仿佛是把那宝贝圭玉衔在口中。这亘古罕见的天象奇观，吸引了朝野上下好奇而惊讶的目光。天垂象，见吉凶，五星会聚要宣示怎样的天命呢？人们忐忑不安地猜测着。

周文王姬昌西望天空，这一幕就出现在岐山之巅。文王仿佛听到了朱雀的啼鸣，昭告那五星的圭玉乃是上天颁布给自己的诏书。殷王无道，虐乱天下，天命所归，舍我其谁？文王心潮澎湃，乃作《凤凰歌》一首，歌曰：

翼翼翔翔彼鸾皇兮，

衔书来游以命昌兮，

瞻天案图殷将亡兮！

凤鸣岐山，文王受命，其中自有道理。在古人眼里，五星会聚这种罕见天象，会很自然地和社会最重大的变革联系在一起。从公元前1059年往前推517年——公元前1576年12月25日黎明，也出现了一次五星聚，水星、火星、木星、土星和月亮紧密会聚在人马座南斗六星附近。这种天象出现在昏庸残暴的夏桀统治时期，商人认为这是天命转移给自己的征兆，便起来推翻夏朝，建立商朝。

从公元前1576年再往前推377年——公元前1953年2月26日，五大行星紧密会聚在宝瓶座内。这次五星聚发生的时间和大禹治水非常接近，它被看做是上天对中国第一个朝代——夏朝开始的宣告。

现在，五星会聚再一次出现，而且发生在鬼宿，这对周文王来说意义非凡。根据古代天人相应的观念，天上每一个星宿对应着地上不同的国家，朱雀头部的鬼宿对应的正是西周，五星会聚发生在那里，岂不是天命转移给西周的明确征兆吗？周文王踌躇满志，积极准备，不料壮志未酬身先死，伐纣大任落在了武王身上。

奇怪的退兵

武王伐纣的消息传出，西方各路诸侯纷纷加入。10月，武王的军队到达孟津，有八百路诸侯在这里会师。商的都城殷已经遥遥在望，群情激昂，认为纣王的末日已经来到，纷纷主张尽快挥师渡河北进，消灭殷商。然而让人不解的是，武王却踌躇不定起来，全然没有了出发时的雄心壮志。犹豫一些时日后，武王竟然作出了一个让人匪夷所思的决定：退兵。

诸侯们大惑不解，纷纷质问。武王说："你们不知道上天的旨意，商纣王气数未尽，现在还不是讨伐他的好时机。"虽然将信将疑，诸侯们还是各自退去，武王也撤回到一千多里外的西岐。八百路诸侯各自为政，团结起来很不容易，作出解散的决定是艰难的，究竟什么原因动摇了武王的意志？原来星空中，木星的行踪悄然发生了变化。

顺行与逆行

行星在黄道星座里漫游，大多数时候相对于星座背景自西向东运行，这叫顺行；有时候行星会掉转头向西退回去，这叫逆行，逆行时行星通常会变得更亮；在顺行和逆行转换时，行星会有一段时间停滞不动，称为留，这是每一个行星都有的运行规律。

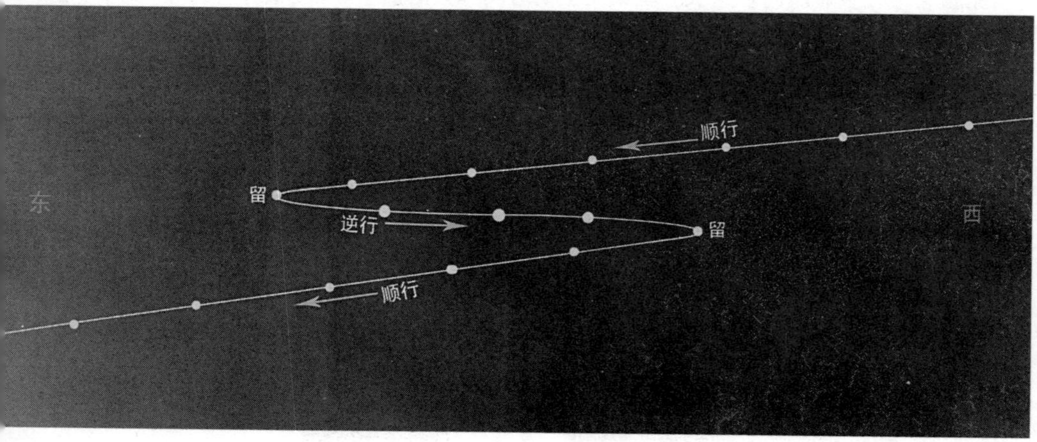

在古人眼中，行星运行会产生强大的能量，顺行往往代表一种正的能量，逆行则相反。木星是天空的主宰之星，拥有令人畏惧的伟大力量，其运动昭示着上天不可抗拒的旨意，尤其会影响到军国大事。木星顺行有利于发动军事进攻，但它若逆行，就不利于进攻了，石申的《星经》中就记载了这样的观念：

岁星逆行，其国不可以兴兵。星顺兵宜进，星逆兵宜退。

周武王在初秋集结军队的时候，木星从井宿（双子座）向着鬼宿（巨蟹座）方向顺行，照这样的势头，当西周军队到达商的都城殷时，木星恰好可以向东顺行到朱雀头部的鬼宿，也就是当年五星聚发生的位置。这个天象对殷商发动打击是最有利的，周武王正是在木星向鬼宿顺行时开始了信心满满的东征。

可是，当军队接近目标的时候，木星顺行的速度慢了下来，这让武王感到不安，木星似乎不再配合他的军事行动了。眼看就要进入鬼宿，木星竟然停了下来，徘徊不前。武王知道，木星一旦停止不前，接下来就要调头逆行了，而逆行是应当退兵的。看来，殷商的天命尚未完全结束，上天不再支持自己了。这实在是个极为困难的抉择，但考虑到商纣王的军队此时还算强大，这支军队还在与东夷作战，等到纣王的军队消耗得差不多时再行讨伐岂不更好？武王于是决定顺从上天的旨意，劝说诸侯们退兵回师。

凶恶天象下的大决战

公元前1047年底，周武王觉得时机成熟，又一次集结军队，准备第二次伐纣。一个叫鱼辛的人急忙来向武王进谏说：“天象不利于我们征伐啊，木星正在逆行。”鱼辛说的是实际情况，木星不仅逆行，而且正好冲着朱雀的头部，那对应的正是西周。

此外还有另一个更加让人不安的天象——一颗罕见的大彗星出现在天空。彗星像个扫帚，它出现在天空，意味着要对天下来一次大扫除。对谁有利呢？头部，也就是扫帚柄所指的方向有利，因为扫帚把拿在人家手里，彗星尾巴所指的方向则是被扫除的对象。唐代李淳风的《乙巳占》记载了这样的观点：

凡战，两军相当，执本者胜，随彗所指处以讨焉。

当时天空中出现的这颗彗星，头部指向东方，也就是彗柄掌握在东方的商纣王手中，尾巴扫向西方，意味着西周是被扫除的对象。

奇怪的是，周武王这一次竟然毫不理会这些凶恶的天象。他拜姜子牙为军师，调集5万精锐部队，迎着逆行而来的木星，顶着扫向西方的彗星，坚定地向东方进发。公元前1046年1月20日，在牧野，武王的联军和商纣王的70万大军展开惨烈决战。双方约有20万人死亡，血流甚至把捶衣的木棒都漂浮起来。结果商纣王大败，在朝歌自焚而死，中国进入持续八百年的周朝时代。

武王伐纣的具体时间有多种说法，古代典籍里的天象记录是考古的重要依据。木星逆行导致武王退兵的故事，基于美国汉学家班大为的观点，他在《中国上古史实揭秘》一书中给出了这种新颖的解释。

行星的顺行和逆行究竟是怎么回事呢？在占星学家用它预测吉祥祸福的时候，天文学家们则利用它来构建宇宙的模型。武王伐纣一千多年之后，古希腊一个叫托勒密的人，试图揭开行星运行的奥秘。

第2章　晶莹的天球

古希腊人的同心球体系相当合理地解释了行星的运行

九重天

古希腊是人类历史的一大传奇，涌现出一大批探索真理的伟大智者。到托勒密的时代，地心宇宙体系已经初具规模，那是前几辈先贤们如毕达哥拉斯、柏拉图、亚里士多德等人的智慧成果。公元前1世纪古罗马演说家西塞罗在“西庇阿之梦”中，描绘了那个时代希腊人的宇宙观，它已经遥遥领先于古代各民族的宇宙观：

宇宙是九重天，或者说由九个运转着的球组成。外面一重球叫恒星天球，上面钉着所有的恒星。下面有七重球，都以和天球相反的方向在运动。和恒星天球最近的一重天是土星，下面一重球是赐予人恩惠的木星，再下面是可怕的红色火星；这下面便是太阳，它是君王，是统治群星的主宰，是世界的灵魂，它用它那巨大而明亮的球体，以光辉充满宇宙。在太阳以下有一对伴侣，即金星和水星。最低的一重球才是月亮，它的光是从太阳借来的。在这最低一重天下面，生息着将要死亡腐朽的众生，但慈悲的神给予众生的灵魂却是永恒的。月亮上面的一切皆是永恒的。我们的地球位于宇宙的中心，远离诸天，静止不动；一切有重量的物体都被牵引向地上来……

西塞罗描述的地心说称为亚里士多德体系。亚里士多德生活在公元前4世纪，和中国的庄子同一个时代。他讲课风格不拘一格，常常一边漫步于走廊和花园，一边和学生讨论，也常被称为逍遥学派。

古代哲学家试图解释的宇宙，最主要的是七大天体，就是五大行星再加上太阳、月亮，它们合起来又称为七曜，是古代各民族共同关注的对象。古巴比伦人曾经建造了七星坛祭祀七曜，七星坛分七层，每层一个星神，从上到下依此为日、月、火、水、木、金、土七神，七神轮流主管一天，周而复始，这就是星期的由来：

星期日	星期一	星期二	星期三	星期四	星期五	星期六
太阳神	月亮神	火星神	水星神	木星神	金星神	土星神

日月五星这七曜，再加上恒星天以及由神灵居住的最高天，就是九重天。九重天由高到低的排列顺序是：

最高天

恒星天

土星天

木星天

火星天

太阳天

金星天

水星天

月亮天

各重天的顺序如何确定呢？依据它们的移动速度。日月五星在黄道星座里周而复始地运行，但它们在星空走完一圈的周期是不一样的，早在4000年以前，人们就有了下面这个表里的数值：

七曜	在星空环绕一周的时间
土星	30年
木星	12年
火星	2年

太阳	1年
金星	约1年
水星	约1年
月亮	1月

周期长是因为速度慢，速度慢通常意味着距离远，从月亮到土星的七层天顺序就确定下来。至于恒星天空，因为众星之间的相对位置从不变化，恒定不动，看上去如同一个镶满钻石的晶莹球壳，容易判断它们比行星远得多，就是七曜之外的第八重天。八重天外，是看不见的宗动天，那是神灵的居所，是第九重天。

顺行逆行的解释

亚里士多德的宇宙体系看似完美，但明显不够完善，比如无法解释行星逆行。当行星调头向西逆行时，它所在的天球难道会反转运行吗？托勒密这样认真的天文学家对此感到很不满意。

托勒密大约于公元90年出生于希腊，同当时许多伟大的学者一样，他也来到地中海港口亚历山大求学。那时的亚历山大是一个传奇城市，它由马其顿帝国的缔造者亚历山大建造。亚历山大是亚里士多德的学生，他继承了老师对知识的热爱，于公元前259年在亚历山大海港建造了人类早期最伟大的图书馆，传说极盛时期图书馆内收藏的各类手稿逾70万卷。让人惊讶的是亚历山大人对于书籍的热爱程度，他们用各种手段搜集书稿，甚至不惜把来往亚历山大港口的外地商船扣留下来，直到船上的书稿被抄下来才允许离开。四方学者纷纷云集此地，或讲学，或求学，很快，亚历山大成为世界知识的中心。托勒密就有二十多年生活在亚历山大城，期间写就的《至大论》成为此后一千多年间天文学领域的权威经典，托勒密本人也成了遥不可及的神话般人物，被视为真正的亚历山大之王。

托勒密雄心勃勃，决心建立一个完美的宇宙体系，他效法欧几里得，先列出一些公理，然后再外推，这些宇宙学公理共有5条，在托勒密看来都是不言自明的：

1. 大地是一个球；

2. 地球位于宇宙的中心；

3. 地球是静止不动的；

4. 各层天是球形的，围绕着地球旋转；

5.与遥远的各层天球相比，地球小得像一个点。

这样，为解释行星逆行，托勒密下面的做法是很自然的：

给行星安上一个本轮！

即行星并不直接绕地球运行，而是在一个叫本轮的小圆圈上做圆周运动，本轮中心围绕着地球做大圆周运动，这个大圆周叫行星的均轮。仔细想一想，它是不是一举解释了行星的顺行、逆行和亮度变化，同时又符合托勒密的所有宇宙学公理呢？这个聪明的方案其实并非托勒密首创，而是比他早三百多年的阿波罗尼奥斯想出来的，阿波罗尼奥斯是和欧几里得、阿基米德齐名的古希腊大数学家。

以木星为例，木星本轮中心沿均轮自西向东环绕地球运行，周期约12年，所以人们会看到木星约12年在天球上走一圈，大部分时间里是自西向东顺行的。木星还沿着本轮旋转，一年转一圈，当它运行到本轮下方靠近地球时，看起来就逆行了，而且由于距离地球更近，它也变得更亮了。

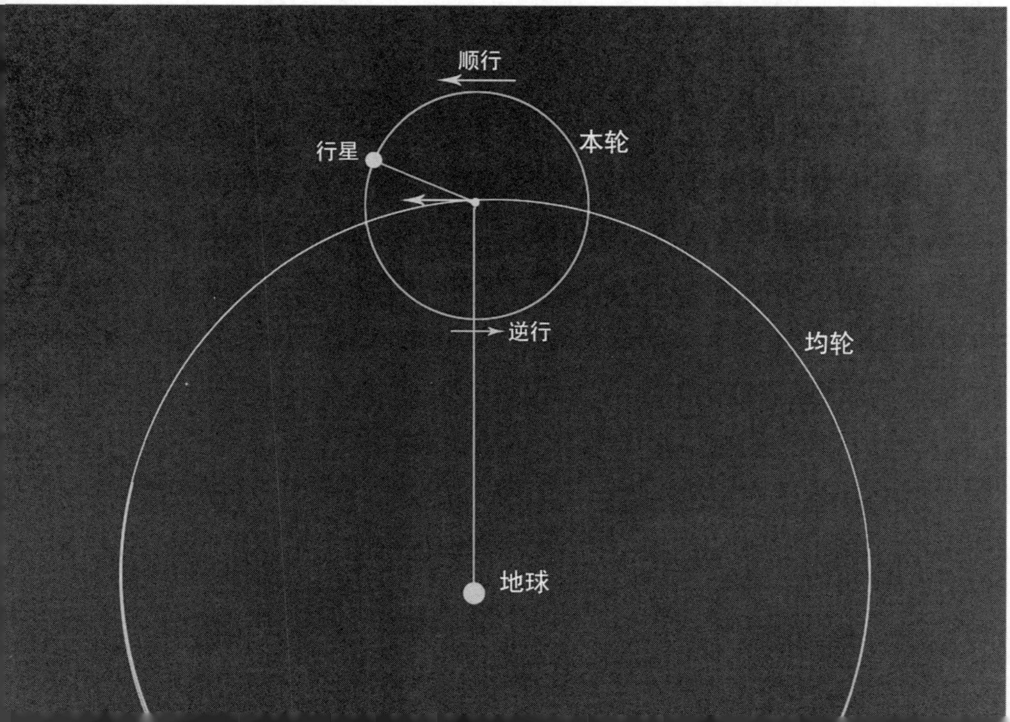

圆轨道的信仰

本轮解释了行星的逆行，但还有一个比较麻烦的问题。古希腊像其他文明一样，有强烈的天尊地卑观念，认为天上的一切都是完美而永恒的，既然这样，天体的轨道必然是正圆才行，否则就不完美，亚里士多德在《论天》里写道：

月亮以下的东西都是有生有灭的；自月亮而上的一切东西，都是不生不灭的。在月亮以下的领域里，一切东西都是由土、水、气、火四种元素构成的；但天体则是由第五元素——以太构成。各层天都是完美的球形，越往上的天越神圣，它们沿正圆形轨道运行，因为以太是完美的，所以它只会做完美的等速圆周运动。

这信条使问题变得复杂，因为行星在天空的运行速度并不均匀，有时快，有时慢，比如火星，它走完轨道的某个半圈要比另外半圈慢80天。

托勒密当然很清楚，但他坚信不均匀是表象，本质还是匀速圆周运动。怎么协调呢？托勒密把地球稍稍偏离宇宙中心，这样，从地球上看去，行星运行速度就不均匀了，这是一种偏心圆体系，其实已经接近椭圆，但椭圆在信仰上不正确，因而托勒密不予考虑，直到1500年以后开普勒才发现行星轨道是椭圆。

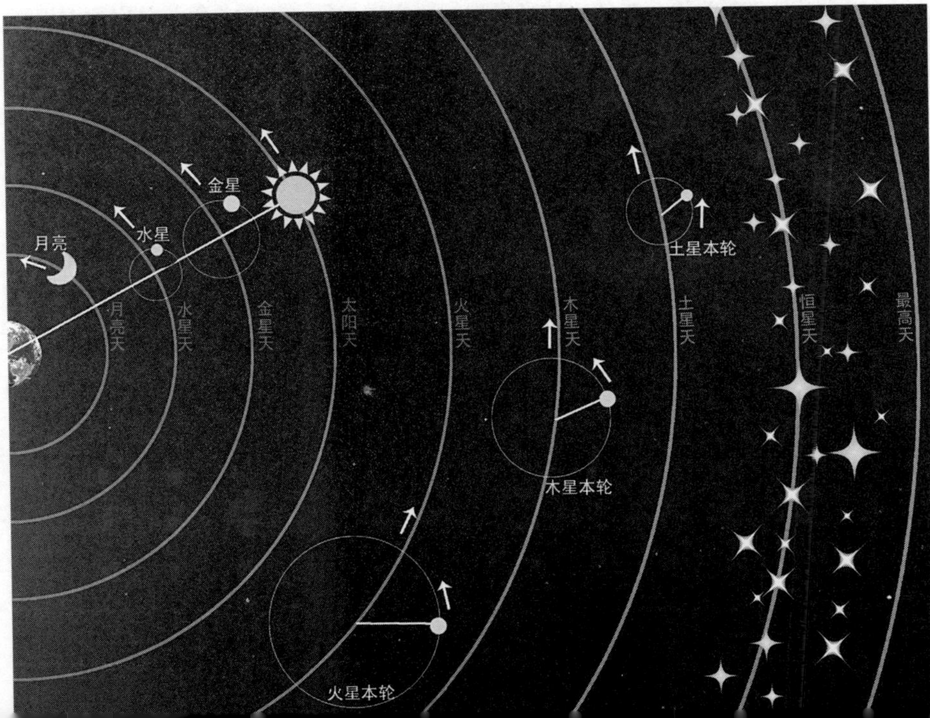

宇宙是如何运转起来的呢？和亚里士多德的解释一样，首先转动起来的是宗动天，它由神来推动。神一旦推动了宗动天，宗动天就把运动传递到恒星天，恒星天带动土星天，土星天带动木星天，由高向低依次传递，整个宇宙就永不停息地运转起来。

这实在是一个相当完美的宇宙，行星运行得到了合理解释，神与人也各得其所，一切都安排得极为妥当。托勒密无比喜悦，他写道：

虽然我的生命有限，
譬如朝露，
但只要仰望布满星斗的穹苍，
即使只有片刻，
我就有如羽化升天，
与造物主接触，
我快乐的灵魂也将化为永恒……

一次巨大飞跃

我们的教科书里普遍批判地心体系，很多人就把地心体系看作愚昧落后的代表，这是相当不公平的，后来出现的地心说与日心说的斗争，是宗教意识形态造成的，与地心说本身关系不大。实际上，托勒密的宇宙体系相当厉害，它能够在任何给定的时间点上，推算并预言各个天体的位置，而且精度相当高。

在那个时代，世界各民族还普遍用精灵主义和神话传说解释宇宙，托勒密等古希腊人把天体运行理解成一种自然规律，并构造出地心体系这样一个相当科学的宇宙模型，这当然是一个里程碑式的伟大成就，是人类认识宇宙的一次巨大飞跃。托勒密当之无愧地成为天文界泰山北斗式的人物，也是人类科学史上极少数最伟大的人物之一。

然而，在中世纪的欧洲，托勒密的巨著《至大论》竟然失传了好几百年，阿拉伯人保存了它。公元1175年《至大论》从阿拉伯文译回拉丁文，才重回欧洲，先是受到压制，经过公元13世纪经院哲学家托马斯·阿奎那的重新诠释，才被接纳为官方意识形态。其结果是，地心宇宙结构和宗教信仰结合在一起，极大地影响了欧洲乃至整个人类的精神世界。

14世纪意大利诗人但丁那气势磅礴的《神曲》里描写的地狱、炼狱和天堂，就建立在托勒密地心宇宙体系基础上。文学艺术的渲染力量，加上宗教的宣传，使天文学家的宇宙观迅速进入社会大众的心灵深处。

《神曲》里描述的地狱形似一个大漏斗，以耶路撒冷为中心向地心延伸，从上到下逐渐缩小，到地心缩为一个点。和宇宙的九重天相对应，地狱也是九层，灵魂的罪恶越大，堕落的地狱越深。

地狱漏斗的最底端就是地心，是掌控地狱的魔鬼撒旦所在之处。越过地心就是炼狱，炼狱矗立在净界山上，共有七级，犹如七级宝塔，越往上越小，最后从南半球的大海中升出地面；然后是地上的乐园，加上底层的净界山，炼狱也共有九层。

最上面的乐园里鸟语花香，从乐园仰望天空，那里是南半球的星空，头顶上闪耀着星光灿烂的十字架——南十字星座。

但丁写道：

我把心神

贯注在另外一极上，

我看到了

只有最初的人见过的四颗星。

“最初的人”指基督时代也就是公元1世纪的人，四颗星就是南十字座的四颗亮星，在很多文学作品里，这四颗星周围住的天空被看做天堂的入口。那时在耶路撒冷能看见南十字座位于地平线附近，由于地轴进动，现在北纬30度以北看不到这四颗星了，所以“只有最初的人见过”。

《神曲》里，但丁和他的梦中情人贝阿特丽切一起向上飞升，依次飞越九重天堂，这九重天堂就是古希腊地心体系里的九层天球。

权威与缺陷

托勒密地心体系被中世纪后期欧洲官方意识形态推上辉煌的巅峰，在长达几百年时间被奉为不容置疑的真理，但其缺陷也渐渐暴露出来。地心宇宙用语言描述是轻松简单的，在实际计算和预测时，却是复杂繁琐的，随着时间推移，误差越来越大。为了修正误差，后来的天文学家们复制托勒密的思路，在本轮上再加小本轮，通过反复调整小轮的数量、半径和旋转速度，总能使理论和观测大致符合。其结果是，本轮套本轮，重重叠叠不断增加，以致最后各种轮子总数竟达80个之多！宇宙变得复杂难解，远远偏离了古希腊人对宇宙持有的简单和谐的信念。

13世纪，通晓天文学的西班牙卡斯提腊国王阿尔芒斯（1221～1284）感到这个体系太复杂，说道："上帝创造世界的时候，要是向我征求意见的话，天上的秩序可能安排得更好些。"他很快被指控为异教徒，王位也被革除。

第3章　旋转的大地

大地在旋转其实是相当显而易见的

迟来的葬礼

2010年5月22日，波罗的海沿岸的弗隆堡大教堂，一场隆重的葬礼在这里举行，埋葬的是已经去世几百年的大天文学家哥白尼。哥白尼去世时，就葬在弗赖堡大教堂。但在那时代，哥白尼并没有得到多少尊重，甚至墓碑都未刻字，因为教会视日心说为异端，普通信众也就对哥白尼怀有深深的敌意。在长达几百年的时间里，哥白尼被冷落，墓地也被遗忘了。不过哥白尼是在床榻上平静地离世的，不像有人误解的那样被烧死在火刑柱上，那是布鲁诺。

进入21世纪，波兰人觉得哥白尼应该得到更高的礼遇，就开始发掘寻找哥白尼的坟墓。研究人员在哥白尼的藏书里发现了他的几根头发，因此有了DNA样本。经过比对，最终确认了哥白尼的遗骨，于是在去世468年之后，哥白尼被再次埋葬。神职人员喷洒圣水，抬棺人举起棺木，隆重的仪仗队陪伴，穿过红砖砌成的教堂，把遗骨葬于教堂墓地。黑色花岗岩墓碑上装饰着哥白尼的日心体系——6颗行星环绕着金色的太阳，它们仿佛在吟诵《天体运行论》序言中的话语：

“难道还有什么东西比起包括一切美好事物的苍穹更加美丽的吗？由于天空具有超越一切的完美性，大多数哲学家把它称为可以看得见的上帝。”

人们找到哥白尼曾经为自己撰写的墓志铭，把它刻在新的墓碑上，碑文体现出了哥白尼虔诚的天主教信仰：“你不必赏我像赏给圣保罗的恩宠，但求你赏赐我像你给圣彼得的宽赦和右盗的仁慈。”谦卑的哥白尼不但得到了宽赦和仁慈，也得到了恩宠和盛名。他创立的日心说改天换地，犹如一次乾坤大挪移，把太阳和地球的位置来了个大颠倒，是人类认识宇宙的又一次巨大飞跃，哥白尼也成为人类世世代代纪念的科学伟人。1953年，在哥白尼逝世410周年纪念会上，爱因斯坦赞叹道：

“哥白尼的伟大成就，不仅铺平了通向近代天文学的道路，也使人们在宇宙观上来了一次决定性的变革。一旦认识到地球不是宇宙的中心，而只是较小的行星之一，以人类为中心的妄想也就站不住脚了。”

哥白尼的炫目光环加深了日心说的神秘感，很多人对它感到高深莫测，望而生畏。其实，哥白尼的巨大声望有相当一部分来自几百年来的意识形态斗争。托勒密地心体系本来是个科学问题，却被宗教意识形态化了，哥白尼日心体系就不可避免地被拖入这场意识形态斗争。

对一个认真的探索者来说，超越托勒密地心体系其实是一个很自然的过程，因为地动的证据相当显而易见，我们只要稍稍用心探究，就会感到惊讶，为什么人类实现这一超越竟如此周折？

周日视运动暗示了地球自转

日月星辰每天东升西落环绕地球一周的运动，称为天体的周日视运动。地心体系认为这是天体本身在围绕地球运动，任何人若认真观察和思考，都会深深质疑这说法。

这运动的最大特点是非常整齐，尤其是恒星，所有恒星沿着完全平行的圆圈，以完全相同的方向，完全相同的周期由东向西越过天空，其行为完全像一个包裹着大地的晶莹天球，但是这里面有很明显的矛盾。

古希腊人已经清楚地感觉到星空的广阔与高远，地球自身的大小同天空相比完全可以忽略不计，这就是托勒密5条宇宙学公理的第5条：

与遥远的各层天球相比，地球小得可以看成一个点。

我们来想一想，既然大地已经大得不可思议了，各层天又该有多远呢？从而立即可以推出：那些小小的恒星光点必然极其巨大！因为它们距离实在太遥远了，如果真的是不起眼的小星点，地球人怎么可能看到它们呢？试想一堆熊熊燃烧的篝火，近看虽然很明亮，距离稍远就会暗弱无光。

这样，天球肯定是，无法想象的大，无法想象的沉重！这样一个天球怎么会围绕微小的地球旋转，况且是每天旋转一圈呢？

还有一个很明显的问题。日月五星和恒星位于八个不同的天层上，距离相差极大，但它们的运动看上去却非常整齐，路线完全平行，周期基本相同，有什么样的机制，能让八个各自独立的天球如此协调一致？没有。

高度协调一致的周日视运动只不过强烈暗示了，它必定由某种单一运动导致——只要假定地球自身在旋转，一切就都顺理成章。

这样看来，推断出地球转动并没有多大困难。实际上，早在公元前5世纪，古希腊哲人赫拉克利特已经提出了地球自转的观点，这比哥白尼早了两千年。

赫拉克利特是一位富于传奇色彩的哲学家，是爱菲斯学派的代表人物。他出生在爱菲斯城邦的王族家庭，本来应该继承王位，但是他将王位让给了他的兄弟，自己跑到阿尔迪美斯女神庙附近隐居起来修道，这经历很像佛陀释迦牟尼。

古希腊的哲学家们都追求理解世界的本原。泰勒斯说世界的本原是水，毕达哥拉斯说世界的本原是数，而赫拉克利特认为世界的本原是火："这个有秩序的宇宙对万物都是相同的，它既不是神也不是人所创造的，它过去、现在和将来永远是一团永恒的活火，按一定尺度燃烧，一定尺度熄灭。"赫拉克利特另一句广为人知的名言是："人不能两次踏进同一条河流。"

赫拉克利特天才地领悟到了地球的自转。他说："日月星辰东升西落以及昼夜形成的原因，不是由于天球的旋转，而是由于地球在自西向东旋转。"这位先行者在两千年前的智慧判断无疑给哥白尼增添了极大信心。

理解地球自转，关键还要明白，日月星辰的东升西落是一种相对运动。运动具有相对性，在地面是常见的，但是一般人难以把它扩展到天上，哥白尼要向大家说明的就是这一点，他在《天体运行论》里写道：

我们驶出港口，陆地和城市却在后退。因为船只驶过风平浪静的海面时，所有外界的东西，在船上的人看来，正好像它们在按照船只的运动移动着，只是方向相反——他们觉得，他们自己和身边的东西都留在原处。这种情况毫无疑问可能出现在地球运动引起的现象中，它导致整个宇宙都在旋转的印象……

太阳在黄道上的运动反映了地球公转

现在我们来了解天文学中一个非常有名的概念——黄道。

几千年前，古人就发现太阳在星空背景前移动，而且路线非常固定，这条路线就是黄道，黄道穿越的星座就是著名的黄道十二星座。太阳沿着黄道一年转一圈，平均一个月穿行一个星座。

太阳在黄道上的运行，给人的直观感觉是，它在围绕着地球运行，这正是地心体系的解释，如下图：

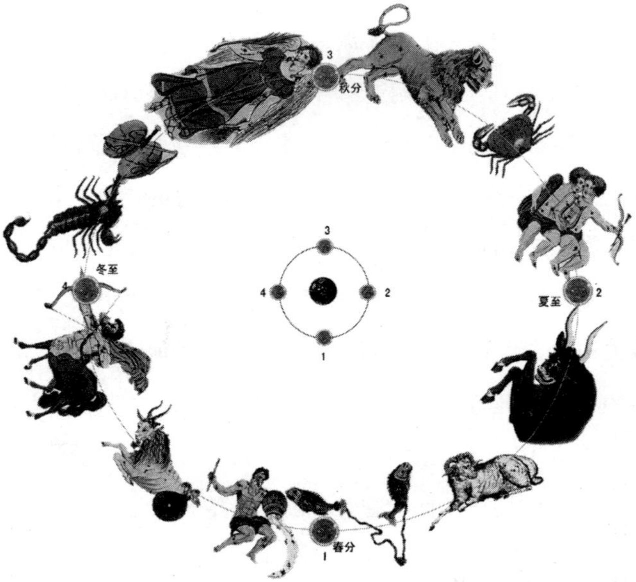

从地球上看，太阳一年围绕着地球在黄道上走一圈，这是地心说的直观依据。

春分时，太阳运行到位置1，从地球上看，太阳位于双鱼座的位置1。

夏至时，太阳运行到位置2，从地球上看，太阳位于双子座的位置2。

秋分时，太阳运行到位置3，从地球上看，太阳位于室女座的位置3。

冬至时，太阳运行到位置4，从地球上看，太阳位于人马座的位置4。

可是，如果知道运动具有相对性，这结论就不可靠了。假如地球围绕太阳运动，一年转一圈，从地球上看，也是太阳在黄道上一年转一圈，视觉效果完全一样。

下面这幅图里，地球和太阳的位置互换了一下，地球轨道中央的太阳是真正的太阳，黄道上的太阳是从地球上看去的太阳投影。当地球围绕太阳公转一圈时，从地球上看太阳，太阳也在黄道上围绕地球转动了一圈。绕转的关系如下图：

若地球绕太阳公转，从地球上看去，同样看到太阳一年在黄道上走一圈。

春分时，地球运行到位置1，从地球上看，太阳位于双鱼座中的位置1。

夏至时，地球运行到位置2，从地球上看，太阳运行到双子座的位置2。

秋分时，地球运行到位置3，从地球上看，太阳运行到室女座的位置3。

冬至时，地球运行到位置4，从地球上看，太阳运行到人马座的位置4。

这样我们就能明白，太阳一年沿着黄道上绕行一圈的运动，完全可以理解为地球绕太阳公转造成的相对运动。哥白尼日心说的最主要工作，就是实现地球和太阳的位置互换。实际上，在哥白尼之前1800年前，已经有人完成了这个工作，那是古希腊的阿利斯塔克。

太阳与地球的相对大小是关键

究竟是太阳绕着地球转，还是地球绕着太阳转，单凭太阳在黄道上的运动不能得出结论，但是如果能够知道它俩哪个更大，结果就清楚了。

公元前3世纪，古希腊的阿利斯塔克就已经知道，太阳比地球大得多。他是这样测算的：月亮半圆时，日地月三天体形成了一个直角三角形，月亮位于直角处，这样，只要测量出月亮和太阳的夹角，就可以利用三角函数计算出太阳和月亮的距离关系。阿利斯塔克的测量结果是，太阳比月亮远了19倍。因为月亮圆面和太阳圆面看上去差不多大，那太阳的直径就是月亮的19倍。

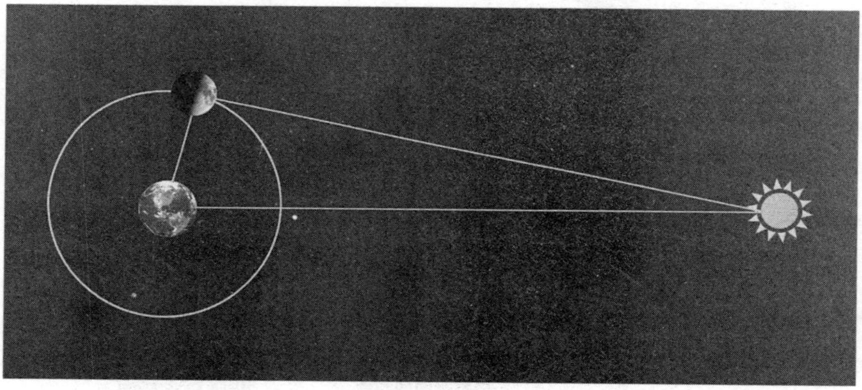

阿利斯塔克还知道，月食时月面上的暗影就是地球的影子，他根据月食时地球影子的宽度，算出地球直径是月球直径的3倍。这样阿利斯塔克就发现，太阳体积就比地球大了二百多倍！虽然不很准确，但足以令他意识到，不可能是太阳围绕地球转！

阿利斯塔克无疑是深刻的，但在那时代，把居于宇宙中央的地球说成是绕着别的星球转动，被认为有损人类尊严而且大逆不道，因而这学说常常遭到其他学派和宗教神职人员的指责非难，就连天文学家也接受不了。古希腊另一个伟大的天文学家喜帕恰斯评判道："阿利斯塔克关于地球绕太阳旋转的说法，不过是简单的空想。"这样，地动的思想被埋葬，阿里斯塔克被掩盖在亚里士多德和托勒密的光芒之下，直到一千八百多年以后才遇到哥白尼这个知音。

哥白尼的测量数据比阿利斯塔克要精确得多，他知道太阳远比阿利斯塔克计算的大得多，不但比地球大得多，也远比其他行星大得多。毫无疑问，太阳应该位于宇宙的中央，地球和行星都应该围绕太阳运行。哥白尼写道：

“太阳居住在中央。在这光辉灿烂的庙堂里，除了那个普照寰宇的重要地位之外，还有什么更适宜的地方去安置这个伟大的发光体呢？”

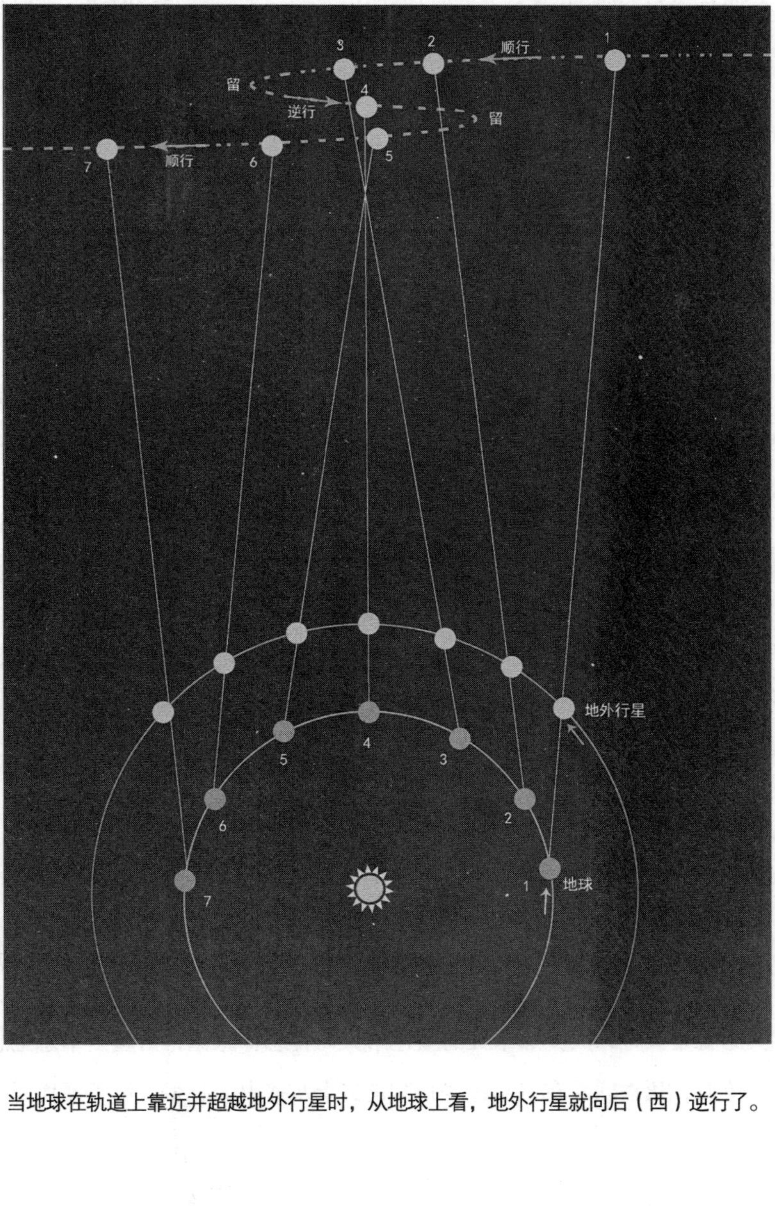

当地球在轨道上靠近并超越地外行星时，从地球上看，地外行星就向后（西）逆行了。

顺行逆行的简明解释

一旦把太阳置于中央，让地球和行星围绕太阳运行，天体运行就恢复了和谐的原貌，容易理解得多了。我们来看曾经困惑周武王的木星的逆行。

木星和地球一样，自西向东围绕太阳公转，大多数时候，地球上看到的是木星自身的公转，因而是顺行。木星的轨道在地球外面，它比地球走得慢，当地球在自己的轨道上接近并开始超越木星时，从地球上看，木星就向西退去了，这就是逆行。就如同两辆同向行驶的汽车，后面一辆超越前面一辆时，坐在后车的人会看到前辆车向后退去。

而在顺行和逆行转换之间，由于观察角度的关系，行星看上去会有一段时间停止不动，这就是留。（见上页图）

“荧惑守心”的故事

行星运行的原理是相当简明的，但古人不明白这个道理，便给它披上了一层神秘的外衣，于是它就能大大影响人类的心理乃至社会的发展历史，直到今天依然有无数人用它指导自己的人生。有很多这样的例子，我们来看一个和火星运行有关的著名天象——荧惑守心。

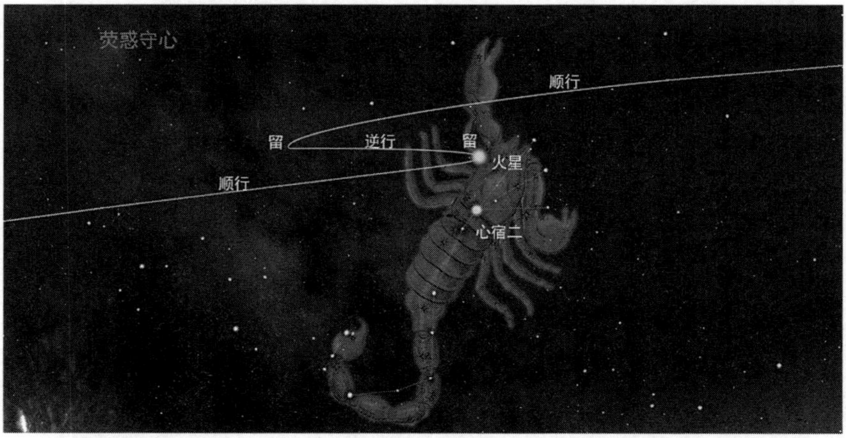

荧惑就是火星，火星那暗红的颜色给人一种恐怖感觉，占星学中总把它和战争、流血、死亡联系在一起；“心”是二十八宿中的心宿，位于现代天蝎座

内，是东方苍龙的心脏，在占星学中被看做帝王的象征。荧惑守心就是火星运行到心宿，既不顺行前进，也不逆行倒退，而是停留——守在那里。

很明显，在中国传统占星学看来，荧惑守心是对帝王大不利的天象，比如《开元占经》中就这样记载：

荧惑守心，主死，天下大溃。

西汉末年汉成帝时候，王莽作为大司马辅政，丞相是翟方进。公元前7年春天，有天文官奏报皇帝，天上出现荧惑守心的大凶天象，皇帝非常害怕。王莽的亲信李寻乘机向皇帝进言："出现荧惑守心，表明丞相翟方进没有尽到责任。以前先皇帝时曾经发生过春苗结霜，夏天降雪，白天伸手不见五指的异象，丞相辞了官，一切才转为正轨。"

翟方进惶恐不安地辞了职，皇帝并没有善罢甘休，他暗示翟方进"如果不显示出忠君的诚意，显尊的名声恐怕难以长保"。翟方进只得自杀而死。

这次"荧惑守心"带来的灾难相当巨大。翟方进自杀是在公元前7年2月，3月份正当壮年的汉成帝突然驾崩，接连继位的两个小皇帝，也不明原因地死去，最后是两岁的刘婴继位皇帝，王莽摄政，并最终接受禅让称帝。后来，翟方进的儿子翟义起兵造反，指称王莽毒杀汉平帝，掀起了两汉之间血雨腥风的战乱。其结果是，到东汉建立社会平定下来后，全国人口锐减大半，"荧惑守心"实在是凶险之极。

但事实上，导致翟方进自杀的"荧惑守心"天象并没有发生。用现代天文软件可以轻易推算出来，公元前7年春天，火星运行在室女座的角宿，距离天蝎座的心宿很远。历史上虚构"荧惑守心"不止一次，中国正史记载荧惑守心天象一共有25次，其中只有10次大致准确，其余均属虚构。

新时代的开启

回到哥白尼这里。哥白尼要做的工作当然不止是推理，还要进行精确的观测和计算。1512年，哥白尼以天主教僧侣的身份来到波罗的海岸边的小城弗隆堡。这里有一座箭楼，上面有一个宽阔的露台，最上层有三个窗口，从那里可以向四面八方观察天空。哥白尼把它买下来，作为自己的观测台，它现在被称为"哥白尼塔"，作为天文学的圣地保留至今。

哥白尼不但擅长理论，动手实践能力也极强，观测仪器都是自己制作，尽管相当简陋，测量精度却很惊人。哥白尼得到的地球公转周期为365天6小时9分40秒，误差只有百万分之一；月亮到地球平均距离是地球半径的60.30倍，和现在的60.27倍相比，误差只有万分之五。

《天体运行论》写成后，被长时间搁置起来。哥白尼深知自己面对的是一个无比庞大的意识形态大厦，而自己的理论很可能要把它颠覆，他感受到了教会当局深深的猜忌和敌意，以及信徒的不解与嘲讽。晚年的哥白尼亲朋寥落，生活孤寂。

公元1539年春，一位远道而来的年轻人激起了哥白尼的热情，他是德意志数学教授雷提卡斯，被哥白尼学说吸引，专程前来求教。两人一见如故，相语甚欢，雷提卡斯一住就是两年多。潜心研读完哥白尼的全部手稿后，雷提卡斯对哥白尼及其学说产生了由衷的敬仰，尤其是哥白尼体系的简单和完善。他赞叹道："既然看出这一切运动能解释无数现象，难道就不应该承认大自然的创造者——上帝，具有普通钟表匠的技巧吗？因为钟表匠人都很谨慎地避免在机件里加进多余的轮子。"

在雷卡提斯的热情鼓励下，哥白尼终于下决心出版他的著作。1543年7月26日，哥白尼躺在临终的病床上，已经失掉了记忆和思考能力。终于，书送来了，刚刚印刷出版的《天体运行论》。医生把书放在哥白尼胸口，拉过他的手放在书上。哥白尼抚摸着书，仿佛看到一个新时代的大幕正缓缓开启，欣慰地闭上眼睛，与世长辞。

哥白尼用乾坤大挪移的手法，把地球从宇宙中心的特殊地位除去，成为天空中的一颗行星，填平了天空和大地之间不可逾越的鸿沟，扭转了自古就有的天尊地卑思想，使人类能够从更平等的角度来看待宇宙中的一切。后来人们又发展了这一思想，不但太阳也不位于宇宙的中心，而且宇宙时空中没有任何一点是特殊的，这就是哥白尼原理。

从地心说到日心说，转变的不但是地球位置，更是人的观念，后者显然更困难。《天体运行论》出版后的半个世纪里相对平静，能够理解的人很少，愿意了解的人也不多。17世纪初，经过另外两位伟大科学家——伽利略和开普勒的工作，日心说才渐渐走进了科学的殿堂，同时也把新旧思想体系的对立推到了风口浪尖。

第4章　新视野

高远的视野必将带来自由的新思想

神奇的镜管

1609年初夏的时候，意大利人伽利略听到一个消息，荷兰眼镜商人利普西用玻璃镜片制造出了一个镜管，可以使远方的物体看起来更近。伽利略立即领悟到这个镜管的非凡意义，开始研究，很快弄明白了其中的原理。到了夏末，伽利略就制造出一个能够放大9倍的望远镜，它很快给伽利略带来了极大声誉。在一封写给妹夫的信里，伽利略写道："我制成望远镜的消息传到威尼斯，一星期之后，公爵就命我把望远镜呈献给议长和议员们观看，他们感到非常惊奇。绅士和议员们，虽然年纪很大了，但都按次序登上威尼斯的最高钟楼，眺望远在港外的船只，看得都很清楚。如果没有我的望远镜，就是眺望两个小时，这些船也进不到视野里。这仪器的效用可使50里外的物体，看起来就像在5里以内那样。"伽利略将望远镜送给威尼斯元老院，元老院很快答应第二年把他在大学的教职改聘为终身教授，年薪也上涨一倍。

伽利略不断改进，很快又制成了一架放大30倍的望远镜，伽利略把它对准了天空，几千年来天文学家单靠肉眼观察星空的时代结束了，一个崭新的天空展现在人类面前。

哇，天体也有瑕疵

伽利略首先将他的望远镜对准月亮。他发现，月亮和我们生存的地球一样，有高峻的山脉，也有低凹的洼地，甚至根本比不上我们的大地，因为上面到处是光秃秃的，还有数不清的环形山。这就是人们世世代代向往的天堂？伽利略颇为失望，他写道："和亚里士多德说的刚好相反，月球表面并非一片光滑，而是像地球表面一样粗糙不平，布满高山、深谷和裂缝。"伽利略亲手绘制了第一幅月面图，并把月球上两条最显著的山脉取了两个意大利山脉的名字——阿尔卑斯和亚平宁。

伽利略把望远镜对准太阳，发现太阳上有黑点。太阳是一个光洁无瑕的白玉盘，怎么可能有黑点呢？他猜想也许是水星走进了太阳圆面，但反复观察，黑点确实属于太阳，而且每天在日面上从东向西移动，约14天可穿过整个日面，伽利略意识到，这现象表明太阳在自转。1612年，他正式公布了自己的发现："反复的观测最后使我相信，这些黑子是日面上的东西，它们在那里不断地产生，也在那里消解，时间有长有短。由于太阳大约一个月自转一周，它们也被太阳带着转动。"太阳黑子的发现再一次动摇了亚里士多德式的宇宙观：天尊地卑——天体完美不变，洁白无瑕的太阳上不可能有污点。

日心说的新证据

伽利略把望远镜对准木星，发现木星周围有四个小光点，不停变换位置，在木星两侧移动——它们是环绕木星运行的卫星！伽利略把自己发现的这四颗星命名为美第奇星，美第奇是托斯卡纳大公，伽利略的赞助人，正好是弟兄四人。大公后来任命伽利略为比萨大学首席科学家，且不必担任教学任务，也不必在比萨居住。不过，美第奇星的名字让天文学家们大感不悦。根据传统，天体的名字用天神命名，一个世俗的权贵怎能与天神并列？因为木星神是朱庇特，也就是希腊神话里的宙斯，后来人们就把这四颗卫星分别命名为伊娥、欧罗巴、加尼米德和卡利斯托，其中伊娥、欧罗巴和卡利斯托都是宙斯钟情的美少女，加尼米德则是为宙斯斟酒的美少年，让他们在星空陪伴大神，实在是再合适不过了，这四颗卫星又统称为伽利略卫星。

伽利略认为，木星这个天体系统的发现，是对地心说的又一次否定。它清楚表明，并不是所有天体都围绕地球运行，地球并不是宇宙的中心。

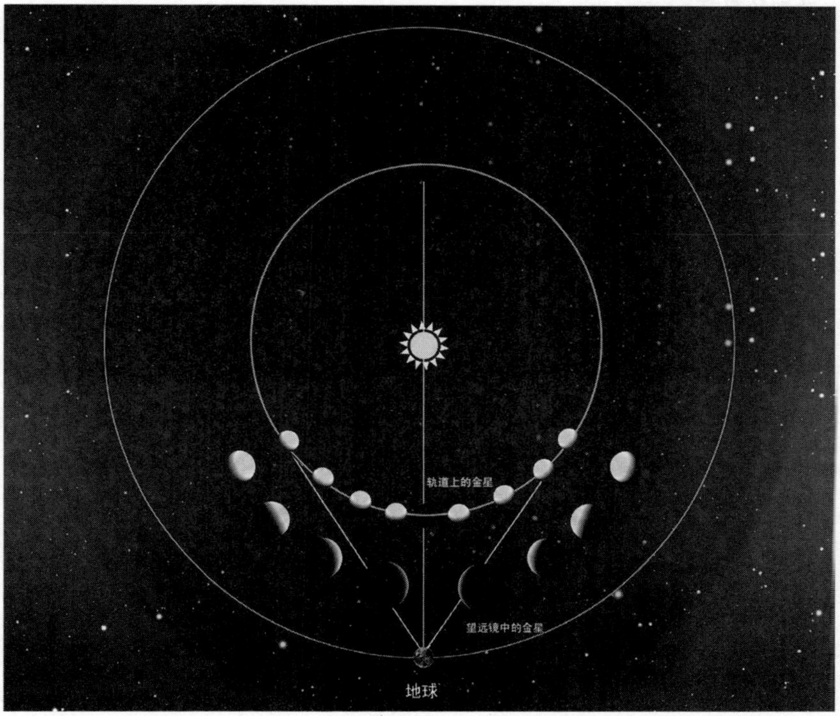

1609年夏天，伽利略把望远镜指向金星。在那些日子里，金星是明亮的晨星。伽利略通过望远镜观望，惊讶地发现了一个小小的月牙在放光，明亮的金星为什么成了一弯娥眉？为了进一步研究，又怕被别人抢先发现，他就把观测结果写成了一组字谜公开发表，这是当时一种保护发明权的时尚做法，欧洲人保护知识产权的意识实在比我们超前太多：

“Hace immature a me iam frustra leguntur, O.Y.”

意思是“枉然，这些东西被我今天不成熟地收获了。”

12月份，伽利略公布了他的谜底：

“Cynthiae figures aemulatur mater amorum.”

即“爱神的母亲仿效狄安娜的样子。”

爱神的母亲就是维纳斯——金星，狄安娜则是月神的罗马名字，这句话的意思是，金星像月亮那样有圆缺变化。

伽利略认为，这现象是金星绕太阳公转的证据。当金星在轨道上靠近地球时，它和太阳的夹角越来越小，从地球上看到的亮面越来越窄，于是呈现出越来越细的月牙形。

一个真正天文学家的追求

伽利略很激动。1610年1月，伽利略在给佛罗伦萨一位有权势的政客贝里萨罗写信时说："我无限地感谢上帝，因为他愉快地让我成为第一个看到这些奇迹的人。"

伽利略抱负远大，他的理想绝不仅仅是通过望远镜欣赏宇宙天体的奇妙与美。和历代的思想者一样，伽利略试图理解宇宙万物运行的规律，以及它们背后隐藏的深邃思想。在写给寡居的女大公克里斯蒂娜的一封著名信件中，伽利略写道：

> 万能的上帝的光荣与伟大是可以在他的全部业绩中令人惊奇地看到的，在天空这本打开的书中十分美妙地读到的。不要让任何人以为，阅读写在那本书里的玄妙思想，不过是使人仅仅看到太阳与星星的光辉，看到它们的升降沉落而已，这些无论是野兽还是平民百姓，只要有眼睛，是都看得到的。这本书所显示的奥秘是那样难解，所表达的思想是那样高深，甚至在经过成千上万不停顿的探索之后，成千上万个思想最敏锐的人即使彻夜不眠、辛勤劳作、苦心研究，也仍然没有把它们看透。

伽利略决定动笔写一本介绍最新天文学发现的书，他要向全世界公布他的观测结果，顺便宣传一下日心说的优点。1610年3月，伽利略的著作《星际使者》在威尼斯出版，立即在欧洲引起轰动，第一次印刷的500册在短短一个月时间里就售罄。人们惊讶地争相传颂着伽利略的发现，当时流行的说法是："哥伦布发现了新大陆，伽利略发现了新宇宙。"

与宗教冲突的根源

伽利略颇为有效的宣传使日心说引起了官方的关注，从而引发了自然科学与神学一次最著名的冲突事件。

宗教神职人员认为，根据《圣经》的启示，大地是不动的，太阳围绕着地球转。新教领袖加尔文严词指责日心说："谁人那么大胆，竟然将哥白尼的权威置于圣灵之上？"

另一个新教领袖马丁·路德曾这样攻击哥白尼："人们正在注意一个突然发迹的天文学家，他力图证明地球在旋转，而不是日月星辰诸天在旋转……这个蠢材竟想把整个天文学连底都翻过来，可是《圣经》明白写着，约书亚喝令停止不动的是太阳，而不是地球。"

马丁·路德的同事、新教神学家梅兰西顿指责哥白尼说："天空24小时旋转一周，我们的双眼就是见证。但是某些喜欢猎奇和卖弄聪明的人，却得出地球运动的结论。他们主张旋转着的既不是第八层天也不是太阳……只有那些缺乏虔诚的人才会公开地说出这种话来，一切有善良意志的人都应该接受并顺从上帝所启示的真理。"

《天体运行论》发表后最初半个世纪，争论和攻击是在很小范围内进行的，望远镜带来的新视野使冲突迅速扩大开来。伽利略的一位学生有一次去拜访女大公克里斯蒂娜，讨论到地球运动和日心说，女大公引用《圣经》经文来反对哥白尼学说，这位学生跟她发生了争论，并把争论内容写信告诉伽利略。

伽利略认为自己也是一个非常虔诚的天主教信徒，但他宣称日心说与《圣经》并不冲突，而是人们对《圣经》的理解有误，他写了一封公开信回应女大公克里斯蒂娜，信中谈到了一个极为重要的问题——如何解释《圣经》，这不但是宗教和科学之间，也是不同宗教派别之间冲突的根源：

"《圣经》虽然不可能错误，但讲述和解释《圣经》的某些人却有时可能犯错误。错误可能是各种各样的，其中一个很严重的错误传播很广，这指的是如果我们想一个一个地理解某些词句，那么这就错了。因为这样一来跟着出现的不仅有各种各样的矛盾，而且会出现一些异端邪说，甚至出现亵渎神明的行径。如果照表面判断，一词一字地去理解《圣经》词句，是因为要适合大多数人的理解力，其中就讲了许多与真理不符的话。其实与此相反，大自然是坚强的和不变的，它完全不关心它所隐含的原理及行为方式是否为人们所容易理解，因为它永远不会超越它本身的规律的界限。因此，我觉得既然谈的是我们的感官直接了解到的，或者是利用不可否认的论据经过推理得出来的自然现象，那就不应让我们怀疑《圣经》经文中那些显然具有其他意义的词句，因为《圣经》里无论哪一句格言，都不具有任何自然现象所具有的强制力量。”

伽利略说得很有道理，却忽视了另一个重要问题——当时的他并没有解释《圣经》的权利和自由，解经权在罗马教廷，而根据字面解释《圣经》是宗教界的传统。伽利略说得再有道理也不会有多少人听，他这种偏离字面意思解经的方法惹怒了很多神职人员，他们控诉他宣扬离经叛道的邪说。恰恰当时伽利略气焰也很盛，认为自己不但和神职人员一样熟悉《圣经》，同时还更熟悉天空，真理握在自己手里，既然大家声称自己信仰的都是真理，有什么可怕的呢？他认为自己最好到罗马走一趟，把自己的态度和立场讲得更清楚，也给那些保守的神职人员普及一下宇宙新发现。1616年，伽利略来到罗马，受到政府和民众的盛大欢迎，但结果却很不利，哥白尼的《天体运行论》被列入禁书名单，在被证明正确前禁止发行和传播，伽利略被明令禁止宣传扬哥白尼学说。

但这时候伽利略的处境总体还算不错。1620年8月20日，未来的教皇马费里奥·巴贝里尼作诗一首以表达对伽利略的仰慕之情：

抬头仰望天空，
我们看到了什么？
土星有双明亮的眼睛，
她的双眼流露出牛奶般的泪花，
这些都是因为有了你的（无所不能的）望远镜，
我们博学可敬的伽利略！

伽利略受审判

1623年，写诗赞美伽利略的巴贝里尼继任教皇，成为乌尔班八世。伽利略认为自己时来运转，去罗马谒见教皇乌尔班八世，争取他的理解和同情，并力图向教皇说明日心说可以与基督教教义相协调，说《圣经》是教人如何进天国，而不是教人知道天体是如何运转的；他也试图说服一些大主教接受这个观点，但效果不彰。

伽利略于是决定撰写《关于托勒密和哥白尼两大世界体系的对话》一书，把事实摆出来，让人们自己去评判。书中假拟了三个人做四天对话，其中一个是求知欲很强的人，他提出疑问；一个是守旧派，站在亚里士多德和托勒密体系的立场上回答；另一个是新派，站在哥白尼体系的立场上辩论，此人便是伽利略的影子。在写作过程中，教皇乌尔班八世私下找到伽利略，要他在书中就日心说保持中立，正反两方面的意见都要写，教宗同时要求将他自己的意见也放在书中，这个要求后来被伽利略戏剧化地完成。伽利略虽力求客观，却不由自主地加进了自己的主观感情。书中为亚里士多德地心体系辩护的辛普利西奥，常常自相矛盾，丑态百出，而辛普利西奥这个名字在意大利文中的意思是大笨蛋，伽利略将乌尔班八世的话放到了辛普利西奥的嘴里！

伽利略不是出于恶意，也许是想制造一些幽默效果，但他却低估了著作产生的后果。乌尔班八世没有忽略这公开的侮辱，也没有轻视这本书对哥白尼学说的宣扬。伽利略被教皇这个最大最重要的支持者疏远，并被传唤到罗马接受审讯。

1633年6月22日，伽利略在圣马利亚修道院的大厅里，双膝跪下，宣读事先拟好的声明，宣誓放弃信仰哥白尼学说：

“为消除庭上诸位大人和每一位真正天主信徒对我的强烈疑虑，我在此谨以诚挚和无伪的信仰，宣告唾弃、谴责、憎恶前述之谬论和异端，以及其他与天主的教会相违的每一项谬论、异端和旁门左道；我发誓从今以后，无论是口头或书面，永远不再说或主张这些东西，以免再引起类似的疑虑。”

有记载说，伽利略从地上爬起来时喃喃自语：“但地球仍然是运动的啊。”甚至有人说，伽利略是仰头看天和跺着脚说这句话的。根据《伽利略的女儿》记载，这是不可能的，伽利略在许多方面受惠于教会，他根本无意在那个特殊场合说出那种挑衅的话，他可能在以后当着另一些人说过，但绝不是在那一天。

最后的岁月与新物理学的诞生

接下来的8年里，伽利略被软禁在佛罗伦萨近郊的家中，写出了另一部伟大的著作：《两种新科学之对话》，新物理学由此诞生。

1638年，囚禁中的伽利略迎来了一位年轻仰慕者——30岁的英国诗人弥尔顿。一个是潜心研究自然的衰老囚徒，一个是少年气盛富有激情的诗人；一个用望远镜探索宇宙，一个用心灵感悟世界，两人一见如故。科学家和诗人，超越了一切外在差别，感受到了心灵的共鸣。面对由于自由思想而被囚禁的伽利略，弥尔顿感受到了自由的宝贵，由此孕育了他的那句名言："最高形式的自由是按照自己的良心去自由地了解、自由地阐述、自由地辩论。"若干年后，同样双目失明的弥尔顿在那部气贯长虹的诗篇《失乐园》里，写下了伽利略的发现：

这银河
你看到的，
撒满恒星……

1642年1月8日，伽利略离开了人世。

350年后的1992年10月31日，罗马天主教给伽利略平反。

第 5 章　椭圆轨道奏鸣曲

天体如歌，只为心智所领悟，不被人耳所听闻

超级富豪天文学家

《天体运行论》出版后3年，第谷在丹麦出生。他有一个大富豪叔叔，没有子嗣，第谷出生前父亲曾许诺将他送给叔叔，后来却舍不得，叔叔很生气，派人将幼小的第谷抢去，第谷被迫成了巨额财产的合法继承人。

第谷极其聪明，13岁进入哥本哈根大学，14岁时观看了一次日食。令他惊讶的是，学者居然可以参考托勒密的星表，正确预测日食发生的日期，虽然时辰并不太准确。他回忆道："我觉得这很神奇，人类竟然可以这么精确地知道众星的运动，进而事先预知它们的位置和相对关系。"

19岁时第谷成了大富豪。养父去世，他继承了大约相当于丹麦全国百分之一的财富。20岁时第谷成了星象大师。那年发生了一次日食，第谷预言说，土耳其苏丹苏莱曼要死了，不久果然传来了苏丹的死讯。当时土耳其奥斯曼帝国如日中天，基督教欧洲处在它的扩张阴影下，第谷的预言使他声名鹊起。财富、名声和学识集于一身，年轻的第谷很是气盛。这年年底他参加一个教授的家庭舞会，因为一个数学问题和一个贵族青年争吵起来，相约以决斗定胜负，结果第谷被削掉了鼻梁，不得不戴着一个"义鼻"。20世纪初，考察人员打开第谷的墓穴，发现他的鼻尖部位有绿色锈斑，表明他的"义鼻"中铜的含量很高。

30岁时第谷成了丹麦海峡里一个小岛—— 汶岛的岛主。第谷的养父曾救

过丹麦国王腓特烈二世的命，国王很感恩，赐给第谷一吨多黄金，让他在汶岛建造天文台。这是基督教欧洲第一个重要的天文台，除了两个观测台——天堡和星堡，还有天文仪器修造厂、造纸厂、印刷厂、图书馆、工作室以及各种舒适的生活设施。

第谷在岛上研制了很多大型天文观测仪器，其精度达到了肉眼时代无可争议的最高峰，当然，它很快就会被望远镜淘汰，但在东方，它还会展现生机。1673年，康熙命来华传教士南怀仁建造天文仪器，南怀仁参照第谷所著《新天文仪器》，建造了6件大型青铜仪器，这些仪器几乎就是第谷使用仪器的仿制品，至今仍完好地保存在北京建国门古观象台上。

第谷身兼天文学家和星象学家双重身份，受命为丹麦王室提供占星服务。他恪尽职守，为每一个人撰写的占星报告内容详尽，厚达几百页。比如他为克里斯蒂安王子撰写的占星报告中预言，王子将始终病魔缠身，12岁将有大病，29岁要特别注意健康，56岁很可能就是大限，倘能过此一劫，王子将有幸福的晚年。第谷深谙命运与星象的关系，他在每份占星报告最后都强调：所有预言都不是绝对的，人的命运虽然可以由天象来揭示，但也可以因人的意志而改变，还可以因上帝的心意而改变。占星学家不能利用星辰来限制或束缚人的愿望，相反必须承认生命本身有比星辰更崇高的东西。只要人能够正确地生活，就能克服甚至转化星辰的不幸影响。

第谷誉满天下，欧洲各国的学者都来拜访他，很多国王和贵族也都希望能到汶岛这个天空之城参访，以证明自己爱好天文。

击穿天球

同一切有抱负的天文学家一样，第谷最感兴趣的，当然是揭示宇宙的构造。

1572年11月11日，仙后座突然出现了一颗明亮的星星，它越来越亮，甚至超过金星，然后又渐渐暗下来，前后持续时间有一年半之久，这让人们惊讶万分。由于深受亚里士多德思想影响，人们相信月球之上的天空是完美无缺且永恒不变的，所以那颗新星应该是大气层中的东西。可是第谷发现它在仙后座里根本就不移动，由此可以断定这颗星位于“恒星天球”上。这个结论引起了巨大震动，水晶般的恒星天球，被“第谷新星”击出了裂纹。

1577年，一颗大彗星出现在天空。在当时一张印刷于布拉格的绘画中，彗星的大尾巴跨越天空，人们感到震撼和恐怖。这时第谷已经成为汶岛主人，他动员全部力量来测量大彗星——它因此被命名为“第谷彗星”。

关于彗星，流行的观念是亚里士多德教导的：无规律出现的彗星与天空的完美永恒不一致，因而只能是一种大气现象，这样，它的高度只能在月球下面。

但是第谷发现了一个重大问题。还记得古希腊人是如何确定行星远近的吗？依据的是移动速度，速度快的距离近，速度慢的距离远。第谷比较了彗星的移动速度，发现它不但比月亮远，而且还由远到近再由近到远，越过了不同的行星轨道，也就是说，它竟然毫不费力地穿越了一层层水晶般的行星天球！

折中的宇宙

第谷非常崇拜哥白尼，还在自己的房间里供奉哥白尼的画像，因为他理解哥白尼理论的优点。但是第谷认为哥白尼体系的最大问题是不能和《圣经》调和，因此，他既不赞同托勒密，也不能完全接纳哥白尼，于是提出一个折中的宇宙体系。在这个体系里，行星围绕太阳运行，太阳则带着行星围绕地球运行。

第谷的宇宙体系在欧洲影响时间很短，因为他的接班人很快把它彻底埋葬了。然而，无心插柳柳成荫，这体系却在遥远东方的中华大地成为官方天文学说，流传了二百多年。

1629年，明朝大臣徐光启奉命召集来华耶稣会士修撰《崇祯历书》，就是用第谷宇宙体系作为理论基础。1644年明朝灭亡，耶稣会士汤若望将《崇祯历书》略加修订，更名为《西洋新法历书》，献给清廷。顺治二年（1645年），清廷决定启用新历，并任命汤若望为钦天监监正——皇家天文台台长，后再升任“光禄大夫”，还赐名“通玄教师”。

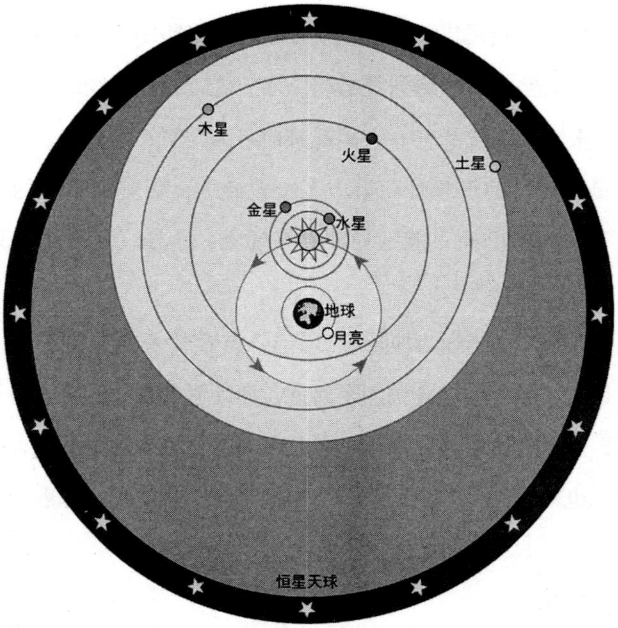

第谷的宇宙体系

西方传教士受朝廷宠信，引起一些人强烈不满。1660年，大学士杨光先发难，斥责天主教士的无稽，甚至对“地球是圆的”大加批判：

“若四大部洲，万国之山河大地，是一个大圆球……球上国土之人之脚心与球下国土之人脚心相对……竟不思在下之国土人之倒悬……有识者以理推之，不觉喷饭满案矣！”

在麦哲伦环球航行一百多年之后，杨光先引经据典论证天圆地方：

“天德圆而地德方，圣人言之详矣……重浊者下凝而为地，凝则方，止而不动。”

顺治帝死后，1664年，清廷开始对汤若望等耶稣会士审讯，这时候汤若望已经73岁，病体老迈，口塞舌结，结果仍被判处死刑。因北京突发地震，未及时执行，在孝庄太后干预下免死，但钦天监的李祖白等5名中国天文学家被斩首，杨光先取代汤若望任钦天监监正。康熙皇帝亲政后，通过实际天象验证，发现汤若望的历书明显优越，遂罢黜杨光先，启用新历书，恢复汤若望“通玄教师”称号，任命传教士南怀仁为钦天监监正，以第谷宇宙体系为基础的历法得以继续使用，直到清末。

回到第谷这里。在汶岛生活和观测20年之后，由于新国王对天文事业热情不高，第谷黯然离开，投奔新的赞助人——神圣罗马帝国皇帝鲁道夫二世。1599年6月，第谷到达皇帝当时的驻地布拉格，鲁道夫二世把城外小山上的贝纳特屈城堡赐给了他。

第谷想用自己的观测数据揭开行星运行的最终秘密，却力不从心，因为他不太擅长数学。此时南方一颗耀眼的科学巨星正冉冉升起，那是开普勒，于是第谷向他发出了邀请。

穷困而高贵的追求者

1571年的一个寒冷冬天，开普勒在德国南部一个偏僻小城降生，童年时患过天花、猩红热，疾病给他留下一只半残的手和很差的视力。父亲为了谋生，在开普勒5岁时离家当了一名危险的雇佣兵，最后死在战场上。开普勒的5个兄弟姐妹中有3个夭折，活下来的一个弟弟是癫痫病人。

开普勒6岁时，天空出现了一颗大彗星，妈妈领着他到一处高地观看彗星。9岁时，发生了月全食，开普勒被妈妈叫到屋外的空地，看到了一个红红的圆月亮。神奇的天空引起了开普勒的好奇，他喜欢站在山坡顶上，看着太阳沉沉西去，等待着星星一闪一闪从天穹里出现，那星光点亮了开普勒的眼睛。

1594年，大学刚毕业的开普勒被推荐担任格拉茨大学的数学与天文学教师。这一年，开普勒出版了他第一本占星年历，年历中预言，1595年天气大寒，且有土耳其人入侵等，据说都应验了，开普勒名声大振。那个时代，天文学和占星学并没有太多区分，但占星学赚钱要容易得多。开普勒无奈地说：“占星学女儿不挣钱回来，天文学母亲就要饿死了。”

开普勒相信上帝按照数学定义宇宙，用几何学描绘宇宙。他发现规则的多边体按照规定的比率与一个内切圆球和外接圆球相连。经过反复绘图和测算，开普勒发现，把正八面体、正二十面体、正十二面体、正四面体和正六面体按顺序嵌套在内切与外接圆球里，层层相套，产生6个球面，这6个球面的半径比例正好对应着已知的6个行星——水星、金星、地球、火星、木星和土星——到太阳的距离。这样一个纯属巧合的结果让开普勒无比喜悦，认为自己发现了上帝对宇宙的几何规划，并据此出版了《宇宙的神秘》。

新书的出版给开普勒带来了声誉。然而，社会环境也越来越严酷，天主教与新教的冲突愈演愈烈。1598年，身为天主教徒的巴伐利亚大公费迪南德发布一道强硬命令，驱逐所有新教徒出境，否则将处以极刑。不愿放弃新教信仰的开普勒和家人被迫背井离乡，陷入困顿。正在这时，第谷的邀请信来到了。

开普勒欣喜若狂，不但是绝处逢生，更因为那里有他梦寐以求的精确天文数据。他带着妻子儿女，忍着饥寒劳累，长途跋涉，投靠第谷而去，不幸又病倒在中途。开普勒在一个小客栈里躺了几个星期，想到自己可能死去，妻儿也可能会饿死，他真是肝肠寸断。好在慷慨的第谷及时寄来了钱，开普勒得以安心静养，最终康复。1600年2月3日，是天文学史上具有重要意义的一天，29岁的开普勒来到第谷身边，两颗巨星交会，揭开了天文学史的新篇章。

1601年10月24日，第谷在一场国王赐宴中喝了太多啤酒，碍于面子不愿告退，导致膀胱撑破而死。开普勒被指定为第谷接班人，担任御前数学家，开始了行星运动的研究。

行星运行三大定律

开普勒的第一场战斗对手是战神玛尔斯——火星。火星神秘莫测，而且很不老实，总是越轨，无论是托勒密还是哥白尼，都不能准确地预言它。但由于火星比木星和土星跑得快，很容易记录它的位置，第谷的数据中，火星的资料最为丰富。第谷当初托付开普勒时曾说："我把火星交托于你，它是够一个人麻烦的了。"

开普勒的研究一开始就建立在日心说基础上。最初，开普勒用循规蹈矩的正圆轨道约束战神，战神根本就不买账。开普勒再移动太阳，效法托勒密使太阳偏离火星轨道圆心，先后计算了70个偏心圆轨道，没有一个能够符合第谷的数据。

研究天体运行的开普勒并不能及时得到自己的俸禄。1607年他在给友人的信中诉说道："我整日饥肠辘辘，就像时刻盯着主人的一条狗。"

奋战了8年后，开普勒终于意识到了问题所在。他回忆说："我最大的错误是一直假设所有行星的轨道都是正圆，这是因为该项错误既受到所有哲学权威的支持，又与形而上学的理念暗合，结果危害更大。"开普勒写信给天文学家法布里休斯说："行星的轨道是个完美的椭圆。"法布里休斯很快回信批评开普勒的理念荒唐，因为正圆的对称性是诸天所具有，也是一千多年来所有人坚持的信条，岂可轻言放弃？开普勒已经不为这种论调所动了，他在椭圆轨道中看到了天体运行新的和谐。1609年，开普勒发表了行星运行的前两条定律。

开普勒行星第一定律：

所有行星围绕太阳运动的轨道都是椭圆，太阳处在椭圆的一个焦点上。

什么是椭圆呢？在桌子上钉两个钉子，把一根绳子两端绑在钉子上，用一只竖直铅笔拉着绳子在桌子上移动，铅笔就会在桌子上画出一个椭圆，两个钉子就是椭圆的焦点。

开普勒行星第二定律：

对于每一个行星而言，太阳和行星的连线在相等的时间内扫过的面积相等。

既然是椭圆，行星的运行就不会是匀速的了，而是离太阳近的时候速度快，远的时候速度慢，其连线在相等的时间内扫过的面积相等。

椭圆轨道使太阳系彻底解放出来，呈现出简单和谐的本来面目。当初哥白尼因为固守匀速圆周运动的信条，不得不继续使用本轮和均轮解释行星运行，最终使用了34个轮子。而在开普勒这里，只用了7个椭圆轨道，就完美地解释了日月五星的运行。

两条行星运动定律发表的时候，伽利略刚刚用望远镜观测天空并引起了巨大轰动。开普勒致函伽利略，要求支援一台望远镜，或者至少能拿到几个镜片，但不知何故伽利略没有理会。开普勒只好自己研究，很快于1611年出版了《天文光学》一书，并发明了开普勒式的望远镜，后来几乎所有的折射望远镜都是开普勒式。

两条行星定律的发表和望远镜的发明并没有给开普勒带来多少欢乐。1611年，新教徒与天主教徒暴发了战争。在动荡的痛苦中，开普勒的三个孩子都染上了天花，其中6岁的儿子死去，妻子也染上伤寒离世。尽管这样，处境悲惨的开普勒依然能够听到宇宙和谐乐声的呼召，他又专心致志地回到这伟大的事业上来。

开普勒的目光转向了行星的周期和距离上，又奋战了8年，经过了无数次失败之后，开普勒终于发现了行星运行第三定律：

行星公转周期的平方与它到太阳距离的立方成正比。

开普勒无法抑制内心的狂喜，在1619年出版的《宇宙的和谐》第五卷序言中写道："总之书是写成了，骰子已经掷下去了，人们是现在读它，还是将来后代子孙读它，都无关紧要了。既然上帝为了他的研究者已经等了六千年（注：指某些研究者依据《圣经》推算出的宇宙年龄），这本书为它的读者再等上一百年又有何妨呢！"

新书的出版依然没有给开普勒带来太多幸福。天主教和新教展开了大规模宗教战争，社会动荡不安。1620年8月，开普勒的母亲被人诬陷为女巫被捕，面临火刑，开普勒奔波了一年多时间，终于把母亲解救出来，但由于惊吓过度，母亲很快就离世了。

宇宙和谐的信仰

开普勒对音乐有很深的造诣，他相信宇宙内在有一种和谐的乐声，每当他陷入行星轨道的沉思时，总能激情满怀地感受到和谐乐声的奏鸣。在他眼里，太阳系行星运行就像美妙的协奏曲。行星运动快时奏响的是高音，慢时是低音；水星和金星是女高音，地球是男高音，木星和土星是男低音，火星是男声的假声。

开普勒写道：

天体的运行只不过是一首歌，一首连续的、几个声部的歌，它只为心智所领悟，不被人耳所听闻。

360年后，美国耶鲁大学的音乐教授们按照开普勒的思想灌制了“行星音乐”唱片。他们将行星公转周期、偏心率、近日点、远日点位置等数据按比例加以变通，使其转变为人耳能听见的频率。水星和火星的歌急速而宽广，木星的歌缓慢而深沉，土星像闷雷，金星和地球如泣如诉，充满感伤；天王星和海王星发出清脆的节拍，像钟表的嘀嗒声，又像低音鼓的咚咚声，它们共同协奏出一曲气势恢弘的太阳系行星之歌。

1630年11月14日，一个阴寒的秋日，开普勒辞别家人，骑着一匹瘦马，去布拉格向政府索要拖欠了多年的薪俸。走到一个小镇，开普勒病倒了，这一次，他没有再起来。尘世的喧嚣和苦难终告结束，从天上传来宇宙和谐的乐声，就像大海的波涛，涤荡着他那瘦弱的躯体。开普勒静静地躺着，慢慢地融入到他毕生研究的宇宙星空里。

开普勒被葬于拉提斯本的圣彼得教堂，墓志铭这样写道：

我曾测量天高，今要丈量地深。肉体长眠于地，灵魂归于天国。

战争狂潮很快荡平了开普勒的坟墓，但行星运动定律是一座伫立在天空的永恒丰碑，开普勒因此被后人誉为“天空立法者”。

第6章　归来的彗星

淡定从容来自对自然规律的认识

如约而至

1758年，欧洲掀起了一股寻找彗星的热潮，因为早在几十年前就有人预言，一个大彗星将在这一年重现天空。法国人梅西耶是寻彗高手，他不放过每一个晴夜，指望摘取第一个发现者的桂冠。

梅西耶1730年出生于法国洛林，12个兄弟姊妹中有6个夭折，童年时父亲也离世了，他只好辍学。14岁时，天空出现了一颗极为壮观的彗星，拥有6条扇形尾巴，这奇异天象深深打动了少年梅西耶的心灵。21岁时梅西耶只身一人到巴黎闯荡，因为能写一手好字，当了一位天文官的助手，第一份工作是复制一张中国大地图，几年后，精明能干的梅西耶接任了天文官的职务。

梅西耶热衷搜寻彗星。彗星刚出现时只是一个很淡的云雾状斑点，星空里有很多位置固定的云雾状天体，有星云，有星团，有星系，那时候人们还区分不了这么清楚，就都称为星云。星云和刚出现的彗星很容易混淆，梅西耶就制作了一个星云列表，列在这个表上的天体后来被称为“梅西耶天体”，以梅西耶名字的第一个字母M表示，比如M1是金牛座蟹状星云，M31是仙女座大星云，M42是猎户座大星云等。

梅西耶的望远镜很一般，口径只有6厘米，就是这样，他还是发现了21颗彗星，被法国国王称为“彗星猎手”，他也因此先后成为柏林科学院院士（1769年）和巴黎学士院院士（1770年）。

1758年的时候，梅西耶还默默无闻，努力地搜寻彗星。几个月后，梅西耶果然发现了一颗，他无比激动，很快发表了自己的观测报告：

“我发现了1758年彗星，8月28晚，它位于金牛座的两个牛角之间，距离天关星只有一小点……”

可惜，梅西耶发现的并不是真的彗星，而是蟹状星云。1759年1月21日，梅西耶终于发现了彗星，可令他沮丧的是，一个德国农夫已经在一个月前发现了它。即便如此，梅西耶还是在法国一举成名，因为这颗彗星的名气实在太大，它就是哈雷在半个多世纪前预言要回归的大彗星。

恐怖的大彗星

哈雷预言的这颗彗星曾在1682年出现。那是彗星的季节，在4年里接连出现了3颗大彗星。首先是1680年大彗星，12月18日它运行到近日点，比满月还亮100倍，紧挨着太阳，巨大的尾巴横贯半个天空。

这天象实在是太奇特，也太恐怖，因为彗星自古就被人们视为灾祸的征兆，每次出现都会给人带来很多恐慌。

1681年春天大彗星刚刚消失，紧接着，1682年和1683年，天空又接连出现了两颗明亮的彗星，社会上又是惊恐不安。自古以来对彗星形成的恐惧之心就一代代流传，在一幅图画里，彗星都被描绘成可怕的刀剑。

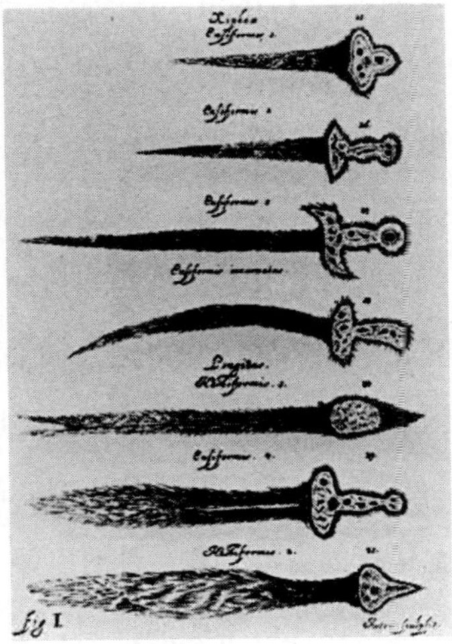

淡定需要智慧。古罗马哲学家塞内克对彗星的认识是少有的清醒。他说“彗星按照自然所规定的路径有规律地运行”，并且预言，后代的人会对那些不能认识很明显的真理的愚蠢人感到惊诧。

1680年大彗星出现在天空的时候，哈雷24岁，已经是一位很有名望的天文学家了。4年前，哈雷在牛津大学即将毕业时，遇到了一个难得的观测机会，他果断放弃学位，携带天文仪器来到孤悬于南大西洋的圣赫勒那岛，就是后来流放拿破仑的地方，在那里建立了一座天文台，观测北半球看不到的南天星空。一年之内哈雷便绘制成了第一个南天星表，一举成名，被人誉为“南天第谷”。

哈雷是有抱负的天文学家，决心揭开彗星的奥秘。他仔细观测、记录彗星的位置，以及在星空的逐日变化，要找到自然规定的那个路径规律。

哈雷发现，要是太阳对行星引力的大小与距离平方成反比就好办了，可他无法证明这结论。1684年8月，哈雷来到剑桥拜访牛顿。哈雷问牛顿：“假如行星受到太阳的引力大小与距离平方成反比，行星该以怎样的轨道运动？”牛顿不假思索地回答：“椭圆。”哈雷十分震惊，立刻询问计算方法，牛顿在抽屉里翻找半天，并没有找到，便答应重做一份给哈雷寄去。

万有引力定律

牛顿早在1666年就深入研究过哈雷提出的问题。那年爆发了大瘟疫，剑桥大学关闭，23岁的牛顿回到了林肯郡的家乡，于是就有了著名的苹果的故事。

牛顿想，假设使苹果落下的引力自地心发出，延伸至月球，力的大小与距离平方成反比。因为苹果树到地心的距离是地球的半径，月球与地心的距离是地球半径的60倍。这样，物体在月球轨道处受到的地心引力应该是在地面处的1/3600，月球轨道处的加速度就是地球表面的1/3600。

苹果在落向地心的第一秒里走4.9米。如果把它放到月亮那样高的地方自由落下，在第一秒钟内，它落下的距离是上述距离的1/3600——1.35毫米。月亮的运动正是如此，它在第一秒内也会向地球下落1.35毫米。既然有这样的坠落，为什么月亮没有落到地球上呢？因为月亮有切向的速度，在1秒钟内，月亮在轨道上前行1017米。如果没有地球的引力，月亮便会沿切线方向飞出去。地球的引力是一种向心力，使月亮向下坠落，结果便是月亮环绕地球运行。

天才的牛顿从而领悟到，使物体坠落到地面的地心引力和使月亮在它轨道上运行的力量，实在是同一种力量！可那时的测量水平没有精确到足够给予这个发现以无可辩驳的证明，于是牛顿停留了16年。1682年，牛顿听说法国天文学家皮卡尔测量地球周长的新结果，就立即重新进行计算，万有引力定律由此诞生。

牛顿还利用他发明的微分学方法证明，如果太阳有这样一种力的作用，每个行星会走一个椭圆轨道，太阳就在这些椭圆轨道的一个焦点上，这正是开普勒行星第一定律。

哈雷的预言

回到彗星的研究上来。万有引力是个空前强大的科学武器，哈雷立即把它用来计算彗星的轨道。哈雷想，如果彗星是在一个以太阳为焦点的椭圆轨道上运行，有朝一日它还会转回到太阳附近，地球上的人们可以再次看到它，也就是说，某些彗星会周期性地回归。

哈雷查阅以前的观测记录，发现开普勒1607年观察到的一颗彗星与自己1682年观测的彗星轨道相似，两次彗星出现的间隔是75年。如果这是一颗周期75年的彗星，肯定可以找到它先前的记载。果然，哈雷很快找到一颗1531年的彗星，轨道与前两颗极相似，但时间间隔却是76年。为什么有差异呢？它们是同一颗彗星吗？哈雷很快领悟到，彗星在太阳系空间运行时会受到其他行星，尤其是木星、土星等大行星的引力摄动影响，轨道会发生小小偏离，从而使周期发生改变。哈雷继续不厌其烦地向前搜索，发现1456年、1378年、1301年，一直到1066年，都有大彗星的记录。

1066年大彗星非常著名，它联系着一次重大历史事件。那年9月，诺曼底公爵威廉率领大军，准备横渡英吉利海峡攻打英国，拖着尾巴的彗星在夜空出现。威廉怀着复杂的心情，注视着夜空中的长尾天使，最终解读为是上帝下达的攻击命令。果然，威廉的军队在黑斯廷斯会战中击败英国军队，英王哈罗德阵亡。威廉随后占领伦敦，圣诞节那天在威斯敏斯特教堂加冕为英国国王。威廉的妻子马蒂尔把大彗星的景象绣在一块挂毯上，纪念这次胜利。

彗星在1456年的出现也极为引人注目，那时土耳其人刚刚占领君士坦丁堡，欧洲人正处在惊恐不安中。这年3月，彗星出现在夜空，大而可畏，尾巴之长掩盖了黄道的两宫——约60度，那摇荡的、火焰的形态，仿佛是震怒的天神，教皇命令信徒们更加虔诚地祈祷，来扭转战争局面。

1705年，哈雷发表了《彗星天文学论说》，宣布1682年曾引起世人极大恐慌的大彗星具有大约76年的周期，它将于1758年或1759年再次出现于天空。后来，法国天文学家和数学家拉朗德进行了6个月的细致计算，发现土星的引力影响会使彗星这次回归推迟100天，木星的引力影响会推迟它518天，总共618天，彗星下次回归要比平均周期延迟1年多，应当在1759年4月到达近日点。

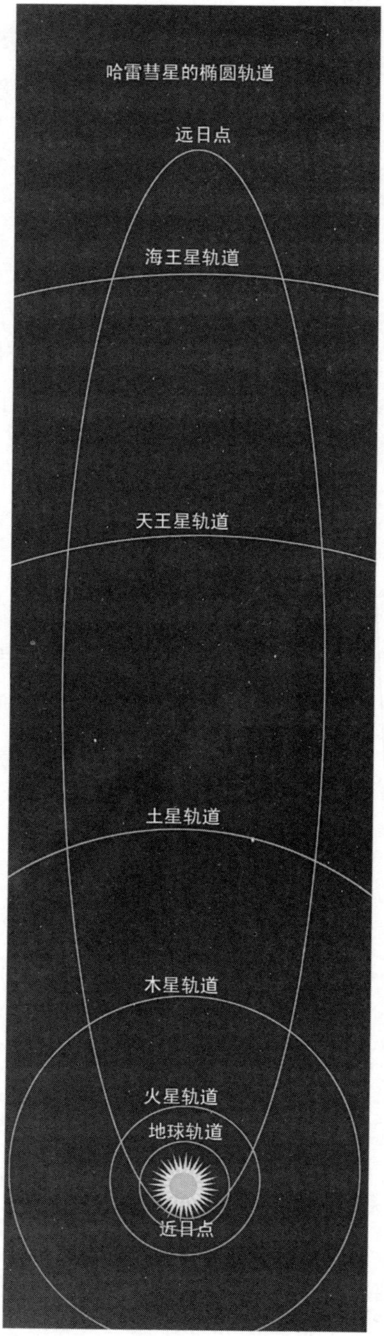

76年，对天体来说只是短暂的一瞬，对一个人来说却过于漫长。哈雷做出预言之时已年过五十，而彗星回归还要再等五十多年，哈雷预感有生之年无缘再见到它，就在书中写道："如果彗星最终根据我们的预言，大约在1758年再现的时候，公正的后代将不会忘记这首先是由一个英国人发现的……"

1742年1月14日，哈雷在平静地等待中离开了人世。17年之后，彗星终于如约出现在天空，在预言的星座之间穿过，1759年3月12日到达近日点，长尾扫过众星，在夜空里熠熠生辉，宣告哈雷的胜利，更宣告了牛顿力学的伟大胜利。这一次，社会上没有出现大规模恐慌，人们因为了解真相而从容淡定，万物遵循自然法则的信念开始深入人心。

第 7 章　新疆域

笔尖上计算出的行星把牛顿力学推上光辉的顶峰

乐师出身的天文学家

威廉·赫歇尔 1738 年出生在德国的汉诺威，从小喜欢音乐，跟从父亲学习拉小提琴，吹奏双簧管。在晴朗的夜晚，赫歇尔会跟着父亲到户外认识天上的星座，一闪一闪的小星星在赫歇尔的心中种下了天文的种子。16岁时赫歇尔离开了学校，加入了禁卫军乐团，担任小提琴和双簧管演奏员。后来德国卷入了英法七年战争，赫歇尔不堪忍受战争之苦，当了逃兵，偷渡到英国。

34 岁时，儿时的种子开始发芽，赫歇尔狂热地爱上了天文学。由于买不起昂贵的望远镜，他决定自己动手磨制镜片，自己制造望远镜。那时的镜片是用铜盘磨制，把坚硬的铜盘打磨成极为光洁的凹面，表面误差比头发丝还要细许多倍，难度可想而知。赫歇尔常常一干就是十多个小时，吃饭甚至由妹妹卡罗琳来喂。连续失败了 200 多次后，1774 年，赫歇尔初尝胜果，制成了一架口径 16 厘米的反射望远镜，这架小小的望远镜，为太阳系开辟了新的疆域。

1781 年 3 月 13 日夜，赫歇尔给望远镜配上放大 227 倍的目镜，对准双子座内的黄道附近，立刻，一颗具有小圆面的星出现在视域里！赫歇尔极为兴奋，他给望远镜换上放大 460 倍的目镜，那星的圆面变大了，发出淡蓝色的光。赫歇尔持续观测好几个夜晚，发现那颗星在缓慢移动位置。赫歇尔感觉自己捕到了一条大鱼，要知道，所有恒星在普通望远镜里都是针尖般的小点，而且恒定不动，这个会动的小圆面太不寻常了，它肯定是太阳系内的一个新天体。

会是一颗未知行星吗？赫歇尔不敢那样想。自有文明以来，天空中肉眼可见的行星就只有五个，加上太阳和月亮统称七曜。那时候很多人对数字“七”情有独钟，认为“七”是一个圆满的轮回，一个星期有七天，人有七窍，天上的日月五星也正好是七个，如果再出现一颗新行星，岂不破坏了七曜的圆满？千百年来，人们已经习惯了第七重天上的土星是行星的边界，如果再来一颗更远的行星，传统观念将受到巨大冲击。

赫歇尔只好报告说自己发现了一颗新的彗星，可这颗彗星却既无彗尾又无彗发；天文学家测量出它的轨道，很接近圆形，而彗星轨道通常是很扁的椭圆。天文界沉默了一段时间后，终于确认，它的的确确是一颗新行星！

赫歇尔把新行星命名为“乔治星”，以感激他的支持者英王乔治三世，天文学家们则坚决反对，行星都以诸神的名字命名，乔治三世虽为君王，也决不可和众神并列。

叫它什么好呢？既然木星是众神之王朱庇特，土星是朱庇特的父亲萨图恩，新行星比土星更高远，它不就该是土星神萨图恩的父亲吗？对，就是萨图恩的父亲乌拉诺斯，中文翻译为天王星，自此，希腊神话的三代天神在太阳系团聚了。

赫歇尔是幸运的，天王星是一颗肉眼都可以勉强看到的星，在望远镜中当然不算很暗弱，它在幽暗的远方遨游，一次次进入天文学家的视野，又一次次成功逃脱——天文学家们误认为是暗弱恒星而放过它。自1750年至1769年，一位叫勒莫尼埃的天文学家曾经观测到它12次之多，可是这位天文学家有些粗心急躁，没有下工夫整理自己的观测记录，还有几位天文界的大腕，也都观测到过这颗行星，同样未能辨识出来。

赫歇尔很快名扬天下，热心的天文爱好者英王乔治三世召见了他，给以终身俸禄，并赐以住宅，任命赫歇尔的妹妹卡罗琳为助理天文学家。卡罗琳完全配得这样的荣誉和待遇，她一生未婚，协助赫歇尔进行天文观测，并且单独发现了8颗彗星。

英王又赐给赫歇尔4000英镑的巨额资金，让他造更大的望远镜。赫歇尔想造一架口径3英尺（75厘米）的，由于没有厂家能铸造这么大的镜面，赫歇尔依然自己动手，车间就在地下室，用作燃料的马粪在院子里堆积如山。浇铸的日子来到，一开始还算顺利，不料模子耐不住高温突然爆裂，熔化的金属倾泻而出，石板地面猛烈爆炸，碎片击穿屋顶，赫歇尔奔逃到院子里逃过一劫。

1789年，51岁的赫歇尔终于制造出了称雄世界的大望远镜，口径1.22米，镜筒长12米，竖起来有4层楼高，就像一个巨型大炮，光是镜头就重2吨，操作它不但是精密的技术活，更是繁重的体力劳动。1789年8月27日大望远镜开光，第二天赫歇尔就发现土星最大的卫星——土卫六，接着又发现了土卫七。

赫歇尔一生共制作了400多架望远镜。1792年，英王乔治三世派马戈尔尼使团访问大清国，向乾隆皇帝祝贺八十大寿，附带商谈两国贸易问题。使团进贡给乾隆的礼品中，就有一台赫歇尔制造的望远镜，这台望远镜和其他科学仪器一样并未引起大清朝廷的兴趣，被弃置于圆明园。

赫歇尔全身心投入天文观测与研究，直到50岁才结婚，54岁时儿子约翰·赫歇尔出生，后来也成为著名天文学家。1822年8月25日赫歇尔逝世，享年84岁，这恰好是他发现的天王星绕太阳运行的公转周期。

笔尖上发现新行星

1821年，天王星已经发现40年了，天文学家们发现，它不太老实，总是偏离预言的轨道。什么原因呢？天文学家们想到，可能是它里面的土星对它施加了引力影响——这称为摄动，于是就计算土星对天王星的摄动，经过这样修正后预言的天王星位置，依然与实际观测不相符合。而且随着时间推移，天王星的实际位置与理论预言的误差越来越大，问题究竟出在哪里呢？

是牛顿万有引力定律不够准确？还是天王星外面还有一颗未知行星，它的摄动使天王星位置产生了偏差？

多数天文学家倾向于后者。但如何找到这颗未知行星呢？这需要倒推摄动的来源——逆摄动，这个问题要困难得多，当时还无法解决。

恰好这时期天体力学发展起来，一大批常在教科书中出现的耀眼明星集体做出了贡献，如欧拉、达朗贝尔、拉格朗日、拉朗德、泊松、雅可比、汉密尔顿等，其中拉普拉斯的巨著《天体力学》是代表作，计算天体逆摄动有了可能。

1845年夏天，法国的勒威耶开始计算未知行星。一年之后，他有了结果，预言出新行星的位置，呼吁天文学家用望远镜搜寻，可没有什么响应。勒威耶只好写信给柏林天文台的伽勒，请他帮助寻找，信中写道：

“请您把望远镜指向黄经325度宝瓶座内黄道一点上，您将在这个点周围大约1度的范围内发现一个圆面明显的新行星，它的亮度约为9等……”

9月23日上午，伽勒收到勒威耶的来信，当天晚上就开始行动。伽勒用天文望远镜观测，报告星体位置，助手德莱斯特在一旁核对星图。几分钟后，他们就发现了一颗星图上没有的星，正在勒威耶预言的范围内，那是一颗蓝色小星星。第二天晚上，他们继续观测，又找到这颗星——位置移动了一点点，果然是一颗行星！9月25日，激动万分的伽勒写信向勒威耶报告：“先生，您计算出的那颗行星真的在那里！”

天文学家这一次没有迟疑，很快接受了新行星，并按神话命名传统，用罗马神话的海神涅普顿称呼它，就是海王星，太阳系的疆域再一次得到极大扩展。

争论与遗憾

发现海王星的消息在英国引起了震动。原来，英国剑桥大学年轻的亚当斯甚至早于勒威耶计算出了新行星的大致位置。亚当斯是在1843年开始计算的，在法国勒威耶开始动手的1845年，亚当斯已经推算出未知行星的大致轨道，他把结果交给剑桥天文台，希望天文台能据此寻找。然而台长艾里有些疑问，迟迟没有动手；另一位天文学家查利斯倒是寻找过，新行星也确实光临了他的望远镜，而且是两次，他却把观测资料堆积起来没有及时整理，从而错失了优先发现权。

英国人和法国人为了争夺海王星的发现权，激烈笔战了好几年。法国人很生气，他们在《画报》上登了一幅漫画，一个滑稽小人透过望远镜，从另一个小人举起的大书中发现了海王星的计算公式，下面写着：“亚当斯在勒威耶的报告中发现了新行星。”

还有比亚当斯更倒霉的。在勒威耶计算出海王星之前半个世纪，1795年5月8日和10日，天文学家拉朗德的侄子两次把海王星记录下来，并且觉察到两次记录的星星位置有一点儿差异，还在那结果后面加上一个问号，准备再次观察予以证实，可是后来竟然忘了。假使他再去做第三次观测，肯定就会摘取这个巨大荣誉。当然，这样也会使海王星的发现少了这许多传奇经历，也使牛顿力学少了一次绝佳的考验机会。

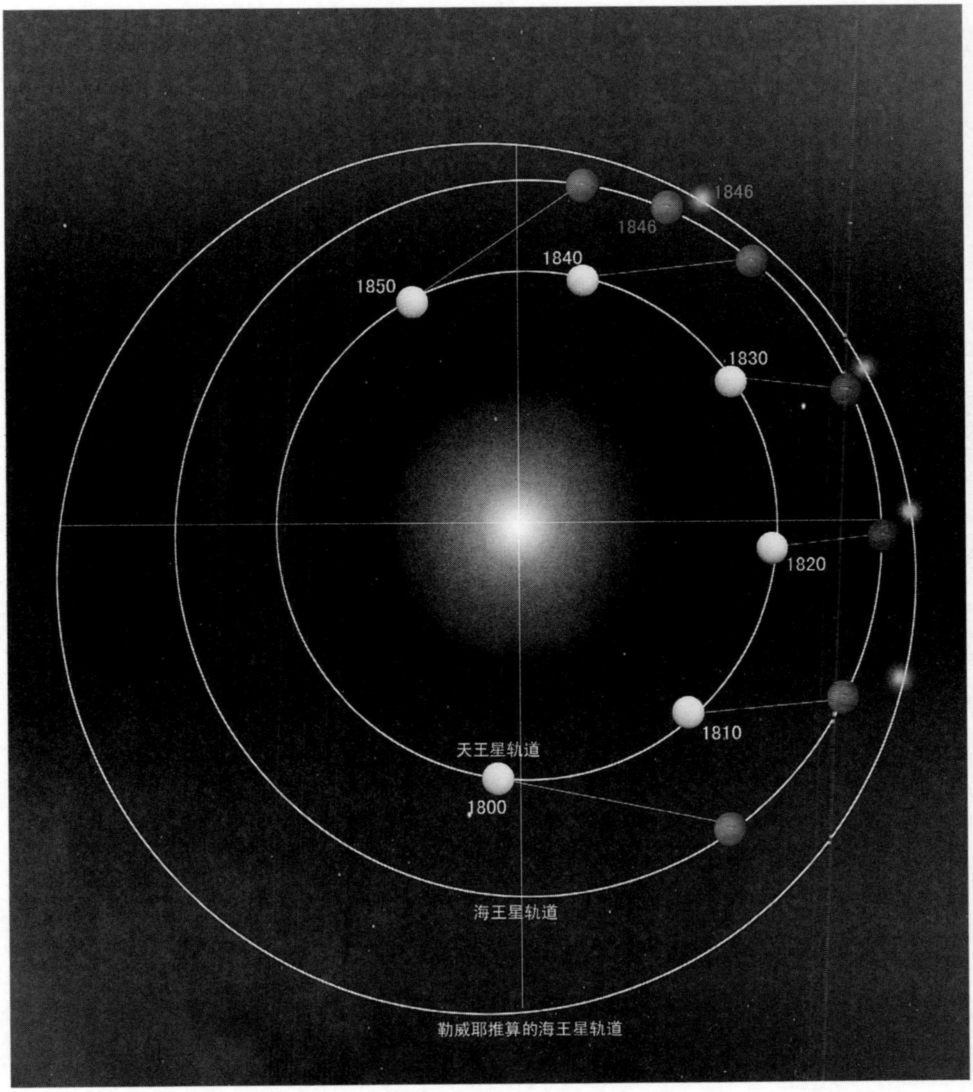

牛顿力学的辉煌胜利

建议勒威耶从事这项工作的巴黎天文台台长阿腊果这样评述道：

“天文学家有时偶尔碰见一个动点，在望远镜里发现一颗行星。可是勒威耶发现这颗新天体，却没有朝天上投去一瞥，他在笔尖上便发现了这颗行星！”

海王星因此被称为笔尖上发现的行星，它把牛顿力学推上了最辉煌的科学巅峰，成为牛顿力学理论的最高荣誉和最后印证，万物遵循自然法则的思想更加深入人心。牛顿的形象也如神一般光芒万丈，如诗人亚历山大·蒲柏广为传颂的那首诗中所写：

自然与自然的法则隐藏在黑夜里，
上帝说：“让牛顿降生吧！”
于是一片光明。

第 8 章 冲出太阳系

利用日地距离这把量天尺，天文学家们迈向了恒星世界

恒星是什么

1600年2月17日，罗马鲜花广场上燃起了熊熊大火，52岁的布鲁诺被绑在广场中央的火刑柱上，瘦小的身躯在烈焰中挣扎着被吞噬。布鲁诺的罪状有三十多条，信奉并宣扬日心说是其中之一。

布鲁诺甚至比哥白尼走得更远，哥白尼的宇宙是一个小小的太阳系，恒星依然在晶莹的天球上围绕太阳运行，布鲁诺则认为恒星都是遥远的太阳，他在《论无限、宇宙及世界》一书中写道：

> “人类所看到的只是无限宇宙中极为渺小的一部分，地球只不过是无限宇宙中一粒小小的尘埃。千千万万颗恒星都是如同太阳那样巨大而炽热的星辰，这些星辰都以巨大的速度向四面八方疾驰不息。它们的周围也有许多像我们地球这样的行星，行星周围又有许多卫星。生命不仅在我们地球上有，也可能存在于那些人们看不到的遥远行星上……”

布鲁诺的思想相当深刻，他以勇敢的一击，将流传千年之久的“天球”捣得粉碎。对那些习惯了舒适小宇宙的人们来说，这些说法实在太骇人听闻，据说连“天空立法者”开普勒也无法接受，在阅读布鲁诺的文章时感到一阵阵眩晕。

但布鲁诺的学说是出于思辨，天文学需要证据。一个明显的事实是，恒星

相互之间从来不移动位置，看起来确实像镶在透明的水晶球壳上的光点，星座的划分正是基于这一特点，天文学家们从来不担心今天看起来像天蝎的一群星，明天看起来变成螃蟹或者别的什么东西；事实上，恒星组成的形状几千年也没什么变化，它们太恒定不动了。

恒星为什么恒定不动？如果它们不是镶在晶莹天球上的光点，原因就只能是——

它们太远，因而移动太缓慢，在人的短暂一生中，不足以发现它们的移动。

恒星原来并不恒定

1718年，已经62岁的哈雷忽然想到，如果把时间拉长，也许就能发现恒星的移动。他找来一百多年前第谷的星表，细细比对，果然，明亮的天狼星位置有一点点偏移。如果时间再拉长些，是不是就能发现更多的偏移？哈雷赶快又找来古希腊天文学家喜帕恰斯的星表，那是公元前2世纪，时间相隔一千八百年，不出所料，哈雷看到另外两颗亮星也移动了——牧夫座的大角星和金牛座的毕宿五，而天狼星的移动则比第谷星表里更明显。看来，恒星的的确确在运动！

哈雷看到的恒星移动现象称为自行——自身运动导致的位置变化。恒星自行都非常小，绝大部分恒星一年的自行小于1角秒。想象一下，横跨天空的大圆周有360度，1度有3600角秒，大多数恒星在天上移动1度需要好几万年以上的时间，难怪它们看上去恒定不动。目前已知自行最快的星是蛇夫座一颗叫巴纳德的暗星，一年自行10.31角秒，被称为逃逸之星，即便如此，它在天上移动一度也要将近4个世纪。

自行虽然缓慢，但最终会使天上所有星座的形状变得面目全非，只是需要的时间很久。以北斗七星为例，它现在看起来像一个勺子；十万年后，它看起来会像一个铲子；而在十万年前，它看起来像是一把铁锹。

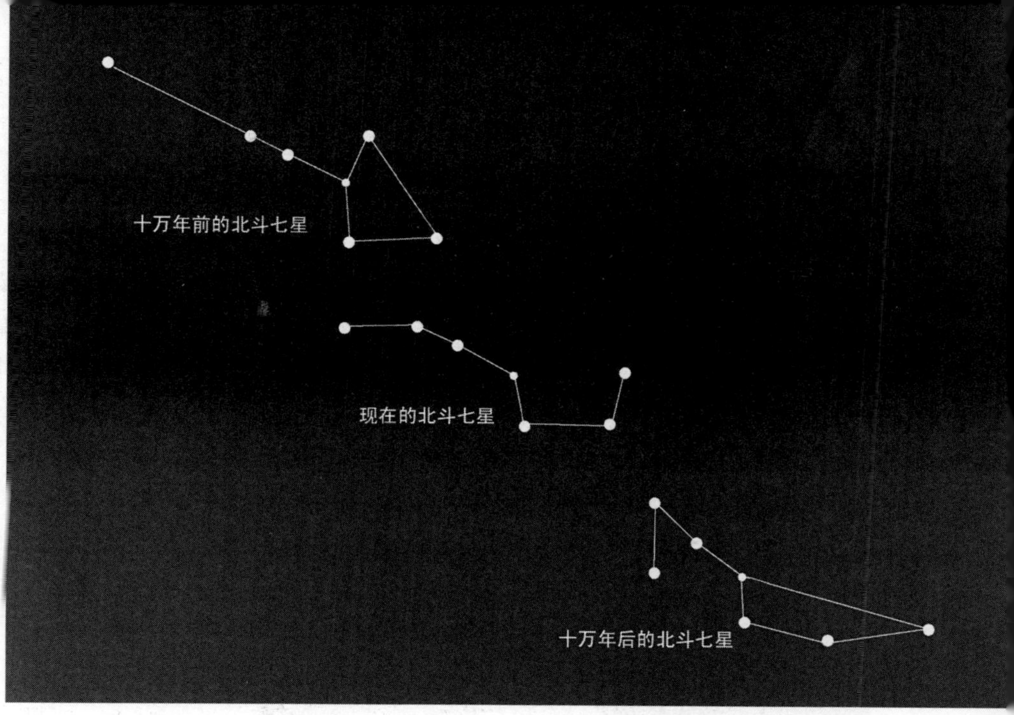

第一把量天尺：三角视差法

恒星是一个个遥远的太阳，中间隔着空间的深渊，如何测量它们的距离呢？天文学家们想到了三角视差法。

三角视差法测距很平常，每个人几乎每时每刻都在使用——人凭肉眼能感觉出物体远近就利用了这一原理。

我们可以非常方便地体会这个测距原理。看着眼前近处的一个物体，闭上右眼，用左眼看它，然后快速地闭上左眼，用右眼看它，这样交替几次，可以明显地感觉到物体相对于背景左右移动。物体越远，左右移动的幅度越小，也就是视差越小；反过来，视差越小，距离就越远。大脑对距离的判断就是根据两眼视差做出的。

人两眼之间的基线太短，只有几厘米，判断的距离非常有限。对于恒星，当然需要一个长得多的基线，但即便站在地球两端，长度也只有一万多公里，对恒星产生的视差太小。天文学家们想到了一个长得多的基线，就是地球绕太阳公转的轨道直径，从它两端去看恒星，就有可能发现恒星视差了。怎样从地球轨道一端到达另一端呢？很简单，地球载着我们运动，半年后就到了，天文学家们只需相隔半年测量同一颗恒星就可以了。

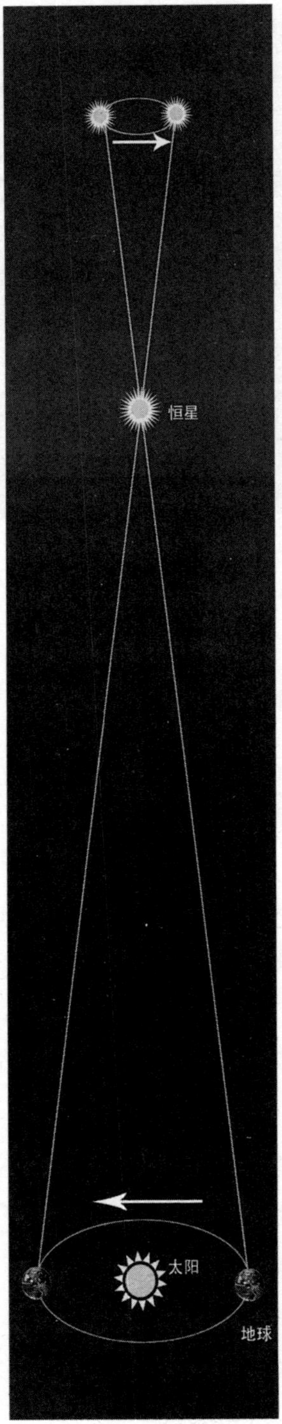

这无疑是一个好办法，但前提是要知道地球到太阳的距离，这个最基本的太空尺度，称为一个天文单位。只要测量出它，人们就可能打开通向恒星世界的大门，因而测量日地距离被誉为18世纪“最崇高的天文问题”。

太阳的距离虽然比恒星近得多，可是测量起来绝非易事。1716年，哈雷提出一个巧妙建议，利用金星凌日来测量日地距离。金星凌日类似日食，就是金星运行到地球和太阳之间，太阳、金星、地球三者排成一条直线，这时从地球上看去，金星会从太阳圆面上凌空而过，但由于金星距离遥远，它在太阳圆面上只会呈现一个小小的黑色圆斑。从地球上不同地点看，金星小黑斑在太阳圆面上的位置是不同的，这样就能导出日地距离。

倒霉透顶的勒让提

金星凌日以两次凌日为一组，间隔8年，但是两组之间的间隔却有一百多年。距离哈雷提出建议时最近的金星凌日是1761年和1769年的一组，天文学家非常积极地投入准备，其中法国勒让提的遭遇颇具戏剧色彩。

印度是这两次金星凌日的最佳观测地之一，勒让提决定到印度去。1761年英国和法国正在交战，勒让提只能绕道而行。当他辗转来到印度时，英军又不让他上岸，他只能漂泊在海上。6月5日，金星凌日了，勒让提仍在海上，眼睁睁错过。后来勒让提被允许进入印度，他决心在那里等待 8 年，观测1769年6月3日的金星凌日。勒让提做了长期坚守的准备，修建了一个观测台，与当地居民广泛接触，学习当地语言，了解当地民俗，甚至钻研印度文学，与当地居民结下了深厚友谊。

1769 年终于到了，勒让提满心喜悦地做着准备工作。这一地区的五六月，通常都是阳光普照的好天气，6月3日这天天气也很晴朗，勒让提架起望远镜对准太阳，金星那个黑色小圆斑虽然看不见，但勒让提知道它正在向太阳圆面移动，再有十几分钟就会出现在太阳圆面上，勒让提无比激动。就在这时候，天空忽然现出不祥之兆，一团乌云压过来，很快把太阳遮住，紧接着狂风四起，大雨倾盆而下。勒让提呆呆地站在那里，任凭瓢泼大雨浇在自己身上，把他浇到透心凉。

几小时之后，雨过天晴，阳光普照，金星也顺利地掠过日面而去。

这意外打击使勒让提心灰意懒，一下病倒在床，不愿再与国内联系。在当地人的悉心照料下，勒让提逃脱了死神的魔掌，两年后回到法国，等待他的是命运继续无情的捉弄。亲属们因为长久没有勒让提的消息，以为他客死异乡，就瓜分了他的财产，他在科学院的院士席位也被人补了缺。勒让提向法院提起诉讼，却遭到败诉，因为那一切都有合法程序。不过，倒霉透顶的勒让提还是站了起来，开始了新生活。他结了婚，撰写有关印度民俗风情的书，重新进入主流社会，成为当地名士。

风光无限的库克舰长

相比勒让提的落魄，库克舰长可谓风光无限。1768年，39岁的库克率领“奋进号”考察船前往太平洋大溪地（塔希提岛）观测金星凌日。8月26日，奋进号从英国普利茅斯港起航，横渡大西洋，绕过南美最南端合恩角，进入太平洋，经过半年多海上航行，在金星凌日前一个多月到达大溪地。大溪地是法国领地，当时英法两国正在交战，为了体现对科学探索的重视和支持，法国政府特别下令海军不得攻击库克船长的奋进号，而且还要保护其航行安全。

大溪地是一个天堂般的世外桃源，四季温暖如春，阳光明媚，衣食无忧的人们常常无所事事地望着大海远处，静待日落时的满天霞光和那之后的满天繁星。

库克舰长的金星凌日观测进行得非常顺利，当地国王和有身份的人都去了观测站，想目睹英国人不远万里来看的奇异天象。望远镜中，明亮的太阳圆面里，一个黑色小圆点静静地待在那里，几乎一动不动。这与大溪地的天空和大地相比，难道会更漂亮吗？王公贵族们茫然地看着这个小黑点，想不通这些人为啥对这个小黑点如此兴师动众。

这次金星凌日，全球共有76个观测点，最后计算出地球与太阳的距离为1.52～1.54亿公里，与真实距离相当接近。125年之后的另一组——1874和1882年的金星凌日，天文学家们继续测量，那时候有了照相技术，结果更为精确。

库克船长的大溪地之行，使他和金星凌日这个著名天象永远联系在一起，大溪地上的金星凌日观测点后来被称为金星角。除了金星凌日，库克船长这次史诗般的环球航行收获颇丰：他们记录了数千种植物和动物；在人类历史上首次环绕新西兰南岛和北岛航行；首次沿澳大利亚东海岸航行，库克还把澳大利亚命名为新南威尔士，并宣称所有权属大英帝国。当欧洲人畅游地球，测量大地和天空的时候，东方古老的大清帝国因为闭关锁国，观念僵化而陈腐，虽然表面上处于乾隆盛世，却注定是日薄西山了。

测定恒星的距离

有了日地距离这把巨大的标尺，天文学家开始了从太阳系迈向恒星世界的伟大征程。

令人颇感意外的是，第一个测出视差的恒星不是像天狼星那样的明星，而是一颗不起眼的暗弱小星——天鹅座61，测量者也是天文界的一匹黑马——贝塞尔。贝塞尔出身贫寒，少年时只读过4年书，15岁在商行当学徒，想做国际贸易，后来对天文学产生兴趣，开始自学数学和天文学，20岁时发表有关哈雷彗星轨道的论文，名声大噪，26岁受普鲁士国王之命组建柯尼斯堡天文台并担任台长。

贝塞尔自己研制精密的望远镜，花费了十几年时间，精确测量了十多万颗恒星的位置。1837年，他把望远镜对准天鹅座61。天鹅座61虽然暗弱，但却有“飞行之星”的美名，就是自行很快，这暗示它的距离很可能是近的，就如同坐在行驶的车辆中观看外面物体，远处的目标总是移动缓慢，而近处的目标则一闪而过。

天鹅座 61 旁边有两颗更暗的星，它们几乎完全静止不动，正好可以用作背景来标示天鹅座 61 的移动。贝塞尔先标注下天鹅座 61 的位置，然后坐着地球这艘“飞船”，变换自己的位置，来到三亿公里之外，结果发现天鹅座61真的随之移动了。

1838年12月，贝塞尔公布了天鹅座61的视差：随着地球从轨道一端移到另一端，天鹅座61相对于恒星背景摆动了0.31角秒，这相当于看20公里外一枚硬币张开的角度，贝塞尔由此估算出天鹅座61的距离约为10.4光年，这与今天的11.4光年很接近。

南门二与比邻星

英国的托马斯·亨德森比贝塞尔更早测量出恒星的视差。亨德森在南非好望角天文台，他选中的是南方天空半人马座的南门二。南门二亮度全天排名第三，看上去是一颗迷人的恒星，实际上是一对双星，自行也比较快，暗示其距离不会太远。亨德森很幸运，南门二是已知恒星中距离最近的。亨德森花了好几年时间反复测量，定出南门二的视差是0.91角秒，1839年回国后发表。后来更精确的测量把南门二视差减小到0.76角秒，换算成距离，是4.3光年。

1915年，天文学家们在南门二西南两度的地方发现一颗肉眼看不见的暗弱恒星，可能在绕着南门二双星运转，形成三体。它目前距离地球4.2光年，于是便有了一个非常特殊的身份——太阳系最近的恒星邻居，称为比邻星。

为了表述恒星的距离，我们需要用一个新的单位——光年。光每秒钟走30万公里，用它乘以3600，再乘以24，再乘以365，就是光在一年中走的距离，算下来1光年是9,460,500,000,000公里，可以方便地记为约10万亿公里。

比邻星距离地球4.2光年——约40万亿公里，它的光芒照射到地球需要走4.2年时间。一艘每秒30公里的宇宙飞船，从地球飞到比邻星需要42000年时间，虽是比邻，也远在天涯！

作为比较，太阳系的第八颗行星海王星距太阳45亿公里，太阳光照射到它上面需要走4.2小时，同恒星的距离相比，太阳系的行星疆域是极其微不足道的。

比邻星是一颗红矮星，质量是太阳的1/8——是地球4万倍，其发光功率约200万亿亿瓦，相当于1万亿个三峡水电站的发电功率，这真是大得难以想象。可是，比邻星的红色光芒到达4.2光年外的地球时竟然如此微弱，以至丝毫不能引起地球人的视觉，而这竟然是我们太阳系最近的恒星邻居！

宇宙太空，实在是一个浩瀚无比的空间大海。

第 9 章　远方的星辰大海

明亮的恒星犹如太空的灯塔，指引我们向宇宙的深处遨游

繁星密布的夜空

虽然过去几千年里人类把投向天空的目光主要投向了日月五星，但恒星才是星空真正的主角。繁星密布的夜空让人眼花缭乱，其实肉眼可见之星数量是很有限的，总数约为6000颗，由于大地遮挡了半个天空，每一时刻，我们只能看到其中的一半——约3000颗，它们把夜空装点得星光灿烂，这是大自然展现给人类的最美丽最奇妙景观。

2000多年前，古希腊天文学家喜帕恰斯把肉眼看到的恒星按亮度划分为6个等级，最亮的20来颗星定为1等，勉强可见的暗弱星定为6等。后来天文学家们发现1等星正好比6等星亮了100倍，这样相邻星等之间亮度相差2.512倍。星等的范围也扩展开来并划分得更细，比1等星亮的定为0等、-1等，太阳的亮度是-26.7等。比6等暗的是7等、8等，它们需要借助望远镜才能看到，欧洲甚大望远镜（由4台8.2米口径望远镜组成）能够探测到的最暗星体是36.0等，相当于人眼视力的6300亿倍。

众星之中，明星往往最引人注目，它们犹如太空的灯塔，指示着空间的深度。现在,我们就沿着恒星路标，遨游向远方的星辰大海。

何以西北射天狼

比南门二更远的另一个近邻是天狼星——全天最亮的恒星，它把我们的

目光引入8.6光年的远方。天狼星位于大犬座，在冬天和春天的夜晚，紧跟华丽的猎户座众星从东方升起。多数人对这颗星的了解来自苏东坡的《江城子·密州出猎》：

会挽雕弓如满月，西北望，射天狼。

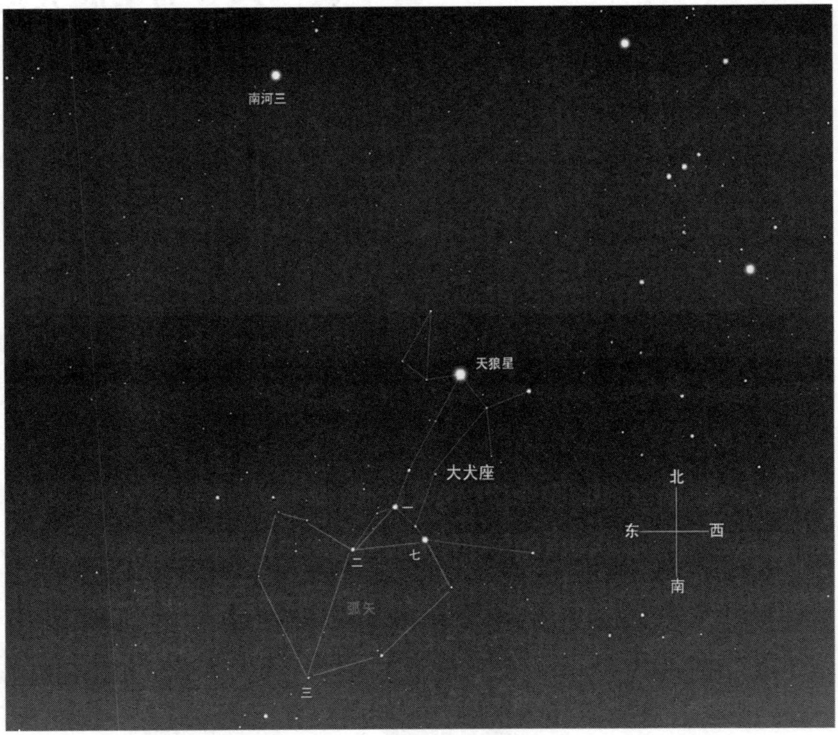

图中白色连线是现代星座体系的大犬星座，红色连线是中国古代设立的弧矢星官。天狼星位于弧矢之箭的西北方向，故而有“西北望，射天狼”。

在中国古人眼里，天狼星是一匹来自西北的凶猛野狼，代表常常从西方和北方侵略过来的胡人。有人会想当然地以为，天狼星位于西北方向。其实天狼星是一颗南天的星，就像冬天的太阳，东南升起，西南落下，永远也不会跑到西北方。苏东坡望向西北去射天狼，难道是酒醉微酣时不辨南北？

诗里的方位并不是从地上看的。天狼星是全天最亮恒星，古人让它代表敌对的胡人力量，岂不是长敌人威风灭自己的志气？不要紧，有辖制它的办法。天狼星东南不远处，大犬的后半部，有中国古人设置的弧矢星座，那是一把拉满弦的大弓，弓上搭着一只箭，瞄向西北方向的天狼，使其不敢轻举妄动。

这样看来，苏轼的诗句意境是升华的，他想象自己飘飘然升上众星之中，手握弧矢星这把大弓，对准前方（西北方）的天狼，要一箭将它射落。

如果我们把距离扩展到15光年，在这个范围内，会有50多颗恒星，其中太阳、南门二双星、天狼星、南河三是最明亮的，另外还有天苑四、天仓五、天鹅座61、印第安座 ε 这四颗星肉眼可见，其余44颗都是肉眼看不见的暗弱恒星。即使在最近的太空里，我们看到的也只是恒星中的一小部分。

夜空里的恒星看起来密密麻麻，但其实宇宙太空极为空旷。如果我们把地球周围15光年范围的空间缩小10万亿倍，做成一个微缩模型，那将是半径15公里的一个大球。其中太阳成了直径0.14毫米的微粒，地球只有1微米，距太阳1.5厘米，太阳系最近的邻居南门二，远在4公里之外。

在这个微缩模型里，时间流逝也变慢10万亿倍，这些恒星颗粒看起来是凝固不动的，其中跑得最快的巴纳德星微粒，与太阳微粒相距6公里，一年约接近太阳0.2米。

难以浪漫的牛郎织女

夏天和秋天的夜晚，星空的主角是牛郎星和织女星，这两颗著名的星把我们的视线引向17光年和25光年的深空。

牛郎星和织女星分列银河的东西两岸，现代城市里很难看到银河，但这两颗明星依然很容易看到。不过在现代社会，认出这两颗星的人很少了。

牛郎星两边有两颗小星，它们是河鼓一和河鼓三，他们被看做牛郎挑着的两个孩子；在织女星朝向牛郎的方向，有四颗星组成一个尖尖的菱形，它被看做织女织布用的梭子。

然而，天文学家们总在破坏人们对天空的浪漫想象。牛郎星与织女星之间相距16光年，这距离在恒星中算是很近了，但以人类标准来看却太遥远。如果牛郎要乘坐一艘每秒飞行30公里的宇宙飞船去织女星，需要飞行16万年时间。即使牛郎给织女打电话，无线电信号从牛郎星传递到织女星，也需要走16年，完成一次对话需要32年！假如牛郎打电话时是20多岁的青年，等他听到织女回话的声音，已经是年近花甲的老人了。

南极仙翁老人星

全天第二亮恒星是老人星，标记了310光年的宇宙深度。老人星又称南极仙翁，自古被看做吉祥的星，但它太偏南，在中国北方看不到。1689年，康熙皇帝到南京，在一个晴朗的夜晚登上紫金山，看到了从未见过的老人星，在南方地平线附近发着黄白的光辉。康熙非常高兴，给随行大臣指认老人星，并展开携带的星图，给大家讲解。大学士李光地恭维道："臣听书本上说，老人星见，天下太平。"谁知道康熙听了很不高兴，说道："老人星在南天，北京自然看不见，难道说北京永远都不太平？"康熙回到北京后把李光地连降两级。

老人星的真实亮度相当于16000个太阳，在过去400万年里，老人星是地球夜空里最亮的恒星，大约9万年前，天狼星靠近地球，才超越老人星成为夜空第一亮星。老人星距地球310光年，现在到达地球的光芒是这颗星在清康熙年间发出的光。

七月流火并非热

天蝎座的红色亮星心宿二能把我们的目光引向600光年深处。心宿二也叫大火星，是一颗红巨星，真实亮度是太阳的一万倍，体积则是太阳的好几亿倍。

有一句来自《诗经》的成语叫"七月流火"，其中的"火"指的就是大火星心宿二，七月流火不是指天热得像下了火，而是说农历七月（约公历九月）的傍晚，大火星偏向了西方的天空，因此"七月流火"的天气其实并不很热。

心宿二还有一个名字叫商星，和河南省商丘市有关。相传帝喾的两个儿子阏伯和实沈很不和睦，经常打架，帝喾没有办法，只好将两兄弟分开，把阏伯封到商丘做"火正"——观测大火星，封号"商"；把实沈派到山西大夏，负责观测参宿众星，也就是猎户座的亮星。大火星（商星）是夏夜的明星，参宿众星则在冬夜闪耀，它们一个升起来，另一个就落下去。兄弟两个不但在地上不再相见，就连他们观测的星宿也不会同现于天空。

阏伯工作很敬业，修筑了一个高高的大火星观测台。现在商丘城西南不远处，还有一处名为火星台的小丘，台顶有一座火神庙，其中祭祀的就是阏伯，这被认为是中国最古老的天文台遗址。

心宿二所在的天蝎座，有一个弯弯的尾钩，由9颗星组成，这是尾宿九星，它是天蝎尾巴最醒目的特征，正好也是中国古人划分的东方苍龙的尾巴。东西方文明在很多方面存在很大分歧，但在尾巴的看法上取得了惊人一致。

参宿七星光灿灿

全天的88个星座中，最灿烂的要数猎户座，它里面有七颗亮星，比北斗七星的七颗星要明亮得多。这七颗星属于中国二十八宿的参宿，它们跨越了1000光年的空间。

猎户腰带三星，从东到西依次是参宿一、参宿二、参宿三，三颗星亮度差不多，均匀排成直线，非常引人注目，中国古代人把它们看做是三个吉祥的星官，称为福、禄、寿三星，分别掌管人世间的福报、官运和寿命。立春前后的傍晚，三星升到正南的天空，中国民间的谚语“三星高照，新年来到”、“三星正南，家家过年”说的就是这种情况。

古代埃及人也很崇拜猎户星座，认为它是法老去世后的住所之一。尼罗河岸边的吉萨高地，有三座高高的大金字塔：胡夫金字塔、海夫拉金字塔、门卡乌拉金字塔，大致呈对角排列在一条直线上，距离也差不多相等，胡夫金字塔和海夫拉金字塔大小相当，门卡乌拉金字塔稍小一些。这三座金字塔的排列位置正好和猎户腰带三星一致，其大小和三星的亮度相对应，旁边的尼罗河正对应着猎户座旁边的银河。

猎户座的众星标显示了太空深度的多个层次，参宿一是817光年，参宿三是916光年，中央的参宿二则是1342光年。

相比三星，猎户座的两颗最亮星要近些，参宿四标记了427光年的深度，参宿七则标记了772光年的深度。参宿四是一颗红色超巨星，亮度是太阳的1万多倍；参宿七是一颗蓝色超巨星，亮度是太阳的5万多倍。

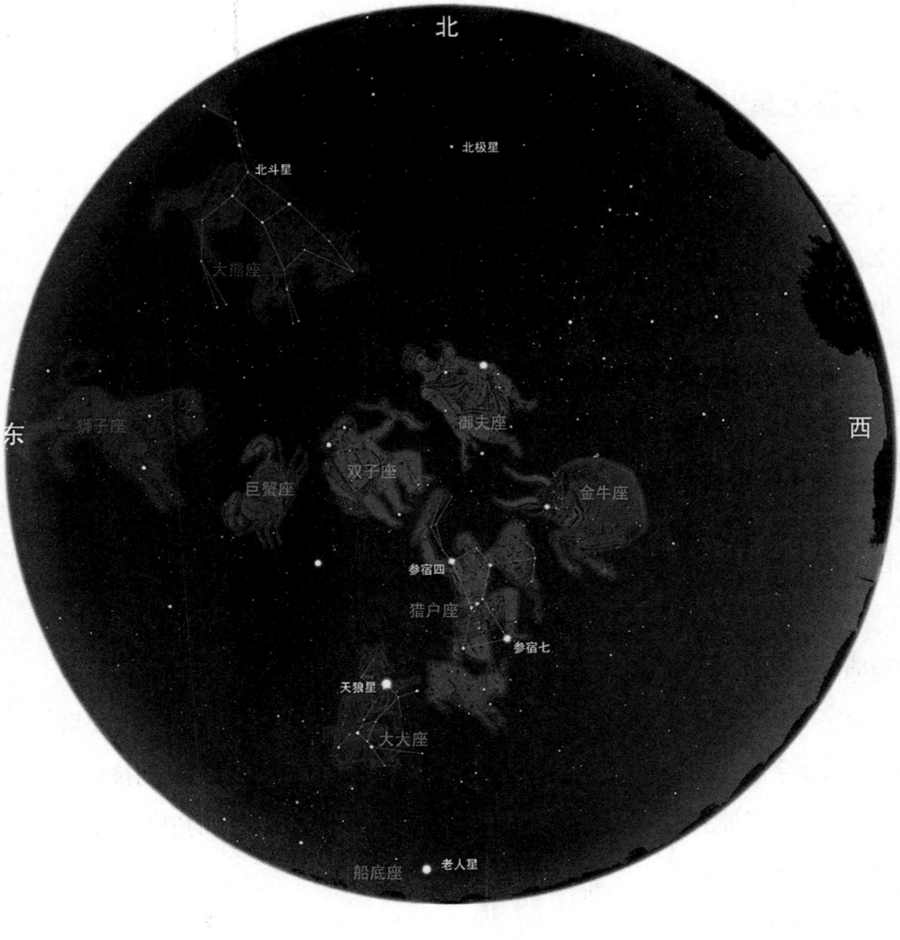
北
北极星
北斗星
大熊座
东
狮子座
御夫座
西
双子座
巨蟹座
金牛座
参宿四
猎户座
参宿七
天狼星
大犬座
船底座
老人星

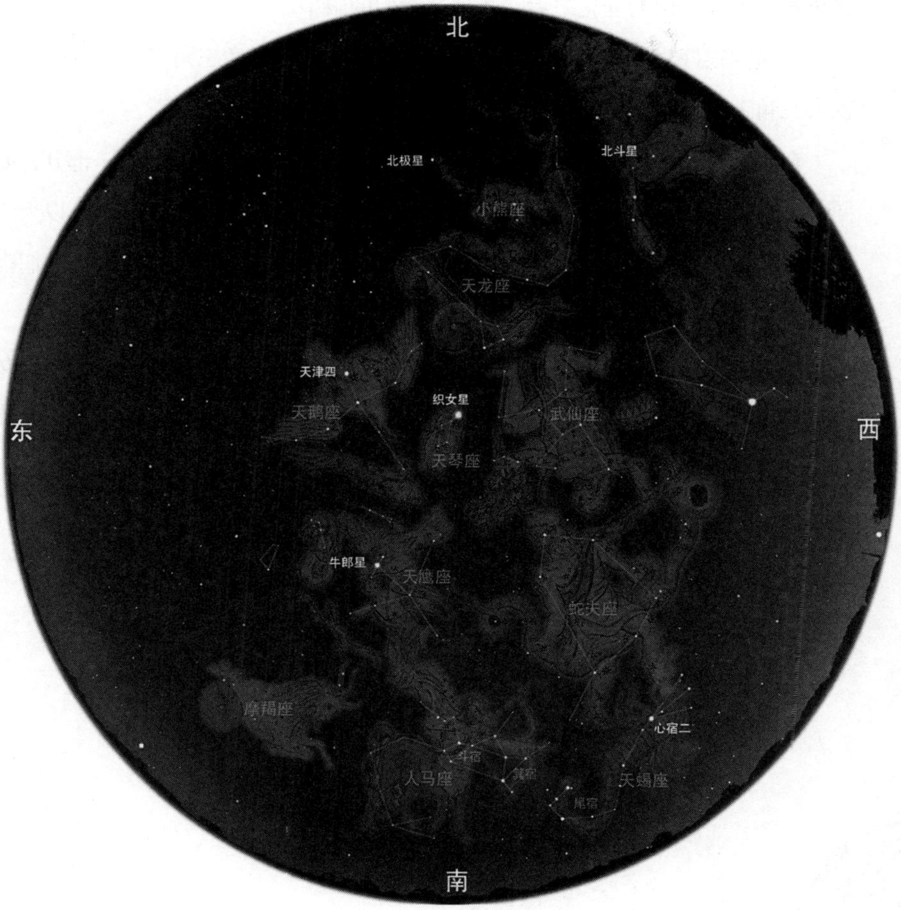
北
北极星
北斗星
小熊座
天龙座
天津四
天鹅座
织女星
武仙座
东
西
天琴座
牛郎星
天鹰座
蛇夫座
摩羯座
心宿二
斗宿
人马座
箕宿
天蝎座
尾宿
南

遥遥天津四

地球夜空里的所有亮星中，天津四距离最远。根据伊巴谷卫星的测定，其距离是3200光年。这样算来，我们现在看到的天津四光芒，是它在商代发出的。这些光子以每秒30万公里的速度向地球飞奔，在地球上经历了众多的朝代更替和沧海桑田的变化之后，才到达我们的眼中。

天津四很好辨认，它和牛郎星、织女星组成一个直角三角形，常被称作夏夜大三角，在夏天和秋天的夜晚很容易看到。

在浩瀚的宇宙太空里，星星的数量非常多，亮星只是其中极少的一部分，如同大海里的鱼，小鱼不计其数，但巨鲸却数目寥寥。如果以地球为中心，以天津四的3200光年为半径，在太空中画出一个大球，里面会有好几亿颗恒星，我们肉眼看到的不足其中的万分之一——6000颗，它们使地球的夜空星光璀璨。

如果把这6000颗恒星拿掉，地球的夜空将不再灿烂，但那条从牛郎织女中间流过的银河会依然保持本色，流淌在幽暗天际，环绕着大地。因为，那装点地球夜空的点点繁星，只是太阳系的近邻。在它们之外，是数千亿的恒星，那条看上去不甚宽广的天上之河，就由这些恒星组成。

第 10 章　天上的星星之河

夜空里那条浅白的光带，明显透露出银河系结构的重大秘密

银河故事

银河自古以来就带给各民族无数的想象。希腊神话把银河称为“乳汁之路（the Milk Way）”，传说宙斯的一个儿子赫拉克勒斯幼年时抓伤了天后赫拉的乳房，赫拉的乳汁洒向天空，形成了银河。

在芬兰神话中，银河被称为鸟的小径，他们认为银河是鸟真正的居所。银河也会指引着候鸟向南方迁徙。这个神话竟然被现代科学证实了，银河确实对候鸟迁徙有指引作用，而且鸟儿们也确实住在银河系里，因为地球就是银河系的一部分。

古代埃及和中国人都认为银河是天上的河流，这条河流还和地上的河流相通，如果从地上的河乘船，就可以到达天河。

隋唐时期有一个流传很广的故事，说的就是这回事。说当年汉武帝派张骞去大夏寻找黄河源头，张骞做了一个筏子，沿黄河逆流而上，走了几个月，不但没找到源头，反而发现黄河越来越宽，越来越清澈，后来竟然水天相接，天水一片，到处是星光，如同仙境。前面忽然出现一处城郭，亭台楼榭，错落有致，河水从城中流过。

张骞好奇地划进去，见岸边有一男子牵一头牛，牛头探入河中饮水；对岸，一位妇女在洗衣服。张骞把筏子划近那妇女，问道：“大嫂，请问这是什么地方？”那妇女回答说：“这是天河呀！你是从人间来的吗？”张骞暗自吃惊，他见那妇女身后有一块石头，形状和颜色都是人间没有的，就问：“这是什么石头？”那妇女说：“这叫支机石，你喜欢，就送给你。”张骞接过石头一看，原来是织布机上压布匹的石条，知道自己遇到了织女。张骞在城中游历了一圈之后，就沿黄河顺流而下，返回中国。《汉书》中记载，今成都严真观有一石，俗呼为“支机石”，传说就是张骞带回来的。

银河是一条完整的环带

曾经带给古代人无数浪漫想象的银河对现代人来说是相当陌生的，多数人对银河的印象往往只停留在书本上，即使偶尔看到，也是茫然无所知。要想欣赏银河，就要到远离城市的乡村旷野。

银河那抹神秘的光环其实十分醒目，人们看到它横跨天际，但那只是地上的一半，还有一半在地面以下。银河是星空里一个完整的环，包围着地球，地球看上去位于这个环的中央，了解这一点很重要，它是理解银河系结构的关键。如果你用整夜的时间来观察，会发现随着地球的自转，地上的银河会向西落下，地下的那部分银河会升起来。

关于银河的哲学猜想

银河这条浅浅的光带究竟是什么？亚里士多德认为，银河是纯粹的大气现象，是地球发出的水蒸气聚集在天空形成的，可能有某种机制导致水蒸气总是往银河那一带聚集而不消散。他不承认银河是天上之物，因为他坚信天是完美无缺的，而银河的边缘参差不齐，显得不美。

另有一些哲学家的看法和亚里士多德正好相反，他们认为银河很可能是天空两个半球的结合带。恒星天球是包围大地的完整的球，银河光带将它平分为两部分。可能造物主在造恒星天球时，是用两个半球拼接成的，拼接部位不太整齐，留下了粗糙的痕迹，那就是银河，这看法估计会让亚里士多德很生气。

亚里士多德之前的德谟克利特看法要高明许多。德谟克利特最著名的观点是原子学说，他对宏观宇宙的见解也很深刻：他推测出太阳远比地球庞大得多；月亮本身不发光，靠反射太阳光才显得明亮；对于银河，德谟克利特认为，它是由无数恒星构成，由于这些恒星太远太暗弱，人们无法把它们一一区分开来，于是就形成了一条光带。

望远镜中的银河

争论被伽利略的望远镜终结，伽利略在《星际使者》中写道：

借助望远镜，我的观察十分细致而直观，结果使我相信，长期以来困扰哲学家们的所有争论已经得到解决，我们终于能够从烦人的舌战中解脱出来了。事实上，银河不是别的，而是汇聚成群的无数恒星的大集合。无论把望远镜指向它的什么部位，大量恒星立即进入视野。它们中的许多相当大而明亮，小的恒星则多得根本数不清。

银河是星空中包围着我们的一条环带，它由无数的恒星组成，这能启示出宇宙的什么秘密呢？18世纪的德国哲学家康德最早提出了对银河系结构的卓越见解。

康德的洞察

康德是一个极为独特的人，有人这样概括他：“没有生活，也没有事件，在柯尼斯堡闲静偏僻的小路上，度过了机械的、定规的、差不多是抽象的独身生活。这个人外在的生活，和他那粉碎世界的思想，是奇妙的对照。”

康德毕生没有远离故土，也没有结婚生子，只是日复一日地沿袭着自己的时间表，除了教学，在每天下午固定的时间，康德会踏上一条幽静而狭长的小路散步，同时把思绪放飞进浩瀚的宇宙。

行走在小路上的康德永远是灰色的装束，手里永远拿着一根灰色的手杖，后面永远跟着一位老仆人，永远为他准备着一把雨伞。康德散步的时间如此准时，以至于有人看到康德都不由自主地校对自己的表。康德散步的这条路现在被称为“哲学家之路”。

1755年，康德出版了他的第一部重要著作《自然通史和天体理论》，这本书的原名极长：《自然通史和天体理论，或者根据牛顿定律试论整个宇宙的结构及其力学起源》，从这书名可以看出康德的勃勃雄心。

康德的见解确实深刻，他认识到银河系是扁平的盘状结构，最早提出河外星系的存在，最早提出太阳系由星云演化而来。这些卓越见解来自他天才的悟性和不懈的思考，同时也印证了那句“道德与星空”的名言的确是他内心世界的写照：

“世界上有两件东西能够深深震撼人们的心灵，一件是心中崇高的道德准则，另一件是头顶上灿烂的星空。”

康德是怎样推断出银河系是一个扁平的盘状体呢？因为银河是一条由恒星组成的光带，表明恒星在银河方向密集，因而它不可能是球形的，只能是扁平

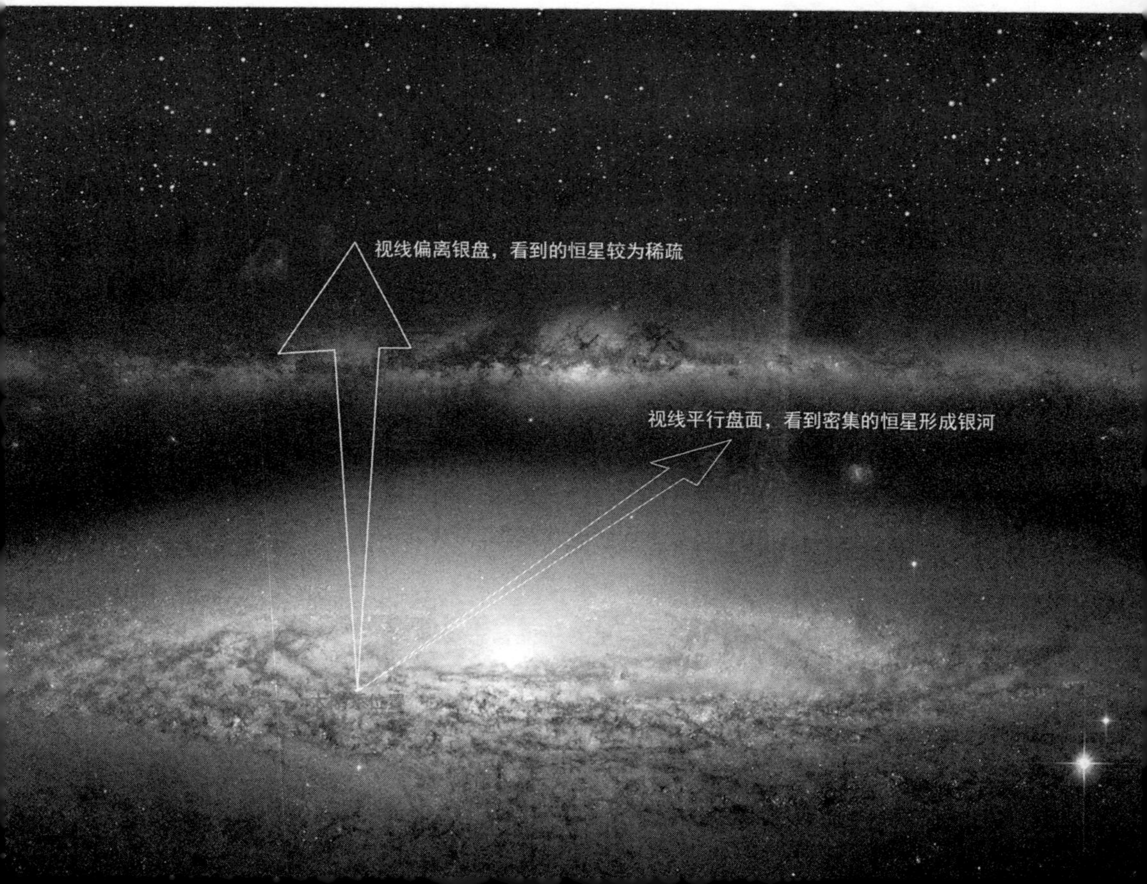

的。我们身处在扁平的银盘中，沿银盘方向望去，视线遇到的恒星很密集，就形成了银河光带；偏离银盘方向，视线遇到的恒星数量就少得多，就是银河光带之外的星空。

两个数星星的人

康德从思维上推断银河系的大致形状，有人却想通过数星星得到银河系的真正结构。第一个是英国的赫歇尔，他利用自己的望远镜数星星。那时候还没有照相设备，他需要用眼睛紧盯在目镜上，一颗颗辨认出恒星，再把它们标示在坐标系上，其枯燥和艰难可想而知。那时候望远镜观测完全在开放的环境里进行，冬天寒冷刺骨，夏天蚊虫叮咬，赫歇尔孜孜不倦地坚持了1083个晴夜，计数出117600颗恒星。1785年，赫歇尔发表了有史以来第一幅银河系结构图：一个扁平的盘状体，太阳在盘的中心附近，盘的直径是厚度的4倍，直径大约是天狼星到地球距离的850倍。因为不知道任何一颗恒星的距离，赫歇尔的银河系没有确切大小。

赫歇尔的勤奋实在令人赞叹，除了计数十多万颗恒星，赫歇尔和妹妹卡洛琳一生发现的星云超过了5000个。而在他之前，人类已知的星云天体不超过150个。因为在恒星和星云方面的巨大贡献，赫歇尔被誉为“恒星天文学之父”。

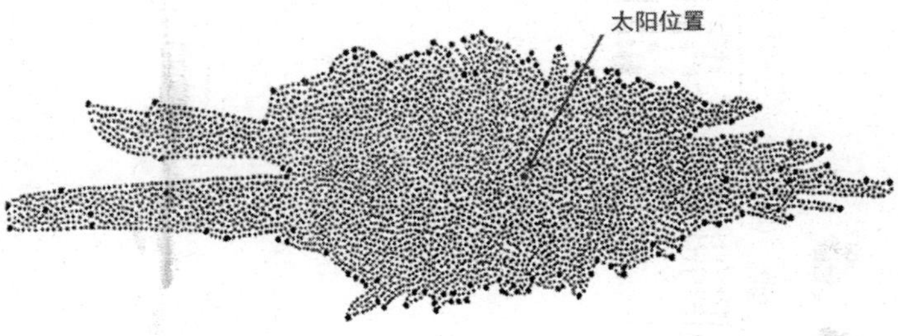

赫歇尔的银河系模型

荷兰天文学家卡普坦是另一个下大工夫数星星的人。他的处境比赫歇尔好很多，那时候天文学家们有了一个强大武器：照相术，用一张底片就能拍下好几千颗恒星，然后坐下来慢慢分析，不必像赫歇尔那样用眼睛紧盯着目镜了。

但如果对整个天空都拍照，恒星的数量就会多得无法分析。卡普坦想到了一个聪明的办法，他在天空选出206个小区域作为样本，号召全世界的天文学家分别观测这些样本，卡普坦自己则利用观测数据来分析银河系的结构。即便如此，这项工作也是相当单调乏味的，卡普坦坚持了40年，数出了400多亿颗恒星。

1922年，卡普坦发表了他的银河系模型：扁平的盘状结构，直径5.5万光年，厚度1.1万光年，包含恒星474亿颗，太阳大致位于银河系中心。这个银河系之大，远远超出了所有前人的想象。

然而，它还是太小了。那时候，测量恒星距离靠的是三角视差法，这方法只能测量近距离的恒星。要想真正搞清楚银河系的尺度，需要一把威力更强大的量天尺。这把量天尺其实一直在星空闪耀，等待着人类去启用，那就是造父变星。

第11章　造父的光芒

利用造父变星这把威力更大的量天尺，天文学家开始畅游星系

造父传奇

大约在公元前960年的时候，周穆王有了一个高明的御马师——造父，造父驯养出八匹最好的千里马，拉着周穆王四处巡游。

一天，造父驾车，拉着穆王向西方巡游，一路穿越地广人稀山川壮丽的西域，来到昆仑仙境。仙境的西王母娘娘看到周天子来访，非常高兴，在昆仑山顶的瑶池设宴款待周穆王。周穆王与西王母作歌唱和，竟然乐而忘返，一晃过去了三天。谁知"仙境一日，地上一年"，周穆王在瑶池待了三天时间，地上已经过去了三年。天子三年没有回来不知下落，天下大乱，一些诸侯造起反来。

周穆王在瑶池宴乐的时候，造父很着急，就将千里马放出一匹，让它回京城报信。这匹马途中遇到了寻找周穆王的侍卫队，很快引他们到了瑶池，周穆王这才知道天下大乱，急忙向西王母告别。西王母有些不舍，就作了一首歌约穆王瑶池再会：

白云在天，山陵自出。
道里悠远，山川间之。
将子毋死，尚能复来？

穆王作歌回答，约定三年后重来相会，然后命造父驾车，立即返回。八匹

骏马日行三万里，很快就回到京城，平息了叛乱。

造父由于驾车有功，周穆王将山西洪洞县的赵城赏赐给他。造父的后人以赵城为根据地逐渐发展起来，几百年后建立起强大的赵国，成为战国七雄之一。

然而人生无常，不知何故周穆王竟然爽了西王母的约。失落的西王母常常在瑶池上推开雕花的窗户向东眺望，期待周穆王驰骋而来的八骏，结果却听到了凄惨哀伤的黄竹歌声。西王母心中不免有些幽怨：穆王啊穆王，你的八匹骏马一天可以飞驰三万里，为什么不来瑶池重相会呢？

鉴于造父的神奇技能和传奇经历，中国古代天文学家把造父请到了高天，在北极星周围的紫微垣旁边设置了造父星，它位于今天的仙王座里。仙王座是北天一个比较好辨认的星座，有5颗不太亮的星组成一个尖尖的五边形，就像一个削尖的铅笔头，笔尖离北极星不远。其中的造父一虽然看起来很不起眼，但却是天文界名声最显赫的星之一。

造父变星

1784年深秋的夜晚，古德里克，这个20岁的聋哑人深深迷上了造父一。古德里克注意到，这颗星的亮度在发生缓慢变化，它是一颗变星。

造父一便于观察，因为它靠近北天极，终年不落。每一个晴夜，古德里克都仔细地盯着造父一，记录下它每一丝微弱的星光变化。造父一的亮度变化很有规律，从最亮时开始缓慢变暗，约4天后亮度下降一半达到最暗，接着开始变亮，速度比变暗过程快很多，只要1天多就达到最亮。经过一百多次观察，古德里克非常精确地测定了造父一的光变周期——5.3663天，这和现代利用光电仪器测定的结果非常接近。

因为这个成果，古德里克成为英国皇家学会历史上最年轻的会员。不幸的是，由于夜间观测受寒，古德里克得了肺炎，1786年4月20日病逝，如流星般一闪而殒。

后来天文学家们发现了很多类似造父一的变星，它们统称为“造父变星”。造父变星光变周期各不相同，在1～50天之间，每颗星的光变周期都非常准确，可以同钟表媲美。更重要的是，造父变星的光变周期暗含了一个重大秘密，揭开这个秘密的是另一个聋哑人——莉维特。

哈佛大学在南半球的秘鲁有一个天文台，拍摄了许多大麦哲伦星云和小麦哲伦星云的照片。天文学家们对同一个目标区域拍摄很多张照片，就是想比较那些小星点有没有变化，从而找出变星。这工作要多枯燥有多枯燥，而这正是莉维特做的。

莉维特细心检视一张张照片，结果真有问题。她发现，这两个星云里有1000多颗星亮度会变化，它们时显时隐闪烁不定，好像整整一窝萤火虫。莉维特研究了这些变星的光变周期规律，确认小麦哲伦星云的变星中有25颗是造父变星。这25颗造父变星有亮有暗，光变周期有长有短，经过比对，莉维特发现了一个非常简单的规律：

亮的造父变星光变周期长，暗的造父变星光变周期短。

因为这25颗造父变星都位于遥远的小麦哲伦星云中，它们与地球的距离近似相等，因而那些看起来亮的星，本身必然是亮的，看起来暗的本身必然是暗的，于是在1912年，莉维特就发现了造父变星的周期与光度关系：

造父变星的光变周期越长，光度就越大。

这有什么用处呢？

通常我们看夜空里的星，是无法根据其亮度确定距离的，一颗暗而近的星和一颗远而亮的星，看起来可能完全相同，不知道本身亮度就无法比较距离。

造父变星的光变周期能够表明它的真实亮度——周期越长，光度越大。这样，只要测定出造父变星的光变周期，就等于知道了它的真实亮度，也就可以确定其距离了。比如，两颗看起来亮度相同的造父变星，其中一颗的光变周期是另一颗的2倍，就可以知道前者的真实亮度是后者的2倍，从而得出前者的距离是后者的2倍。造父变星是一把非常方便的量天尺，两位聋哑人——古德里克和莉维特，为天文学家们架起了一道通向宇宙深处的桥梁。

造父变星的亮度为什么会变化呢？美国的沙普利最早领悟到它的实质。造父变星是正步入老年的恒星，体积膨胀得很大，星体开始一胀一缩地脉动，星体的膨胀和收缩，就引起了亮度的增加和减少。

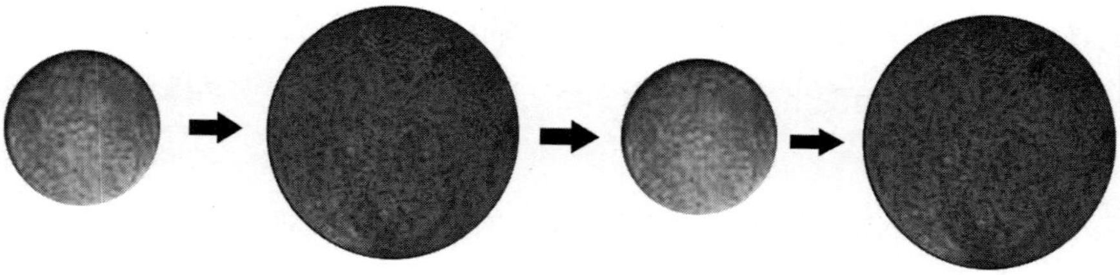

盯住远方的球状星团

沙普利志向远大，他想揭示整个宇宙的结构，这需要非常有效的测距手段。沙普利很快意识到，造父变星就是他苦苦寻觅的量天尺，他要用这把量天尺测绘宇宙。

沙普利走进天文学领域相当偶然。他出生在一个非常偏僻的乡村，童年时代虽然曾经对一颗行星感兴趣，但并未持续多长时间。他父亲想培养孩子们仰望星空的兴趣，带他们去看英仙座流星雨。在那个凉爽的夜晚，沙普利躺在毯子上沉沉睡去，飞驰的流星一颗也没有看到。15岁时沙普利完成了小学五年级学业，然后辍学，在一个小报社当一名犯罪报道记者。20岁时沙普利读高中，一年后以全校第一名的优异成绩毕业，并代表其余全部两名毕业生在典礼上致辞，接着去密苏里大学哥伦比亚分校读新闻学。

沙普利到达学校时，才震惊地得知新闻学院延期一年开课。他想先学点别的，有一个课程列表供他选择，学科按字母先后顺序排列，沙普利先看到的是考古学（Archaeology），他因为不认识这个单词感到非常羞愧；接下来的天文学（Astronomy）让他眼睛一亮，就这样便进入到天文界来。

1914年，29岁的沙普利以优异成绩从普林斯顿大学博士毕业，来到威尔逊山天文台。这里有一台60英寸（1.52米）的反射镜，沙普利获准可以自由支配它，那是当时全世界威力最大的望远镜，沙普利要用它来揭开银河系结构的奥秘。

沙普利不准备走卡普坦数星星的路子，因为银河系太庞大，恒星数量太多，那是死路一条，他把目光盯向了一种叫球状星团的特殊天体。球状星团是由数十万乃至数百万颗恒星聚集在一起形成的球形集团。全天最亮的球状星团在半人马座——半人马座ω（NGC5139），好几百万颗恒星聚集在几百光年的范围内，肉眼看上去却只是一个普通的星点，因为它远在17000光年之外，这是唯一可以用肉眼看到的球状星团。

银河系的球状星团约有200多个，在沙普利时代发现了80个。沙普利发现，球状星团在天上的分布并不均匀，明显向一个方向汇聚，这方向的中心就在人马座。人马座在夏夜的南方很容易看到，它位于天蝎的尾巴钩后面，星座里较亮的星组成了一个茶壶的形状，银河在人马座那里变得最粗壮。

球状星团非常庞大，只分布在银河系某一特殊区域是很奇怪的。相反的，它们很可能均匀地包围着银河系中心。为什么看起来人马座方向最密集呢？沙普利推测，球状星团分布密集的地方，应该是银河系的中心所在，就像一位住在郊区山顶的居民，可以根据街灯最密集的方向来判断城市中心的位置。

沙普利的判断是正确的。接下来他要解决的是更艰巨的问题：银河系中心离我们有多远？银河系究竟有多大？

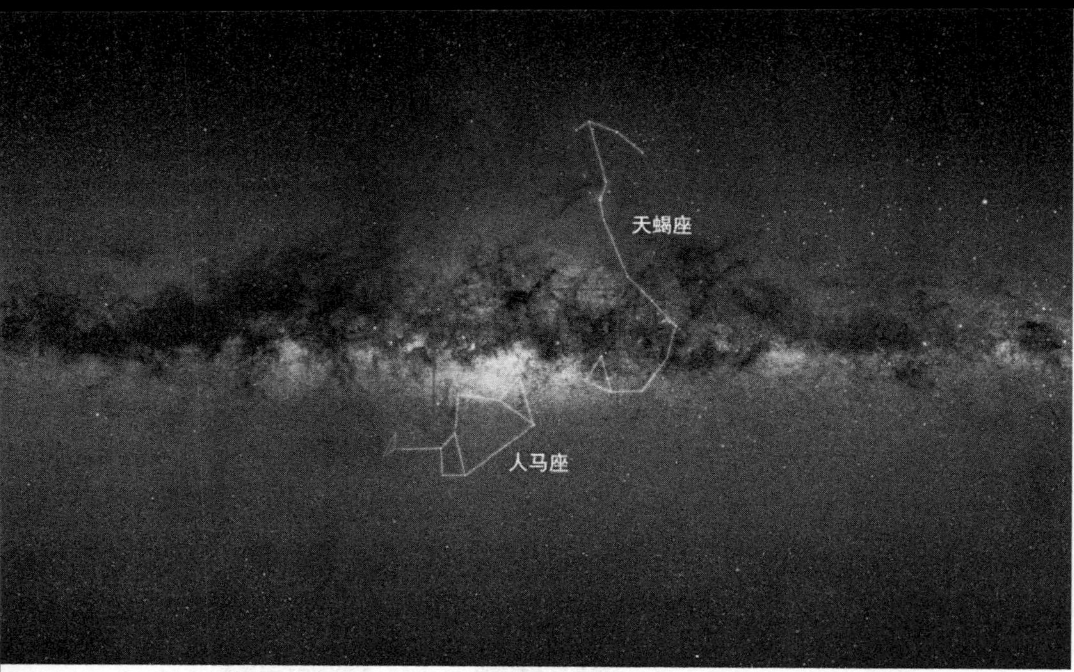

球状星团的分布在人马座天蝎座聚集，暗示出银河系中心就在那里。

大银河系

造父变星这把新量天尺开始发挥威力。沙普利利用威尔逊山60英寸望远镜拍摄了大量球状星团照片，在其中寻找造父变星的光芒。尽管搜寻目标明确，但依然是一项极为单调又耗费岁月的工作，沙普利经历了无数漫漫长夜，他终于得到了多颗造父变星的光变周期，进而测出了一些球状星团的距离。

1918年，沙普利勾勒出一个宏伟的银河系：一个扁平的盘状体，直径33万光年。

沙普利还定出，银河系球状星团的分布中心位于人马座西边缘，靠近天蝎座和蛇夫座的交界处，这个中心点就是银河系的中心，太阳系距离银河系中心6.5万光年。如同当年哥白尼把地球从宇宙中心挪开一样，沙普利也把太阳系遣送到了相对偏远的银河系郊区。沙普利同时认为，银河系足够大，它就是整个宇宙，所有天体都位于银河系内。

沙普利得出的银河系尺度数值过大，因为他对造父变星的测算出现了失误，银盘里分布的尘埃也使测量更加困难。沙普利之后，又经过多年努力，银河系的真实面目才渐渐浮现出来，那是一个无比庞大的恒星帝国。

第 12 章　银河帝国

那是一个无比庞大的恒星帝国

帝国的居民们

银河系是一个庞大的恒星帝国，其主体是一个扁平的盘状体——银盘，从侧面看，如同一个巨大的飞碟，静静地悬浮在宇宙里。

银盘的直径约10万光年，假如一艘宇宙飞船始终保持每秒3000公里的速度，它沿直径穿越银盘需要花上1000万年时间。

银河帝国的恒星数量众多，估计大约在1000亿至4000亿之间，现在大多数天文学家喜欢用3000亿这个数字。

银河系的恒星居民彼此差异极大，几乎没有两个是完全一样的。最亮的恒星一天发出的光，比太阳在2000年内发的光还多；最暗的恒星如此暗淡，亮度不及太阳的百万分之一，如果用它代替太阳，正午时分的天空将比满月的夜晚还要昏暗。温度高的恒星闪耀着旺盛的蓝色火焰；温度低的恒星发出暗淡的红色光芒。最古老的恒星可以追溯到130亿年前的银河系形成之初；最年轻的恒星今天才刚刚发出它的第一缕光芒。速度最快的恒星时速达到400万公里，这速度可以使它远远地逃离银河系，成为宇宙空间的流浪儿；最慢的恒星则慢慢地游荡，最后难逃坠入星系中央黑洞的厄运。体积大的恒星能够装下几万亿个太阳，体积小的恒星就像地球大海中的小岛。寿命最长的恒星可以发光几万亿年；寿命最短的恒星则只有几百万年。

这些恒星犹如一颗颗璀璨的宝石，把庞大的银河帝国装点得绚丽多彩，熠熠生辉。

银河系的侧面效果与仙女座里编号为NGC891的星系很类似，是一个扁平的盘状体。

旋涡形的结构

从正面看，银河系是一个巨大的旋涡，中央有一个长达两万多光年的棒，从棒的两端伸展出两条巨大的旋臂，两条大旋臂又分叉出若干小旋臂，太阳就位于一条叫猎户臂的小旋臂内侧，猎户臂的外面是英仙臂，里面是人马臂。

通常人们会认为，旋臂比较明亮，是因为里面的恒星密度大，而旋臂之间的暗区恒星密度小。1930年代，美国天文学家巴特·博克和同事们就持这样的观点，他们花费了十多年光阴在不同方向计数恒星，希望发现银河系的旋臂结构。他们期待，恒星数量在银盘的某个距离段急剧增加，某个距离段骤然减少，可结果令他们非常失望，恒星密度没有随着距离明显变化。

原来，旋臂之所以明亮，并非因为恒星密度大，而是里面亮星多。旋臂里含有更多的气体，能诞生更多的大质量恒星，它们燃烧猛烈，是明亮的蓝色超巨星，正是它们把旋臂照亮。由于大质量恒星寿命比较短，当它们走出旋臂的时候，差不多也该熄灭了，旋臂之间由于缺少明亮的蓝色超巨星而显得相对暗淡。

太阳距离银河系中心约27000光年，这个数据通常在26000至28000之间变动。鉴于这个大圆盘的直径有10万光年，我们在地球夜空里肉眼所见的满天繁星——约6000颗恒星，都是太阳的近邻，大都位于右图中的小红圈内。

太阳围绕银河系中心运行一圈需要2.5亿年，这也称为一个银河年。在一个银河年里，地球上能发生怎样的变化呢？为了便于比较，我们把一个银河系也划分为四个季节12个月。当太阳在上一圈位于现在这个位置的时候，也就是2.5亿年前，是上一个银河年的开始，我们来看一下这一个银河年里地球上发生的主要事件：

上一个银河纪年：

一月底，也就是大约2.3亿年前，恐龙在地球上诞生；

三月份，也就是那个银河年的春天，恐龙大大兴盛，它们主宰了陆地、天空和海洋；

七月份，恐龙开始衰落；

九月底，也就是那个银河年的秋天——6500万年前，恐龙在地球上灭绝了。

从正面看，银河系像一个巨大的旋涡，直径有10万光年。我们在夜空中看到的绝大多数星星，都在图中那个小小的圆圈之内。

距年底只剩下三天的时候，人类在地球上诞生。

三天后，太阳回到了起点，一个新的银河年开始，人类成功统治地球。

上一个银河年的最后一刻钟——6000年前，人类开始进入有文明的历史。

人类统治地球的时间，会超过恐龙吗?

坐地巡天看银河

地球绕太阳公转的轨道平面并不和银盘平行，而是有63度的夹角，这样，在地球围绕太阳公转一周的过程中，地球相对于太阳处于银河系的不同方向，星空和银河就呈现出不同的风貌。

冬天，地球运行到猎户臂一侧，相对于太阳处于银河系边缘。夜晚，我们看到的是猎户臂一侧的银河。在猎户旋臂里，有很多明亮的星，如猎户座的参宿众星，它们把冬夜的星空装点得极为璀璨。

随着冬天转为春天，地球相对太阳来到了银盘上方——银盘北方，夜晚，仰望头顶的星空，视线和银盘接近垂直，所以银河低垂于四周，星空暗淡，亮星较少，只有牧夫座的大角星非常醒目，那是离我们只有37光年的近邻。

夏天，地球运行到了人马臂一侧，夜晚的银河再次高高升起，那是人马臂的银河。夏夜星空里虽然也有不少亮星，但还是比冬夜要少，这是因为太阳系位于猎户臂的内边缘，里边就是猎户臂与人马臂之间宽达几千光年的暗区。

秋天的银河又是另一番景象，地球相对太阳转到了银盘下方——银盘南方，由于视线远离银盘，秋夜星空同春夜一样暗淡，只有南鱼座的北落师门一颗亮星，显得极为孤单，那是离我们只有21光年的近邻。

身处地球，我们可以试着去感知银河那巨大的银盘。银河高挂头顶时，那是银盘竖立在太空，你的身体此时是和银盘平行的，把你的身体放大10万亿亿倍，你的头和脚就触及银河系的边缘了。你可以尝试着摇摆一下身体，看看能否体会到银盘随着你晃动的感觉。

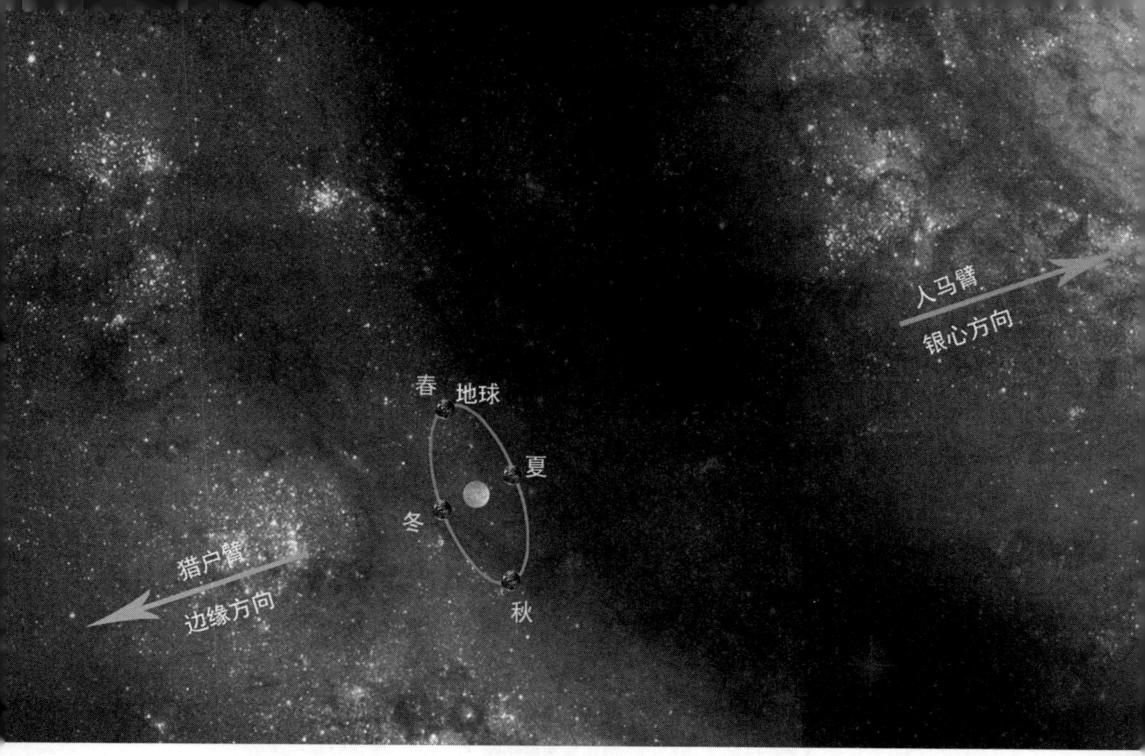

地球绕太阳的公转轨道与银河旋臂的关系，它导致一年四季的银河风貌不同。

当银河几乎与地面相平时，你就是站立在银盘平面上，身体与银盘垂直，设想你脚踩着巨大的银盘，驾驶着这个旋转的飞盘以200多万公里的时速在宇宙太空飞驰，那是怎样的一种感受呢？

帝国的首府

银河恒星帝国的首府——过去称核球，现在称中央棒，就隐藏在人马座后面那段粗壮的银河里。从地球上看，这个棒的大部分恒星偎依在半径只有8度的圆形天区内，比人马座的茶壶大不了多少，棒中恒星分布密度比太阳附近高得多。如果我们居住在那里，夜空会有几百万颗比天狼星还要亮的恒星，夜晚将和白天一样明亮。

银盘的星际介质把银河系中心的奥秘严严地遮盖起来。平均来说，银盘中每立方厘米就有一个原子的星际介质，与之相比，地球空气每立方厘米有2500亿亿个分子，因而银盘中星际介质的密度是极低的。但由于银盘十分庞大，这些星际原子加在一起，总质量有几十亿个太阳。

这样，星光从银河系中央射出，要突破星际介质的重重包裹才能出来。如果1万亿个黄色光子从银心出发向我们飞来，只有一个能到达地球，银河中央的视亮度也就比真实亮度暗了1万亿倍。即使像天津四这样的明亮巨星，如果放到银河系中心，就是用地球上最大的望远镜也看不见。

然而，大自然并非将它的奥秘完全隐藏，天文学家们可以通过其他途径窥探银河系中心。星际尘埃虽然能遮挡可见光，却挡不住射电波和红外线，因为它们的波长比可见光更长，能够轻易绕过星际尘埃颗粒。20世纪末以来，射电和红外天文学家已经绘出了银心区的详细图像，银心的秘密渐渐显露出来。

银河系中央是一个很致密的区域，叫银核，直径不到10光年，里面聚集着一大批年轻的大质量蓝色巨星，总质量有1000万个太阳，恒星分布密度比太阳附近大20万倍。如果没有气体和尘埃物质的遮挡，银核的亮度将超过满月，成为夜空中最明亮的天体，不过看上去只是一个星点。

银心的超级黑洞

银核中央有一个称为人马座A的复杂结构，其中有一个强大的无线电波源——人马座A*，那是真正的银心，一个超级黑洞就位于这里。

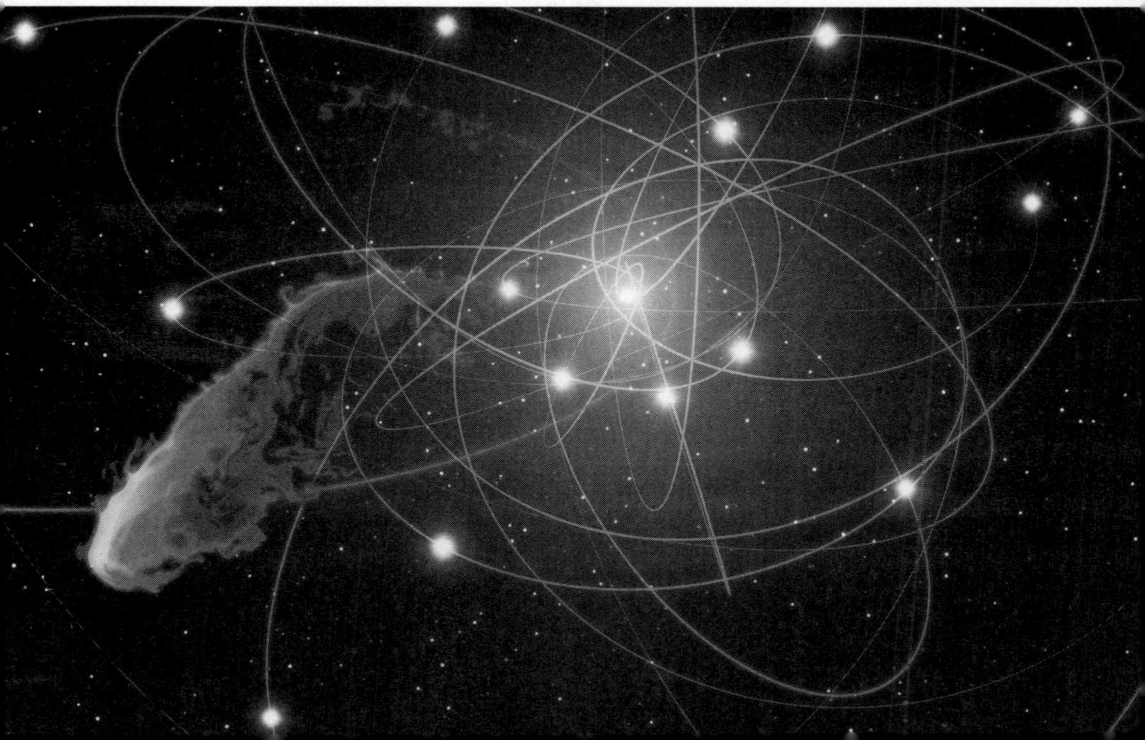

这是一个直径约4400万公里的区域，中央黑洞重约430万个太阳。围绕人马座A*的星体速度比银河系内其他星体的速度都要高，大约每11分钟旋转一圈，这些恒星和云气轨道的核心并没有可见的天体，那就是银河系中央黑洞的位置。2013年，一个巨大的气体云团以800万公里的时速撞向黑洞，被黑洞巨大的潮汐力撕裂。

巨大银盘的外围，包裹着近似球形的银晕，直径约30万光年。这里恒星的密度比银盘中要低得多，不过由于球状星团相当巨大，它们可以远离银盘，广泛地分布在银晕中，已发现的两百多个球状星团，有160个分布在银晕中。

帝国的殖民地

银晕外面，已经没有恒星，但还稀疏地分布着一些气体物质，大致呈球形包围着银河系，叫银冕，它延伸的距离是银盘直径的数倍，达到六十多万光年。

银河系帝国的外围，有至少十个被银河系的引力牢牢抓住的小星系，它们受银河系引力控制，老老实实地围绕着银河系旋转，是强大银河帝国的殖民地。在这些伴星系中，最大的两个是大麦哲伦星系和小麦哲伦星系。大麦哲伦星系大约有100亿颗恒星，小麦哲伦星系大约有20亿颗恒星，不要想当然地认为它们是小星系，在宇宙的全部星系中，这两个星系依然算是大的。

银河系最遥远的两个伴星系位于银盘遥远的北部边陲，它们是狮子座Ⅰ和狮子座Ⅱ，两个星系到银心的距离分别是89万光年和72万光年，它们像两尊狮子伫立在银河系的北部边疆，把守着通向星系际空间的大门。

从那里再往更遥远的北方，是银河系真正的邻居——仙女座河外星系M31，正是这个星系，彻底摧毁了沙普利在20世纪初建立的大银河系模型，开启了通往河外星系的大门。

第 13 章　“仙女”的媚眼

“仙女”抛来的媚眼，把天文学家的视线勾引到河外星系

宇宙尺度的大辩论

18世纪中期，康德在林阴小道上漫步，思想在宇宙翱翔，领悟到宇宙中应该有无数的星系，星空里有一些云雾状天体，很可能是像银河系一样的巨大恒星集团，它们分布在浩瀚的宇宙太空里，就像大海里的一个个岛屿——宇宙岛。

但在20世纪初的时候，天文学家们的看法依然分成两派，一派观点像康德，另一派则认为银河系就是全部的宇宙，所有天体都在银河系内。真相究竟是什么呢？1920年4月，美国天文界泰斗海耳举办了一场有关“宇宙尺度”的著名大辩论。辩题之一是，仙女座M31这样的星云，究竟是在银河系内还是银河系外。

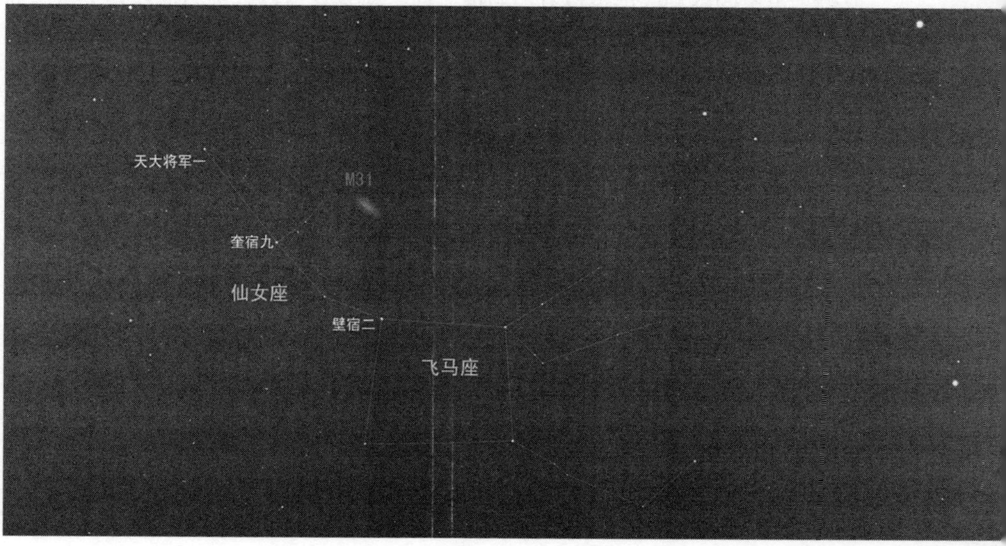

仙女座很好辨认，秋天夜晚，有四颗亮星组成一个明显的四边形，它被称为飞马四边形。四边形东北角的星叫壁宿二，它和附近的奎宿九、天大将军一这三颗星排成近似一条直线，那是仙女座的主体。仙女座大星云M31位于奎宿九旁边不远，肉眼就可以看到，是夜空里最著名的星云之一。

大辩论有两个辩手参加，一个是沙普利，来自威尔逊山天文台，他刚刚建立起一个宏伟的大银河系模型，并豪迈地宣称，银河系就是全部宇宙。另一方是柯蒂斯，来自利克天文台，同时是一位优秀的演说家，精通拉丁语、希腊语和其他古代语言。柯蒂斯反对沙普利的观点，认为银河系是小的，只是无数宇宙岛之一。

沙普利举证，1885年，一颗称为仙女S的新星在M31中央闪耀，亮度最大时和整个星云几乎一样亮。如果仙女座大星云是遥远的星系，那么一颗仙女座S新星的亮度就和整个星系一样大，这是不可思议和荒谬的，这证明M31既不远也不大。

柯蒂斯举证，1917年，他观测到仙女座大星云内的12颗新星，它们比银河系内同类新星要暗得多，这表明它们要远许多，假定它们和银河系内的新星一样，那么仙女座大星云的距离将远在50万光年之外，远超沙普利那33万光年直径的银河系。

辩论结束的时候，沙普利和柯蒂斯都满怀信心地离开华盛顿，都认为自己取得了辩论的胜利，谁也没有说服谁。柯蒂斯及其支持者仍旧信奉一个较小的银河系，众多河外星系犹如一个个太空岛屿漂浮在茫茫宇宙大海之中。沙普利及其追随者仍然相信，银河系就是整个宇宙大海，M31那样的星云虽然众多，也不过是漂浮在大海边缘的暗淡星云。

彻底解决这场争论的希望，寄托在威尔逊山那台威力强劲的100英寸（2.54米）胡克望远镜上。

威尔逊山的功勋望远镜

威尔逊山天文台是现代天文学的圣地，几乎倾注了海耳全部的心血。早在1903年，海耳就在威尔逊山上支起帆布小床，躺在那里考察星空，他很快被那里的星星征服，决心筹建威尔逊山天文台。一年之内，海耳已说服华盛顿卡内基研究院捐款建设一个太阳观测台，接着是口径60英寸（1.52米）的望远镜，那已经是世界第一了，但海耳野心勃勃，想建造一台口径100英寸（2.54米）的。1906年，他说动洛杉矶的实业家胡克，为100英寸（2.54米）的镜面玻璃提供巨额经费——这台望远镜因此被命名为胡克望远镜；然后又说动慈善家卡内基给予惊人的1000万美元捐款。

镜面玻璃由法国的圣戈班工厂制造，重量超过5吨，装在轮船上漂过大西洋运抵美国东海岸，再横跨美洲大陆运到威尔逊山的光学车间。光学专家里奇仔细检验后声称这块玻璃没什么用处，因为在浇铸过程中，里面产生了无数微小的气泡，它们会使玻璃变得脆弱易碎。圣戈班工厂愿意自己出钱再造，结果浇铸了几次都不幸失败。

海耳非常郁闷，得了神经衰弱。玻璃弃置两年后，海耳无奈请另外的专家重新检验，结论却正好相反，这些气泡层不但不会使玻璃变脆，反而会加强它，玻璃完全可以使用，于是接下来工人花了5年时间来磨光玻璃表面。

1917年11月1日，望远镜建成开光。两年之后，胡克望远镜迎来了它的主人之一——哈勃。哈勃在芝加哥大学本科学的是数学和天文，后来到英国牛津大学学习法律，获文学学士学位，短暂地当了一段时间的律师，又去叶凯士天文台攻读天文，获得博士学位后到欧洲参加第一次世界大战，两年后以少校军衔退伍，被海耳以年薪1500美元聘请到威尔逊山天文台。

有一年多时间，哈勃和沙普利共同使用100英寸（2.54米）胡克望远镜。1920年这台望远镜的分配时间表是：在月亮最亮的那些夜晚，由光谱学家使用；弦月前后一段时间，由沙普利为首的几位天文学家使用；初一前后月亮最暗的那些天分配给哈勃。

拂却“仙女”的美意

沙普利此时的心已经不在威尔逊山，哈佛天文台的台长皮克林去世，空缺的台长位置对沙普利诱惑很大。1921年3月，沙普利离开威尔逊山去哈佛谋求台长职位，动身之前，观测助手提醒，有一些刚刚拍摄的仙女座大星云

（M31）的底片需要复查，沙普利就把照相底片给了观测助手，观测助手把这些照片放进闪视比较仪里观察。这种仪器有左右两个置片台，放置待比较的两张底片，两张底片自动控制着按一定频率轮流进入视场。如果两张底片的星象完全一样，视场里的星象是稳定的。两张底片中有一个星移动位置或者亮度发生变化，视场里就会看到星象跳动或闪烁，天文学家们常用这种办法寻找变星或新天体。沙普利的观测助手发现，仙女座大星云里有闪烁现象，如同一眨一眨的眼神。仙女为什么眨眼睛呢?

这些闪烁的星点会不会是造父变星呢?如果是，那将确定表明仙女座大星云非常遥远，因为它们看起来明显比银河系里的造父变星暗得多，利用造父变星的周期光度关系，可以相当准确地确定它们的距离，而这正是沙普利最擅长的。观测助手用墨水标出闪烁的位置，想得到沙普利的确证。令人诧异的是，沙普利拿起照片看了一眼，然后平静地取出手帕，轻轻地擦拭，把那些墨水标记拭去，毫不理会仙女抛给自己的媚眼，匆匆奔赴自己心仪已久的哈佛天文台上任，威尔逊山的哈勃时代开始了。

天文学家的夜晚

哈勃和沙普利是来自密苏里的同乡，但彼此印象都很差。沙普利是一个和平主义者，哈勃却以军人身份为荣，在威尔逊山上还常常穿戴军人的衣着饰物，沙普利看着很不顺眼，哈勃讲话时矫揉造作的牛津口音也令他深感别扭。沙普利如日中天的知名度让哈勃感到巨大的阴影，他的离去让哈勃有一种云开雾散的感觉。

在海耳的严格管理下，威尔逊山天文台等级分明，秩序井然。下午6点，在冬天则是5点，晚餐的铃声准时响起，每一位就餐者进入餐厅，他们必须穿着外套打着领带，坐在属于自己的位置上。餐桌的餐巾上有一个套环，上面标注位置主人的名字——这些名字总在变动。当晚100英寸（2.54米）望远镜的观测者永远是首席，首席右边依次是观测助手、60英寸（1.52米）望远镜观测者等；首席左边，是太阳望远镜观测者、助手等。更远的地方，则是资历较浅地位较低的人，工作马甲可以表明他们的身份。在威尔逊山的第一年，哈勃总共有41天坐在首席。

晚饭后，天空渐渐黑暗，哈勃进入巨大的白色圆顶室，攀上长铁梯，登上安装望远镜的混凝土楼层，再经过几级台阶走上一个阳台样的平台，从这里再登上一段铁梯，来到观测平台，就像站在一艘大船舰桥上的船长，哈勃大声发出命令——时间、度数，观测助手则按指令操作望远镜。一切就绪后，哈勃便坐进目镜前的长弯椅里，不慌不忙地将烟斗装满，点着烟，灭掉剩下的灯光，让圆顶室内部留在一片黑暗之中，只漏下闪烁的点点星光。

随着时间的流逝，星星由于地球自转会偏向西方，望远镜需要不停地跟踪。100英寸（2.54米）望远镜虽然很精密，时间长了，也会出现误差，要么领先星体，要么落后。为了补偿，天文学家必须看着目镜中的星体，同时用手揿按控制面板上的按钮，使望远镜减速或加速，从而使星体保持在目镜十字丝的中央。

寒冷是最大的威胁，因为圆顶室的天窗是洞开着的。在最寒冷的夜里，天文学家的手指和脚趾都逐渐麻木，泪水甚至把观测者的睫毛完全冻结在目镜上。

一夜又一夜，寂静而孤独，时间随着遥远的朵朵星云流逝。哈勃有时会通过作诗来消磨时光，有时则哼唱流行歌曲。灿烂星空很容易激起人们对造物主的沉思冥想，哈勃自然也时不时地追寻宇宙创造者的思想。一位极度消沉的朋友曾问起他的信仰，哈勃婉转地回答：“世界比我大得太多，我不可能懂得它，但它是值得我信赖的。”

深夜之时会有夜宵，观测专家们会短暂放松一下，来到一个有暖气的小楼，默默地用餐，气氛非常安静，经常有麋鹿上到饭厅的台阶寻找食物，狐狸则在周边窜动。

破晓前是最困难的时候，令人麻木的寒冷和瞌睡会分散观测者的注意力。当星辰渐渐暗淡时，观测终于结束。按下开关，电动马达带动链条，随着一长串闷雷般的隆隆响声，圆顶被合上。天文学家从椅子上僵硬地直起身子，把底片装入手提箱，走下观测平台。

当下方山谷在曙光里逐渐显现之际，天文学家沿着仅现轮廓的松树小道走回宿舍。那真是一段轻松而愉悦的旅程，宇宙的奥秘就拎在手提箱里，它会展示出什么样的惊喜呢？一个昏暗的黎明，哈勃走在回宿舍的路上，一头狮子无声地出现在他面前，两只眼睛放出幽幽的光，直盯着哈勃看。哈勃立即怔住了，大脑一片空白，一动也不能动。一小会儿之后，狮子缓慢地转过身，溜进了密林里。

“仙女”之约

1923年10月4日夜晚，天气不是太好，哈勃把胡克望远镜锁定在仙女座大星云的旋臂上，曝光了40分钟。尽管条件不利，仙女座星云的底片上还是显示出一个“可疑”的新星。这激起了哈勃的好奇，第二天夜晚他重复了前一夜的观测，并增加了5分钟曝光时间。那夜的天气好了许多，命运注定这张编号为H335H的底片将成为哈勃最著名的底片，它证实了这颗可疑的新星。哈勃进一步检查底片，又发现两颗新星。这天是他本月当班的最后一夜，第二天，他怀着发现“三胞胎”的喜悦下了山。

一回到办公室，哈勃便找出天文台底片档案进行比对。在闪视比较仪的视场里，哈勃激动地看到了一闪一闪的星光，仿佛是仙女抛出的妩媚眼神，令哈勃神魂颠倒——那是造父变星！哈勃绘出这颗星的光变曲线，测出其光变周期是31.415天，根据沙普利研究的造父变星测量距离技术，哈勃发现这颗恒星离地球约有90万光年，这是沙普利宣称的宇宙直径的三倍。毫无疑问，仙女座大星云是银河系之外的另一个恒星帝国。

自从读懂仙女的媚眼，哈勃在威尔逊山上频频和仙女约会。仙女也频送秋波，把自己的惊天身世透露给哈勃。1924年2月下旬，沙普利收到了一封来自哈勃的信，如同晴天霹雳：“您将会感兴趣地听到，我已在仙女座星云（M31）里发现了一颗造父变星。这个季节只要天气许可，我就跟踪这个星云。在最近5个月里，我已捕捉到9颗新星和2颗变星。”“我有一种感觉，仔细检查长曝光底片将会发现更多的变星。总而言之，下个季节将是丰收的季节，迎来的将是预期的仪式和庆典。”

沙普利倍感惆怅与失落，如果他当年留在威尔逊山，这些伟大的发现也许就没有哈勃的份了。

“宇宙岛”的争论平息了，一个超乎所有古人想象的大宇宙呈现在人们面前。康德的光辉思想，历经近200年的纷争和曲折，最终得到证实。银河系之外，是更为广阔的世界，有无穷无尽的星系分布在无垠的空间大海里。

仙女座河外星系（M31），银河系的邻居。

第 14 章　星系之舞

宇宙上演的是一场气势恢弘的星系大舞蹈，每一个成员都参演其中

与仙女共舞

宇宙上演的是一场气势恢弘的集体舞，每一个成员都参演其中。

和银河系共舞的，是美丽的仙女——仙女座大星系。当年哈勃测量她的距离是90万光年，虽然把她远远推出了银河系，但那时候对造父变星的认识很不全面，导致测量结果大大小于实际距离，后来仙女座大星系被修正到250万光年。

仙女有着丰满的身躯——直径超过22万光年，质量是银河系的2倍以上，恒星数量超过4000亿颗。这样，她虽远在250万光年之外，我们用肉眼依然能看到她的光芒，那光芒是她在地球人类尚处于南方古猿时期发出的。

仙女带着大约二十几个小伙伴为自己伴舞，M33、M32、M110是其中比较出众的几个。M33位于三角座，也称为三角座星系，是一个典型的旋涡星系，星系盘的直径约6万光年，它其实是星系中的佼佼者，比宇宙中绝大多数星系都大而且漂亮，不过在仙女热情的引力感召下，M33甘愿在遥远的后方为她伴舞。M33自己本身还带着一个卫星系作为自己的伴舞者，这个小星系位于三角座旁边的双鱼座，称为双鱼座星系。

M32是M31的另一个伴星系，它与M31的旋臂外沿重合在一起，是一个致密的椭圆星系，看起来就像一个明亮的圆斑，直径6500光年，质量有30亿个太阳，这个小星系被仙女的热情引力所俘虏，成为仙女的贴身随侍。

M110是M31的又一个伴星系，也是一个椭圆星系，它在仙女的前方，距离地球220万光年，质量有10亿个太阳，直径14000光年。

M31带着自己小伙伴，银河系也带着大小麦哲伦星系等小伙伴，用引力牵手，在方圆数百万光年的舞台里飘逸而舒缓地起舞，组成了一个小的星系集团，称为本星系群。

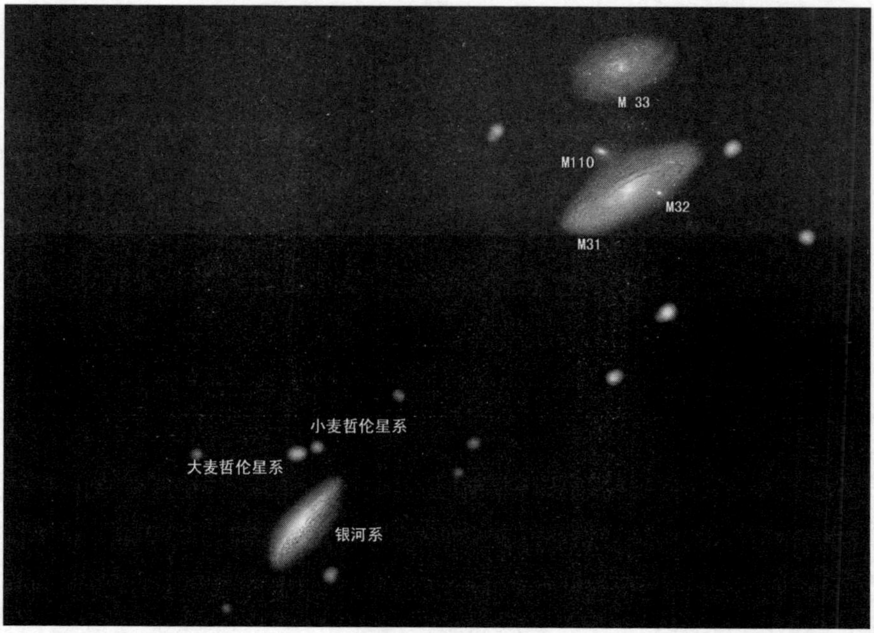

未来的拥抱

本星系群现在上演的只是序曲。美丽的仙女魅力无穷，银河系被吸引着以每小时40万公里的速度扑向仙女，这个速度仅需1小时就能从地球到达月球，但扑向仙女怀抱却需要40亿年。40亿年后，银河系就会与仙女热烈拥抱。接下来，他们彼此穿越，远离，折返，再穿越，历经20亿年，最终融合在一起，成为一个新的巨椭圆星系。

星系的碰撞对于恒星来说并非末日，因为恒星间的距离是如此之大——彼此相距若干光年，当两个星系碰撞时，恒星会相互穿越而几乎不受

银河系与仙女座星系M31的碰撞与合并过程模拟

1. 当前的夜空：银河高挂头顶，M31仅是星空的小云斑。

2. M31已经很接近，夜空中蔚为壮观。

3. 37.5亿年后的夜空：两个星系即将相撞，M31在占据了夜空的一大片，两个星系都因为潮汐力而变得扭曲。

4. 38.5亿年后的夜空：两个巨型星系迎头相撞，M31已经看不见全貌，只有部分旋臂

5. 39亿年后的夜空：两个星系正在对穿，星系盘面都看不清了，夜空中充满了暴发诞生的恒星和美丽的星云。

6. 40亿年后的夜空：第一次对穿而过后的两个星系，整体形状还在，但盘面都已经变形。

7. 50亿年后的夜空：两个星系已经多次对撞，大部分气体已经转换为恒星，两个星系核正在接近。

8. 70亿年后的夜空：合并已经基本完成，现在是一个类似M87的巨椭圆星系，主要成员是红巨星和红矮星。

影响，两颗恒星正面碰撞的概率是如此之小，几乎完全可以排除。

银河系和仙女座星系合并的时候，太阳也即将开始膨胀为红巨星的过程，这对地球生命的影响要远大于星系碰撞合并。在新的星系里，星球上的生命再也看不到那条长长的银河，取而代之的，他们将看到星空里有一个巨大的椭球状隆起，那是新形成的椭圆星系的主体。

有意思的是，三角座星系M33很可能要插足银河系与仙女座大星系的拥抱。M33现在距离银河系有290万光年，比仙女座大星系还远40万光年。它被仙女的魅力牵引，以每秒190公里的速度飞向仙女前方，并有可能最终先于仙女投入银河系的怀抱。

室女的召唤

本星系群只是宇宙大舞台的小小一隅，在更遥远的太空深处，另一位美丽的女神向她们发出了更热情的召唤，那是室女星系团。

室女座常被称为处女座，每年的春季太阳落山不久，出现在东方地平线上，是春夜和夏夜星空的主角。在全天88个星座中，室女座仅次于长蛇座，是第二大星座。室女是宙斯的姐姐得墨忒尔，掌管着农业与正义的审判，她旁边的天秤座就是女神用来审判世界称量人心的工具。

室女头部附近，靠近后发座的区域，有集中成群的星云，它们是一个个遥远的河外星系。梅西叶星表中共有34个河外星系，室女座头部附近就有16个。原来这里有一个巨大的星系团——室女座星系团，其成员星系超过2000个，平均距离地球约5000万光年，是距离本星系群最近的一个大星系集团。

在室女强大引力的盛情邀请下，银河系牵手仙女，带领着本星系群的几十个小伙伴，围绕着室女星系团旋转，转动一周大约需要1000亿年。

美丽的室女魅力超群，除本星系群外，还有众多星系团也被她吸引，围绕着她旋转，形成了一个更大的宇宙结构——室女超星系团。因为我们的本星系群身处其中，也称为本超星系团，它至少有100个星系团成员，长度超过1亿光年。虽然如此，它依然是一个比较小型的超星系团，虽然有一个富有的室女星系团在核心，但围拢在周围的星系团都相当小而贫瘠。

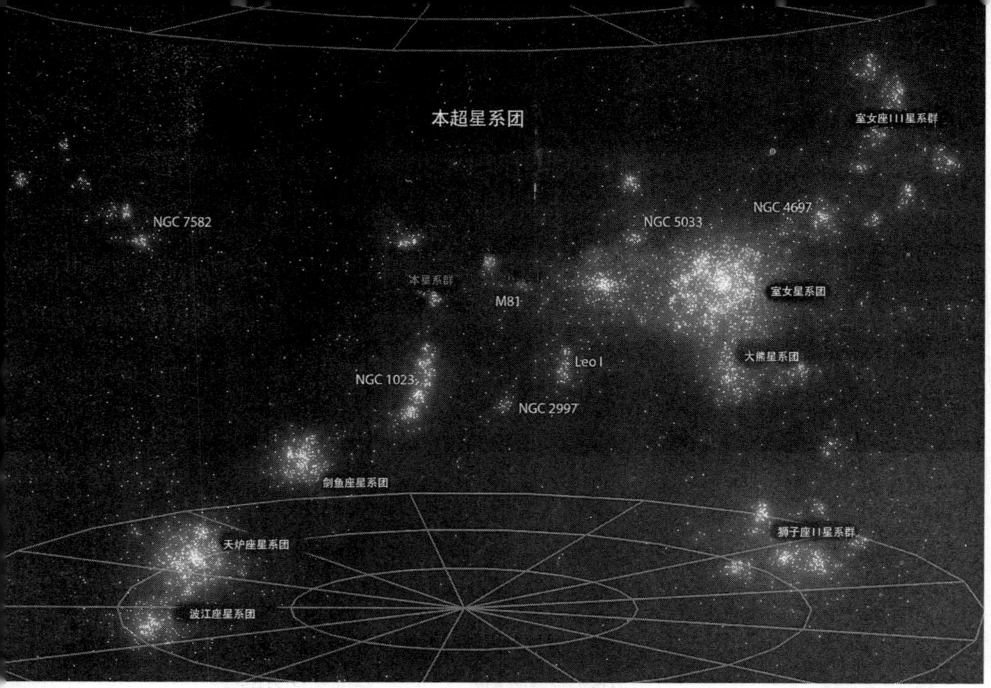

无尽的天堂——拉尼亚凯亚

室女超星系团的近邻，是长蛇–半人马超星系团，这蛇与妖联盟的力量超过了室女，室女座超星系团围绕着长蛇与半人马超星系团起舞致礼。室女超星系团、长蛇–半人马超星系团以及附近的孔雀–印第安超星系团又组成了一个更大的集团，这也被称为真正的本超星系团，天文学家们给它起了一个夏威夷语名字——拉尼亚凯亚（Laniakea），意思是无尽的天堂，它包括了更多的星系团，星系数目超过10万个，恒星数量超过10亿亿颗，尺度达5亿光年之巨，我们的本星系群位于这个巨大天堂的边缘地带。

拉尼亚凯亚超星系团又受到更大的吸引。在半人马座南部约6亿光年远的深空里，有一个被称为沙普利聚合体的更强大引力源，拉尼亚凯亚超星系团带领着长蛇、半人马、室女等众星系团，率领着数百万个伴舞星系，以每秒600至1000公里的速度向这个大引力源方向飘飘而去。

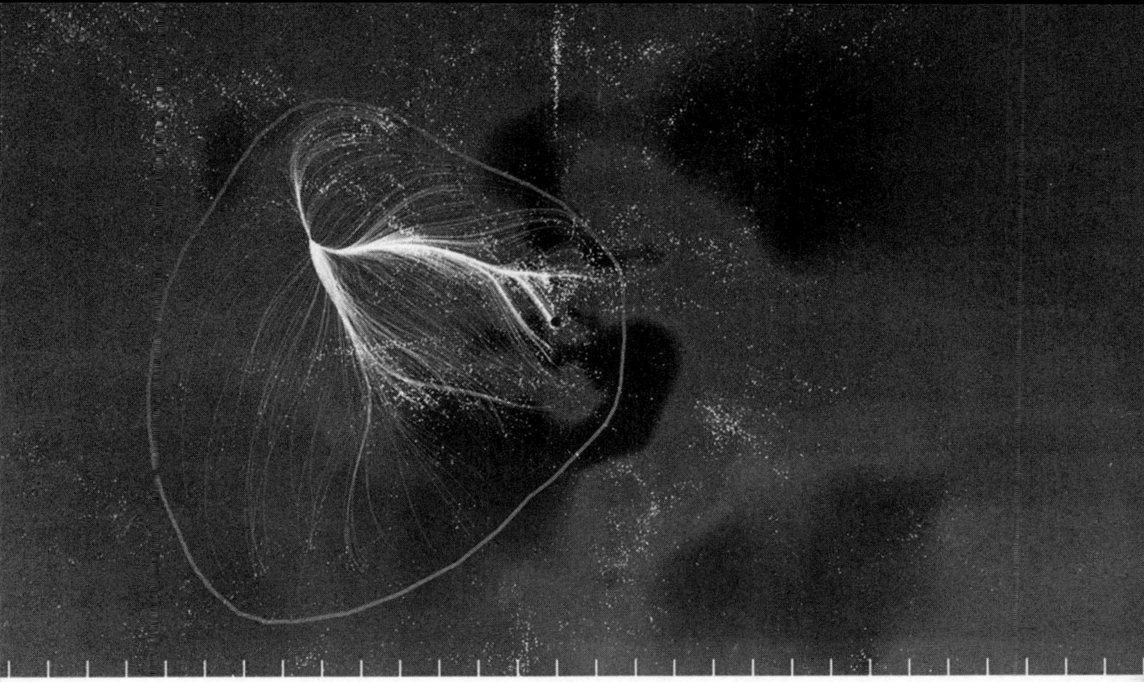

拉尼亚凯亚及其中星系的流向

大尺度网状结构

从更大的尺度上看，宇宙就像由空洞气泡分隔开的纤维网状结构，空洞体积巨大，直径达几亿光年，里面发光的星系很少，洞的外围是星系团和超星系团组成的纤维薄壁，宇宙看上去如同一张立体的大网。这张巨网在物质和暗物质的引力，以及暗能量的斥力作用下，扭结、飘摇、穿越、重组，在宇宙时空中演出一场无比恢弘的宇宙之舞，一部无比伟大的物质运动史诗。

宇宙结构的这一认识彻底推翻了投合古代人类的等级式宇宙——宇宙没有中心，没有任何一处是特殊的，它是均匀的、平等的、由自然法则和各种定律统治着的世界，无边无际。

第 15 章　天际的幽暗

黑黝黝的夜空背景，是时空的尽头吗

眺望宇宙的最深处

我们在网上看到的许多精美的天体图片，都来自“哈勃”太空望远镜，这台极为精密的仪器不是由天文学家哈勃制造，而是为了纪念他。望远镜1990年4月25日发射升空，以2.8万公里的时速在600公里的高空围绕地球运行，发回的第一张照片让所有人目瞪口呆——不是精彩绝伦，而是糟糕透顶！本来是一个个光点的恒星竟然散成了光斑！原来制造过程出现了一个很低级的失误，镜面边缘多磨平了一点点，这小小失误造成了灾难性影响，带来了严重的球面像差——图像不能很好地聚集在焦点上。

1993年12月，“奋进号”航天飞机载着7名宇航员，对哈勃望远镜进行了10天的维修，研究人员为哈勃望远镜设计了一个改正镜，相当于给它配上一副矫正眼镜。维修非常成功，“哈勃”的视力得到了完美的恢复。二十多年间，哈勃望远镜传回了一幅幅美轮美奂的天体图像，把宇宙的神奇与大美呈现在人类面前。

2003年9月24日，哈勃太空望远镜硕大的镜头转向了天炉座方向。天炉座是南天中一个很不起眼的小星座，很暗淡，里面没有一颗亮度小于4等的星，普通人不会对它感兴趣，但天文学家却对它情有独钟，因为这里远离银河，视线在这个方向受到银盘气体尘埃的影响最小。星座里有一小块区域，更是极黑暗，就是用大望远镜也看不到一颗小星。没有恒星，没有气体尘埃的遮挡，这是一个瞭望宇宙深处的极佳窗口。在那幽暗的、看似一无所有的宇宙深处，会隐藏着什么呢？

哈勃太空望远镜对准那个幽暗之地，从2003年9月24日至2004年1月16日的一百多天里，对它进行了800次拍摄，巡天照相机累计曝光11.3天时间——将近一百万秒。

这是一次宇宙深空“钻探”，“哈勃”得到的图像称为“哈勃超深空”，它显示了由近到远以至130亿光年深处的宇宙图景，里面约有一万个星系，照片中最暗的星系，每分钟只有一粒光子进入望远镜中。

接下来的10年间，哈勃太空望远镜每年都对那个区域拍照，钻探不断深入。2014年发布的“哈勃超深空”图像，深入到了132亿光年远，星系数目又多了5500个，其中最暗星系的光度只有肉眼可分辨光度下限的一百亿分之一。

“哈勃超深空”展示给人类这样一幅宇宙图景：在幽暗而遥远的太空里，分布着不计其数的星系。

我们的虫豸视角

哈勃超深空是一个空间钻探的标本，同时也是一个时间钻探的标本。因为光速是有限的，越遥远的星系，它的光传递到地球花的时间就越长，它所处的宇宙就越古老。比如，30亿光年外的星系，其实是30亿年前的样子；130亿光年外的星系，其实是130亿年前的样子。

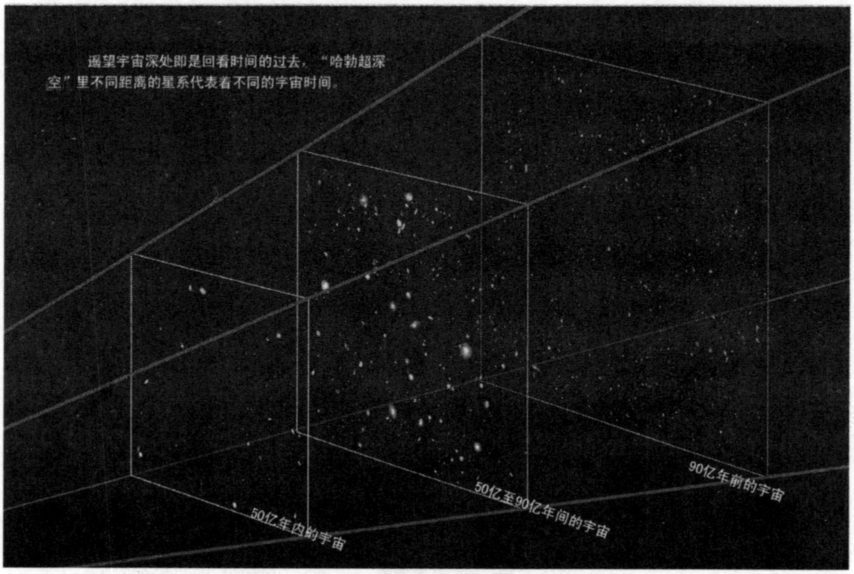

我们遥望太空，不但看到了空间的深处，同时也看到了时间的过去。这样，宇宙太空某处“此时此刻”正在发生什么，是没有意义的，因为我们根本无法得知。我们只能在未来才能知道它们的现在，因为那里的光传递过来需要时间，我们这样的视角被称为“虫豸视角”。

假如光速无限，此时此刻宇宙深处发生的事情，即刻就传递给我们，我们就会犹如天神一般，瞬间看清宇宙每一个角落正在发生的事情，这样的视角称为“天神视角”。

虫豸视角并不是什么坏事，如果我们拥有的是“天神视角”，虽然可以瞬间看清整个宇宙的“现在”，却无法观察到宇宙的过去。我们从虫豸视角看去，宇宙过去的一切，正在我们眼前上演。100光年外的天体展示的是100年前的样貌，100亿光年外的天体展现的是100亿年前的样貌。这样，我们通过距离的深入，就可以一直观察到宇宙古老的过去。

奥伯斯佯谬

现在要提出的问题，是很多人没有想到的——在“哈勃超深空”里，我们已经看得那么深远，可是宇宙的背景为什么依然是黑暗的呢？它是否暗示了，我们看到的宇宙只是一个有限的宇宙？

这个问题其实是奥伯斯佯谬的翻版。奥伯斯佯谬要回答的问题是：夜空为什么是黑暗的？这问题看起来很荒诞，很多人并不认为它有多大意义——夜空黑暗，是因为太阳落山了呗。答案当然不会如此简单，它实际上透露出一个很大的宇宙奥秘。

奥伯斯是一个业余天文爱好者，他本是德国北部城市布莱梅的医生，因为治愈了当地的霍乱，获得了极高的声誉。奥伯斯把自己房子屋顶改造成一个天文台，白天他治病救人，晚上则观测天空寻找彗星。他先后发现了5颗彗星，还发现了两颗小行星。

奥伯斯意识到，看似寻常的黑夜，隐藏着宇宙整体的奥秘。人们通常认为，宇宙是无限大的，存在了无限久，而且里面有无限多的恒星。可是奥伯斯想，如果宇宙真的是那样无限，其后果必然是很麻烦的，会是什么样子呢？

奥伯斯说，想象你处在一片树林里，如果树林不大，向远方看去，可以透过树干看到外面的世界；如果是在很大的森林里，任意一条水平方向的视线都会被树干遮挡，向远处望去看到的全是树。

照此推理，一个无限的宇宙布满了无限的恒星，那么投向天空的每一条视线都会遇到恒星，其结果必然是，天空中的每一点都会像太阳一样明亮，那将是一个炼狱般的世界！

对黑暗夜空的种种思考

人类对黑暗夜空的问题已经思考了几百年。比奥伯斯早两个世纪的开普勒也认为，无限宇宙会导致整个天空极其明亮。开普勒认为，黑暗夜空意味着宇宙是有限和有边界的。开普勒设想，在有限宇宙的外围，包围着一圈黑暗的宇宙之墙。

但是有限宇宙面临着明显的矛盾。人们很容易像英国的洛克那样质疑宇宙有限论："如果不假设宇宙是无限的，则我们可以问，如果上帝把人放置在宇宙边缘上，人能将他的手伸出宇宙之外吗？"

公元前1世纪古罗马的哲学家卢克莱修在《物性论》里提到了一个著名的飞矛思想实验：假如一个人旅行到宇宙尽头，使劲掷出一支矛，那会出现什么？只有两种情况，弹回来，或者继续往前飞。无论哪一种，都表示宇宙边际之外都有东西存在——弹回来是有东西挡住了，继续飞是还有更多的空间。卢克莱修认为，这两种情况都说明，宇宙不可能是有限的。

1744年，瑞士天文学家谢诺提出一个看起来很合理的解释。他说，夜空之所以是黑暗的，原因是宇宙空间是不透明的，充满着吸光物质，遥远的星光在中途就被这些物质吸收了，根本到不了地球，从而夜空是黑暗的。

这解释是人们容易想到的，但实际上并没有解决问题。假如宇宙是无限的，即空间无限大，星体无限多，存在的时间无限久，那么即使空间中有吸光物质，也无法使夜空变暗。因为吸光物质吸收光线的同时，也会被光线加热，进而导致自身发光，最终会变得和恒星一样明亮，结果完全等同于这些吸光物质不存在。这就像下雨的时候躲在树下，起先叶子还能保护下面不受雨淋，可是只要下雨的时间足够久，雨水便会从叶子上滴落下来，树叶对雨滴的遮挡吸收作用基本为零。

一个诗人的解释

1848年，一位叫爱伦·坡的美国诗人出版了一本叫《我发现了》的诗，他"决意要谈谈自然科学、形而上学和数学——谈谈物理及精神的宇宙，谈谈它的本质、起源、创造、现状及其命运”，其中就谈到了奥伯斯佯谬，爱伦·坡这样解释：

星星无穷无尽，天空的背景就会呈现出明亮，就像是银河——它们不会呈现点状，在背景中也不会出现一颗星星。因此，只有一种可能，由于恒星的距离实在是太远了，它们发出的光还没来得及到达地球。

极遥远的恒星发出的光还没有来得及到达地球，意味着宇宙并非存在了无限长的时间，这是一个年轻的宇宙——宇宙必然有一个起源！爱伦·坡指出，宇宙起源于虚无，在原始推动力作用下，原始粒子产生，并形成了多样的物质和星系。

宇宙为何起源呢？爱伦·坡把它归结为上帝，对爱伦·坡来说，上帝就是一个诗人，宇宙就是“最卓越的诗”，随着上帝之心的每一次悸动，一个崭新的宇宙将从无到有，又从有到无。那么，上帝之心又是什么呢？爱伦·坡回答说：“就是我们自己。”这样，《我发现了》指出一条爱伦·坡式的道路——由宇宙通向上帝，再由上帝回到心灵。

《我发现了》出版后多年里一直颇受冷落——研究界或者视而不见，拒绝评论；或者认为它是“业余天文爱好者的拼凑之作”；甚至有人将其视为作家神经错乱状态下的一派胡言。一百多年后，它的文学价值得到了高度肯定；更令人惊讶的是，诗中关于宇宙有一个起源的说法竟然也得到了验证，这本书也被誉为“美国天书”。

美国宇宙学家哈里森说：“当我第一次读爱伦·坡的作品时，我大吃一惊。一个诗人，不，一个最了不起的业余科学家在140年前就领悟到了问题的本质，而我们的学校仍旧在宣扬错误的观点。”

奥伯斯佯谬其实有一个前提，就是牛顿式时空观：空间是绝对的，无限广阔的；时间是绝对的，无限流逝的；宇宙是静态的永恒的存在，它已经存在了无限久，而且还会无限久地存在下去。

奥伯斯佯谬实际上暗示了，传统的牛顿宇宙时空观并不可靠，在接下来的新思想和新发现的冲击下，它很快会土崩瓦解，因为宇宙绝非是一个恒定的存在。

第16章　四散奔逃的星系

银河系好像是宇宙的重灾区，遥远的河外星系唯恐避之不及

马车夫与观测学家

20世纪20年代的时候，哈勃在威尔逊山可谓如鱼得水。他愉快地驾驭着那台100英寸（2.54米）巨无霸——胡克望远镜，在星云的大海里自由远航，辅助他的是得力助手赫马森。

赫马森完全是半路出家，他比哈勃小两岁，出生在一个普通家庭。14岁时赫马森去威尔逊山参加夏令营，虽然天文台刚刚开始筹建，一片狼藉，赫马森却再也不愿返回学校了。他作为天文台旅馆的一名勤杂工开始了自己的新生活，打扫卫生，照料牲畜。

1908年到1910年间，20岁不到的赫马森成了一个赶着驴车运货的人，往返于威尔逊山和当地小镇谢拉马德雷，那时候建筑材料和仪器部件主要用这种方式运上山。

天文台首席电气工程师多德有一个女儿海伦和赫马森同岁，每当驴子沿着山顶的崎岖小道从天文台越过深谷时，海伦就会专注地倾听赫马森吆喝驴子的声音。1911年，赫马森和海伦在庆祝20岁生日后不久结了婚。

赫马森发现有一头狮子窜到天文台附近，享用他岳父的山羊，他跟踪这头巨兽，还安装了一个大钢夹子。第二天早晨，他手持猎枪赶到那里，发现空无一物。他抬起头，发现狮子正愤怒地盯着自己，要猛扑下来。赫马森下意识地举起了猎枪，子弹打在狮子瞪大的双眼之间，狮子倒在他脚旁。赫马森扛着狮

子，在众人惊诧不已的目光里回到天文台。从此，他获得了“美洲狮屠夫”的称号，同时也成了天文台的看门人。

赫马森抓住近水楼台的机会，很快能够娴熟地操作望远镜，这引起了沙普利的注意，赫马森开始给沙普利当观测助手。沙普利又把赫马森推荐给台长海耳。这位只上过八年级的观测助手很快被提升为正式职员，后来又晋升为助理天文学家。

哈勃来到威尔逊山后，赫马森成为他的搭档。赫马森非凡的望远镜操作技能和耐心细致的工作态度赢得了哈勃的尊重，尤其是赫马森看待望远镜的神情，100英寸（2.54米）望远镜在赫马森眼里简直就是神，容不得丝毫亵渎。

赫马森对哈勃也有非常好的印象。一个暴风雨之夜，赫马森被叫去面见哈勃，哈勃表情严肃地询问赫马森昨晚早些时候在哪里。赫马森吓了一跳，那时他因为闲着无聊，和几个人打扑克牌，这是严格的海耳不容许的，如果汇报上去，他很可能被解雇，但赫马森不愿说谎，坦承了此事。哈勃接下来问赫马森，自己以后能不能也加入玩几手？就这样，他们成了朋友。

哈勃与赫马森搭档，驾驭着100英寸（2.54米）胡克号望远镜，在波涛汹涌的星云大海中扬帆远航。哈勃站在瞭望台上，赫马森为其掌舵。哈勃对星空极为熟悉，银河内的气体星云以及河外星系的分布了如指掌，指引望远镜伸向夜空之时，如同领航员引领大船通过变幻莫测的激流和险滩一样，沉着而冷静。随着哈勃把距离标尺一步步外推，胡克号望远镜也一步步地深入到更深远的太空。

哈勃和赫马森的工作，将揭示出宇宙最重大的秘密。具体来说，他们要做的主要是下面两个工作：

一是拍摄星系的光谱；

二是测算星系的距离；

然后分析光谱上那一根根黑色的线条是如何随着距离变化的。

泄露天机的光谱线

经常有人有疑问，天体那么遥远，天文学家们是如何得知它的信息的？几乎所有的信息，都来自天体的光谱线。

早在1814年，德国物理学家夫琅和费就发现，太阳光通过三棱镜后形成的绚丽光带里，清晰地呈现许多暗的线条，这些暗线有粗有细，间距有大有小，数量有700条之多，简直就是一个复杂的激光条码！

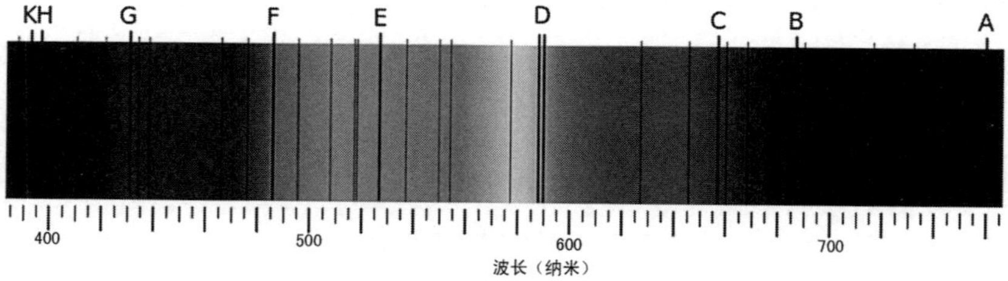

光谱线是什么？它们就是原子的指纹！

光是由原子发出的，每一个原子就像一个小小的无线电发射器，我们看到的光就是原子发出的电磁波。因为原子的能量是量子化的，每一种原子只能发出特定波长的光线，这些特定波长的光线就形成了光谱线。所以，光谱线是元素的特征，每一种元素都有一组独特的光谱线，就像每一个人有一组独特的指纹一样，人们通过辨认光谱线就可以鉴定出其所对应的特定元素。

比如钠原子会发出589.0纳米和589.6纳米的光，它们形成了两条挨得很近的双黄线（上图中的D双线），如果在光波中找到这样一对双黄线，就可以确定光的来源中有钠元素。

19世纪法国哲学家孔德曾经悲观地写道："我们只能远远地靠目视研究恒星……恒星的化学组成是人类绝对不能得到的知识。"然而孔德去世没多久，1859年，天文学家们就利用光谱化验出了太阳上的钠元素，后来更是拍摄到了太阳的24000多条光谱线，证认出太阳上有92种元素，和地球的组成元素完全相同。

天文学家拍摄遥远恒星的光谱，发现它们和太阳非常相似，元素组成和含量都差不多。进而整个宇宙都分析下来，发现其组成元素也没有超出这92种。

亚里士多德曾认为，大地由土、水、气、火四种元素构成，天体则是由第五种不同的元素——以太构成。现在人们知道，组成天体和大地的物质完全一样，天上地下并无二致，古代天尊地卑思想的物质基础彻底消失。

光谱线透露的信息是全方位的，除了元素组成及含量外，还有磁场、温度、运动速度等，看似缥缈虚无的星光里隐藏着无穷的天机。

多普勒效应

天文学家们常常发现，恒星光谱线的波长和地面实验室光谱线波长相比，有一种系统的差异，不是偏短（蓝移），就是偏长（红移）。星光是一种电磁波，它的波长为什么会变化呢？

容易联想到多普勒效应。比如在站台上，一列火车快速驶过，它驶来的时候声音越来越尖锐，驶离时则越来越低沉，这就是声波的多普勒效应。声波在空气中的传播速度是一定的，当火车驶来时，声音波长由于声源的移近而变短，频率变高，声音越来越尖锐；当火车驶离时，声音波长由于声源远去而变长，频率变低，声音越来越低沉。

光波具有同样的性质。光在真空中的传播速度是一定的，当光源远离时，接收到的光会因为光源远离波长增加，频率降低，所有谱线就会整体向红端移动，这称为红移；当光源靠近时，接收到的光的波长会因为光源的靠近而减小，频率会增加，所有的谱线就会整体向蓝端移动，这叫蓝移。

于是，天文学家们只要测量出天体谱线的红移或蓝移量，就可以知道这个天体的运动速度，这个速度是沿视线方向的，称为视向速度。大多数恒星的视向速度小，不到每秒30公里，少数恒星的视向速度超过每秒200公里。武仙座VX星以每秒405公里的速度向我们飞奔而来，天鸽座BD星则以500公里每秒的速度远离我们而去，它们分别是恒星蓝移和红移的佼佼者。

总体来说，红移的恒星和蓝移的恒星数量是差不多的。

星系红移

可是20世纪初的时候，美国罗威尔天文台的斯里弗却发现，星系的光谱线一边倒地几乎全部呈现红移。

斯里弗是一位来自印第安纳州的农民子弟，总是正经八百的派头，即使在黑暗之中单独一人观测望远镜时，也穿着笔挺的西装并完美地打着领结。斯里弗先是花了10年时间观测大行星，使自己的技术臻于精湛，然后开始观测星云——那时候星系也叫星云。

1912年9月17日，斯里弗把装有摄谱仪和照相机的望远镜对准仙女座大星云M31，得到的光谱显示，M31呈现蓝移，正以每秒300公里的速度向地球飞奔过来。接着他又拍摄了40多个旋涡形的星云，得到的结果却很不可思议。与仙女座大星云不同，大多数旋涡星云的光谱呈现红移，表明它们在远离地球而去。根据光谱线红移量的大小，可以测量出运动速度，结果是惊人的，这些太空中的小旋涡以超过每秒1000公里的速度飞驰着远离地球。那时候天文学家还不知道这些小小的旋涡星云到底是什么，当然更不知道它们为什么要纷纷远离。

罗威尔天文台的24英寸（60.96厘米）望远镜聚光能力有限，不能深入到更遥远的太空。面对望远镜视场里那些越来越小、越来越暗，因而也可能是越来越远的旋涡形云斑，斯里弗感到力不从心。在为旋涡星云的视向速度顽强奋斗了15年之后，最终在1926年，斯里弗无奈地放弃了这项工作。

在星云的大海远航

威尔逊山的100英寸（2.54米）胡克望远镜比罗威尔天文台的望远镜威力强大得多，哈勃和赫马森驾驭着它，开始在星云世界自由远航。

赫马森负责照相，他把起点放在了斯里弗的终点之外，他挑选了一个距离远得斯里弗不可能拍摄的星云——它足够暗，暗示了足够远。曝光底片花了两个寒冷的夜晚。赫马森很快将放大镜定格在星云中钙离子产生的谱线上，光谱虽然很暗弱，但是一根根谱线还是泄露了秘密，它们有明显的红移。哈勃计算出它远离的速度是每秒3000公里，比斯里弗获得的最大数值还大一倍，他们激动不已。

胡克号继续向宇宙深处进发。赫马森对室女座里的那个巨大星云团进行了照相，获得了更大的红移照片，红移量对应的速度是每秒3500公里至8000公里。胡克号望远镜的高大镜筒从室女座星云团，移向飞马座、双鱼座、巨蟹座、英仙座、后发座，再到狮子座，照相底片上的红移量越来越大，最后不可思议地超过每秒20000公里。

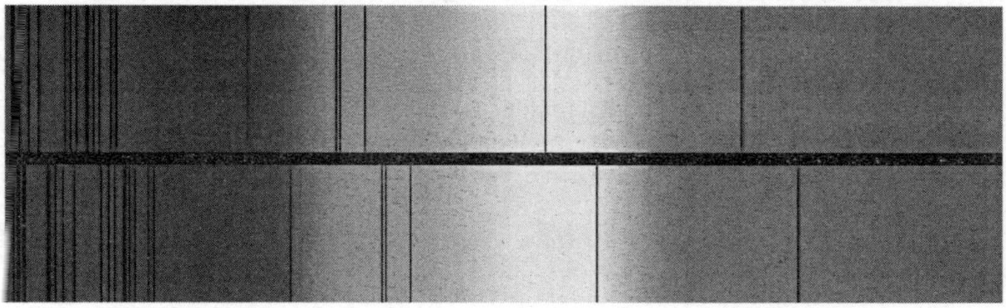

下边的谱线明显向红端移动，红移量相当于0.7倍光速，每秒2.1万公里。

正如预期的那样，越是暗弱的星系，红移量越大，也就是远离的速度越快。容易想到，暗弱的星系距离更远，尤其是形状相似的旋涡星系，应当具有差不多的光度，这样就浮现出一个明显的规律：星系的距离越远，红移量越大。

关键是这些星系的距离是未知的，在测量出具体数据之前，这个红移规律只能是猜想。哈勃接下来的工作，可以帮助我们理解天文学家是怎样一步步测量越来越遥远的天体距离，这是许多人非常好奇的问题。

哈勃对星系距离的测定

本星系群里的星系距离我们最近，其中最知名的星系是M31、M33，哈勃可以在里面找到造父变星，从而直接测得它们的距离。

室女座星系团远了许多，哈勃无法在里面找到造父变星，怎么测距呢？他注意到旋涡星系有一个共同的特点：旋臂里都有蓝色超巨星，这是星系中最明亮的一类恒星，如同猎户座的蓝白色亮星参宿七。仙女座星系M31和三角座星系M33都是旋涡星系，哈勃在它们的旋臂里也都发现了蓝色超巨星，因为已经有了这两个星系的大致距离，这些蓝色超巨星的真实亮度可以被估算出来。哈勃发现，它们和银河系里最明亮的蓝色超巨星亮度差不多。

哈勃进一步推测，形态相似的旋涡星系，其旋臂里的蓝色超巨星应当都具有相似的真实亮度，这样，哈勃就找到了一个新的标尺——旋臂里的蓝色超巨星。这类星很明亮，比如参宿七的真实亮度是太阳的五万倍，比普通造父变星亮几百倍，在遥远的星系里，观测到蓝色超巨星比造父变星容易得多。

哈勃把望远镜对准室女星系团的旋涡星系，在旋臂里找到了蓝色超巨星，它们的暗弱程度显示出距离的遥远程度。哈勃就用蓝色超巨星这个新标尺，得出了邻近星系团的星系距离。

接下来，哈勃把距离进一步外推。利用造父变星和蓝色超巨星，哈勃测得到了大约1000个星系的距离——这是个艰巨浩大的工程。哈勃发现，星系团中最亮的星系，都是外形光滑的巨椭圆星系，比如室女座星系团的M60、M87等星系，这种巨椭圆星系亮度数倍于银河系，而它们本身的光度近似一样。这样，哈勃又得到一把更亮的宇宙标尺——巨椭圆星系，它们看上去的暗弱程度显示出它们距离的遥远程度。这个由数千亿颗恒星点燃的宇宙火炬，把哈勃的视线引向极为深远的太空。

哈勃进军宇宙深处的过程是这样的：

造父变星（标尺1）

→本星系群的星系

明亮的蓝色超巨星（标尺2）

→本超星系团的星系

巨椭圆星系（标尺3）

→更遥远的星系团

用这种方法，哈勃很快就探究到了当时可见的宇宙极限。这一推理极为合理和有效，却并不容易，哈勃警告道：

“星系中最亮恒星的辨认并不是件简单的事；从足够远的地方看去，星团会像恒星，亮星云也会像恒星。”

哈勃是很清醒的，他本人正如他警告的那样犯了错误。他的第一个错误是，由于对造父变星认识不清，他大大低估了本星系群里的星系距离，结果把仙女座星系M31的距离缩短到90万光年。

哈勃的第二个错误是，他在其他星系里找到的蓝色超巨星，其实都是明亮的星云，这类气体云是由内部的一群亮星照亮的，因此其亮度比单个蓝色超巨星要大得多。由此造成的后果是，哈勃又大大低估了室女星系团的距离——他得到的距离是700万光年，从而使后面环节上所有的距离都被低估。

后来经过巴德、桑德奇等人的修正，M31的距离扩大到250万光年，室女星系团的距离扩大到5000万光年，其余星系团的距离也随之扩大。

现在的天文学家们依然用类似哈勃的方法测定距离，只是精度和范围都大大提高。这样推理的可靠程度如何？英国天文学家霍伊尔在《物理天文学前沿》里这样评论：

每一个环节还是相当精确的；所谓精确，是估计每一环节会有误差，但误差不至于超过百分之十。但是，考虑到整个推理过程中有这么多的环节，在最后环节累积误差达到30%是可能的。考虑到测量的距离如此遥远，能够达到这样的精度，已经是很了不起了。

哈勃定律

哈勃测量的星系距离虽然不算精确，却足以验证他当初的猜想：红移大的星系确实距离更远，红移与距离之间存在线性关系，这就是著名的哈勃定律。1929年发表的论文，只有短短的6页，包含有46个星系的红移和距离数值。1931年第1期《天体物理学杂志》正式发表了“河外星云的速度——距离关系”论文，哈勃和赫马森共同署名，在1929年论文基础上，获得了赫马森另外50个星系红移数据的支持。

哈勃定律：

遥远星系光线的红移量与它们的距离成正比。

因为星系光线的红移量代表了退行（远离而去）的速度，哈勃定律表述的图景是：

星系的退行速度和其距离成正比。

哈勃定律为天文学家们提供了一个星系测距新方法——通过测量红移量来测量距离，红移量越大的星系，距离就越远。比如，一个红移量是每秒1700公里的星系，其距离约1亿光年；一个红移量是每秒17000公里的星系，因为红移大了10倍，距离就远了10倍，其距离约10亿光年。天文学家拍摄到一个星系的光谱，测定它的红移，然后利用哈勃定律的简单正比例关系，就可以大致估算出这个星系的距离。

哈勃定律是一项伟大的发现。赫马森，一个初中未毕业的马车夫、看门人，和20世纪最伟大的宇宙学发现永远联系在一起。他说：

“我始终觉得我非常幸福，因为我的结果——我在这项研究中的作用可以说是基础性的，这是绝不可能改变的，不管人们认为它有什么意义。这些谱线始终处在我测量它们的地方，如果你要用它们或者说要用红移，凡是只要用到它们，这些速度将始终和我测量的一模一样。”

遥远的河外星系都在远离我们而去，意味着什么呢？哈勃本人始终很慎重。在1931年发表的长约40页的革命性论文的末尾，哈勃含蓄地写道：“本文的作者仅局限于描述视向速度和距离的关系，不愿冒失地解释和评述它的宇宙学意义。”

哈勃不理解他的定律的宇宙学意义是很正常的，正确解释其含义，需要人们对时间和空间的观念来一次哥白尼式的革命。而这个革命刚刚由爱因斯坦完成，他的广义相对论使人类对时间和空间有了全新的理解。

第 17 章　时空弯曲

空间和时间并非永恒不变的存在

少年的理想

青年爱因斯坦在瑞士专利局当职员就作出了惊骇世人的发现，如果看看他从少年时就具有的理想情怀，就知道这结果相当自然。爱因斯坦自述他的世界观时这样写道：

当我还是一个相当早熟的少年的时候，我就已经深切地意识到，大多数人终生无休止地追逐的那些希望和努力是毫无价值的。而且，我不久就发现了这种追逐的残酷，这在当年较之今天是更加精心地用伪善和漂亮的字句掩饰着的。每个人只是因为有个胃，就注定要参与这种追逐。而且，由于参与这种追逐，他的胃是有可能得到满足的；但是，一个有思想、有感情的人却不能由此得到满足。

……

在我们之外有一个巨大的世界，它离开我们人类而独立存在，它在我们面前就像一个伟大而永恒的谜，然而至少部分地是我们的观察和思维所能及的。对这个世界的凝视深思，就像得到解放一样吸引着我们，而且我不久就注意到，许多我所尊敬和钦佩的人，在专心从事这项事业中，找到了内心的自由和安宁。

……

我从来不把安逸和享乐看作生活目的本身——我把这种伦理基础叫做猪

栏的理想。照亮我道路的，是善、美和真。要是没有志同道合者之间的亲切感情，要不是全神贯注于客观世界——那个在艺术和科学工作领域里永远达不到的对象，那么在我看来，生活就会是空虚的。我总觉得，人们所努力追求的庸俗目标——财产、虚荣、奢侈的生活——都是可鄙的。

爱因斯坦的理想和追求结出了硕果，他的广义相对论成为研究宇宙的最有力工具，人类现在关于宇宙和天体演化的很多知识，都来自这个理论。

引力成了时空弯曲

广义相对论要解决的是引力问题，方程是异乎寻常地艰涩难懂，但中心思想却出乎意料的简单：引力不见了，取而代之的是空间本身的几何结构。空间、时间和物质难以分开，物质使空间产生弯曲，弯曲使物体运动，看上去就像是有引力拉动物体运动一样。正如相对论专家约翰·惠勒的推广宣传语：

物质告诉时空如何弯曲，时空告诉物质如何运动。

怎样理解空间弯曲呢?

假设有一只蚂蚁，生活在一张弹性薄膜上。此时，一块很重的石头落在薄膜上，把薄膜拉向下方，于是，蚂蚁的空间变弯曲了。蚂蚁有办法知道自己的空间变弯曲吗?假如蚂蚁足够聪明，为了验证膜的形态，它先在膜上方靠外围的区域走一圈，测量出圆圈的周长。然后它从这个圆圈的一边穿过中心点径直爬到另一边，测量出圆圈的直径。如果圆圈的周长和直径的比值正好等于圆周率，即 π，那么它的空间就是平直的；如果它发现圆圈的周长比直径要小得多，它就会知道，它的空间是高度弯曲的。

这样，引力就不再被看做物体间的相互作用，而是时空自身的一种几何性质。比如行星围绕太阳公转，按牛顿万有引力思想解释，这是太阳引力的结果，在广义相对论看来，则是太阳的巨大质量使其周围空间产生弯曲，这种弯曲类似于凹陷，行星围绕太阳的运行就像是沿着凹陷面的壁自由滑行，而不再是万有引力下的受迫运动。

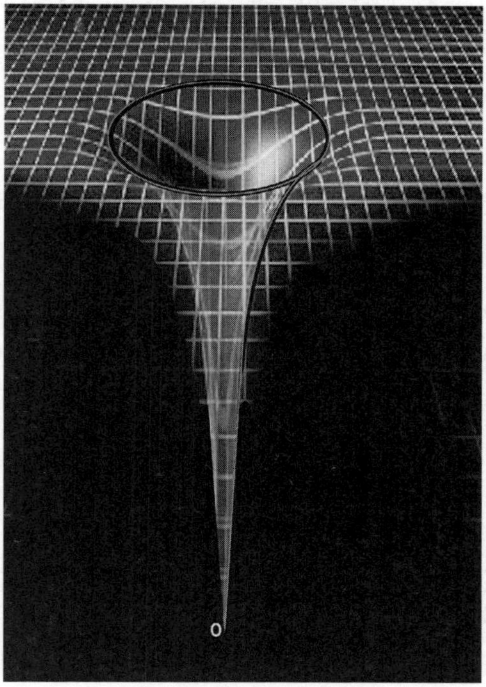

不单是太阳，所有有质量的物体都会弯曲空间，不过一般物体使周围空间产生的弯曲率很小，不易察觉。爱丁顿计算出，放在圆心的1吨质量对半径5米处的空间曲率改变，仅仅影响此圆周率小数点后第24位。

广义相对论运用了大量艰深的数学知识，充满了深邃的哲学思辨，包含着崭新的物理内容，理解起来相当困难，好在它的预言简单明了，而且恰好有一个理想的实验室可以方便地进行验证——宇宙太空。

水星近日点进动问题

广义相对论的第一个检验是困扰天文学家们半个多世纪的水星近日点进动。

时间回溯到1859年。一天，巴黎天文台台长勒威耶，就是在笔尖上计算出海王星的那位天文学家，收到一封信，写信人说自己不久前在太阳圆面上观测到一个黑圆点，似乎是一颗未知行星通过太阳表面。勒威耶欣喜若狂，急匆匆乘着一辆马车，来到那个偏僻小镇探访。那人是一个木匠，看到大天文学家到来，受宠若惊，转身从屋内搬出一堆木板，木板上记载着他的观测记录，上面有勒威耶苦苦寻觅的“祝融星”的身影。

祝融星是勒威耶预言的水内行星。1846年，勒威耶因为在笔尖上发现了海王星，将牛顿力学推到了顶峰，接下来水星轨道的异常又引起了他的注意。水星在一个偏心率较大的椭圆轨道上围绕太阳运动，这个椭圆轨道有一个近日点，近日点总是在轨道上向前移动，这叫进动。

是外面的金星和地球等对它产生了扰动吗？计算这个问题要比从笔尖上发现海王星容易得多，得到的结果是，由于外面行星的引力摄动影响，水星近日点进动速率应为每百年5557角秒，但实际观察的结果是每百年5600角秒，多出43角秒！这个异常虽然很小，但牛顿理论在它运用的领域是如此精确，不能容许出现这样大的误差。

有了发现海王星的经验，勒威耶坚信牛顿力学不会有问题，水星内侧肯定还有一颗未知行星存在，正是它的引力影响导致水星近日点进动出现了误差。这颗水内行星肯定很热，勒威耶把它称为火神星。火神星和火星在希腊神话中是两个不同的神，一个是火神，一个是战神，为了不致混淆，中文把火神星翻译成祝融星，祝融是中国传说中的火神。

木匠的发现让勒威耶很惊喜。他根据木匠提供的观测资料，得出祝融星直径约是水星的1/4，离太阳约2100万公里，绕太阳一周约20天，并预言，祝融星下一次凌日在1877年3月22日，届时它会从日面上越过，最容易发现它。此外，日全食也是发现祝融星的好机会。1860年的全日食，勒威耶动员所有天文学家去找寻，并无所得。此后每逢日全食，天文学家们都会在太阳周围耐心仔细寻找祝融星，始终一无所获。勒威耶在预言中的“祝融星凌日”来临前去世，临终时再三叮嘱人们，千万不要丧失寻找祝融星的信心。1877年3月22日这天，无数望远镜对准太阳，却始终不见祝融的身影。

令勒威耶不曾想到的是，这一次，真的是光芒万丈的牛顿力学出了问题——它只适用于平直空间，在太阳附近稍微弯曲的空间里，它的误差就显现出来了。1915年，爱因斯坦发表了一篇“用广义相对论解释水星近日点运动”的论文，不用任何特殊假设就完美解释了水星轨道近日点进动，43角秒的误差彻底消除。

根据广义相对论，质量导致时空弯曲，而弯曲又会相互作用，因为时空弯曲本身就是一种能量，它也会产生自己的引力场，于是导致下一层次的弯曲，这一点是牛顿力学没有的。在远离太阳的地方，空间弯曲导致的差别很小，牛顿力学表现得很完美，但在太阳附近，蕴藏在弯曲空间里的能量会对引力场作出自己的贡献，其结果是，水星受到的太阳引力并不严格遵守平方反比律，这样按照牛顿力学计算的轨道就和真实轨道有误差了。

日全食验证

广义相对论的第二个验证来自日全食观测。根据广义相对论，太阳对其周围的空间产生了弯曲，弯曲空间会使经过的星光发生偏转。1911年，爱因斯坦计算出太阳会使经过的星光偏转0.87角秒。太阳很明亮，怎么看到它附近的星星呢？有一个好机会就是日全食，月亮把太阳圆面全部遮住，它附近的星星就会显露出来。1914年8月俄国克里米亚半岛就有一次日全食，德国天文学家弗劳因德利希率领一支观测队前去验证，刚到不久，第一次世界大战爆发，德国人被抓了起来，直到交换战俘时才被遣送回德国。

爱因斯坦很幸运，那时他计算的误差太大，只有正确值的一半。1916年，爱因斯坦把太阳对星光偏转的角度修正到1.7角秒。接下来的两三年没有好的日全食机会，那时正在进行第一次世界大战，即使有，也没人会顾得上去观测。1919年有一次很好的日全食，第一次世界大战也刚好结束了。

那次日全食极为特别，似乎专为爱因斯坦准备。发生日全食时，天空并不是全黑的，太阳后面的背景恒星必须比较明亮而密集，才不至于淹没在日冕的光亮中。太阳沿着黄道运行，黄道穿越的星空，只有一个地方最理想，那就是毕星团，金牛座牛脸的部分，那是一团明亮的恒星，如果太阳运行到这里时发生日全食是再理想不过了。太阳每年只在一天运行到毕星团，就是5月29日，而恰巧在这一天发生日全食，几千年才有一次。爱因斯坦的运气好得出奇，1919年的日全食就发生在5月29日，而且全食时间长达6分钟之久，堪称世纪日全食。

英国人从1917年3月就开始准备。他们组织了两支考察队，一支去巴西，另一支去西非。去西非的队伍由世界天文学联合会主席爱丁顿率领。5月29日这天，眼看日食时间快到了，天空还是乌云密布。不过，当月球开始遮挡太阳时，云里适时出现了一个洞——爱因斯坦的运气真是好得不行，所有相机纷纷按下快门，观测极为成功。5个月后，两支观测队的结果归算出来：巴西观测队的结果是1.98角秒；西非观测队的结果是1.61角秒，和爱因斯坦预言的结果相当接近。

1919年11月6日，日全食验证结果公布，爱因斯坦横空出世，谈论相对论立即成了人们的时尚，但真正能理解的人极少。有一个传说，爱丁顿有一次参加完会议，一位物理学家拉住他说："据说世界上只有三个人理解相对论，您一定是其中之一了。"爱丁顿低头不语。那人说："不要过于谦虚嘛。"爱丁顿摇摇头说："不，我正在想，那第三个人会是谁。"

量子力学之父普朗克非常关心日全食验证的结果，甚至焦虑得整夜睡不着觉。有一次爱因斯坦和史特劳斯谈到普朗克时说："他是个好人，也是我的朋友，但我告诉你，他并不了解物理。"史特劳斯问此话怎讲，爱因斯坦说："1919年那次日全食，普朗克整夜没睡，想知道光线是否会受到太阳引力场的影响而弯曲。假如他真的搞清楚广义相对论，早就该跟我一样睡觉去了。"这个故事是印度裔美国物理学家钱德拉塞卡听爱丁顿亲口说的。

爱因斯坦环

太阳在宇宙里只是一个小质量天体，对周围空间产生的弯曲是很轻微的。宇宙里有很多极大质量天体，对空间的弯曲要大得多，甚至能够像透镜那样使经过的光线明显汇聚，这就是引力透镜现象。

引力透镜现象有时候会非常明显，甚至可以把遥远背景星体的影像弯曲形成一个环，这就是"爱因斯坦环"。2007年，哈勃太空望远镜拍摄到一个遥远的爱因斯坦环，称为"宇宙之眼"，位于宝瓶座。在这个爱因斯坦环里，一个38亿光年远的星系（位于圆环中央）起到了透镜作用，把周围的空间大大弯曲。它后方121亿光年远的地方有一个星系，后方星系的光芒经过前方星系时，光线被空间弯曲到前方星系的周围，并会聚起来，这样看上去就形成了一个明亮的圆环。

引力红移与时间变慢

广义相对论还有一个预言是引力红移，即从大质量星球发出来的光，在挣脱引力场的过程中，光子能量降低，波长变长，谱线就向红端移动了。

引力红移的实质是时间变慢，大质量星球强大引力造成的空间弯曲的同时，使得时间的流逝也变慢，天体表面原子发出的光波周期会变长，波长变大，因此产生了红移。

这样，不同质量的天体附近，空间弯曲度不一样，时间的流逝速度也不再一致了。在太空的观察者看来，产生引力场的天体附近传来的光线会发生红移，那儿的事物发展的速度会变慢；而在位于引力场之中的观察者看来，太空传来的光线会发生蓝移，那儿事物发展的速度会变快。

设想我们在一个弱引力星球上观察一个强引力星球表面，假设一个很极端的情况：光波从强引力星球到达观察者，波长增大了一倍。这样，该强引力天体表面原子振动速度就比太空其他地方慢一半，天体表面所有事物的发展速度看起来也都慢了一半。如果它上面的人用无线电跟我们交流，他的嗓音会很低沉，语速也会慢很多，就像在呜咽；如果那人在那个星球活到了80岁，在我们的时间里，那人则活到了160岁。

反过来考虑，设想我们在那个强引力星球表面观察，弱引力星球传来的辐射就会因为我们星球的强大引力发生蓝移，波长变为原来的一半。弱引力星球上的时间流逝速度比我们快了一倍，如果它上面的人用无线电跟我们交流，他们的音调都会很高，语速很快，叽叽喳喳地响。一个在他们时空里活到80岁的人，在我们看来只活了40岁。

1959年，哈佛大学的两位科学家利用校内一座22.3米的高塔，分别在塔顶和地下室测量时间的流逝速度。因为地下室更靠近地心，引力更强，结果其时间流逝速度比塔顶每天慢了210万亿分之一秒，这和广义相对论的计算预言符合得非常好。

太阳的空间弯曲形状

除了借助宇宙天体，人类还设计实验，来验证空间弯曲的情况，这在广义相对论发表60年后得以实现。

1975年,美国分别发射了海盗1号和海盗2号火星探测器，它们于1976年着陆于火星。1976年至1977年，哈佛大学的罗伯特·艾森伯格和欧文·夏皮罗领导的一个小组，向海盗1号和海盗2号发送无线电信号。它们收到信号后将其增强，再将新的信号发送回地球。这样，就可以测量信号发出和返回的时间间隔。由于地球和火星在各自轨道上环绕太阳公转，所以无线电信号所经过的路径是变化的。

如果空间是平直的，那么信号往返花的时间就应该是稳定渐变的，但事实上并非如此，当无线电信号近距离经过太阳时，花费的时间比预期陡然增长几百微秒。这意味着那里的空间比看起来的要远，用光速乘以几百微秒，大约50公里，就远这么多——太阳对空间造成的弯曲是50公里。

随着空间飞行器与太阳、地球的相对位置变化，艾森伯格和夏皮罗还推断出了空间弯曲的形状，其结果与相对论的预言十分吻合。

广义相对论使人们更深刻地理解了空间与时间的本性，它们并非如经典时空观理解的那样，是独立的不变的存在，而是会随着物质一起演化。有了这个基础，我们就可以很好地理解哈勃定律揭示的宇宙图景了。

太阳对空间造成的弯曲是50公里

第 18 章　膨胀

宇宙膨胀会让我越来越胖吗

伟大的会面

1930年的最后一天，“贝尔根兰德号”豪华游轮停靠在美国西海岸圣迭戈码头，元旦新年的华丽铺张骤然为之逊色，就连帕萨迪纳玫瑰碗年度美式足球赛也罕见地被夺去了光彩，媒体和公众的注意力都被吸引到轮船上一位著名人物身上了。

爱因斯坦夫妇结束了在“贝尔根兰德号”那3间布满鲜花的特等舱里长达一个月的海上旅行，走下轮船。获得特许的100名记者和摄影师立即包围上去。在一刻钟内，爱因斯坦被要求用一个词定义第四维，用一句话说明他的相对论，发表对禁酒的观点，对宗教的看法，对时事政治的评论，以及他的小提琴优点；接下来是追求亲笔签名者、东道主人民、神魂颠倒的妇女以及形形色色的怪人从四面八方围住他。爱因斯坦那忧郁的褐色眼睛，从前额向后梳着的散乱白发形象立即红遍美国大街小巷。

爱因斯坦此行的主要目的地之一是威尔逊山天文台，那里刚刚完成一项宇宙学重大发现——哈勃定律。哈勃是伟大的宇宙观测学家，他本人尚不明白自己定律的意义；爱因斯坦是伟大的宇宙理论学家，他深知这个定律揭示的宇宙学意义。他们两人的工作将颠覆有史以来所有人类对宇宙的认知，并带给人类全新的宇宙图景。

那时通往天文台的道路曲折泥泞，人员上山和货物一样搭乘货车，这被认为对爱因斯坦很不合适。一向以吝啬出名的台长亚当斯专门购买了一辆大型豪华游览车，身材矮小的爱因斯坦坐在后部皮座中央，哈勃和亚当斯陪坐在左右两边。

午宴后，爱因斯坦来到了100英寸（2.54米）胡克望远镜圆顶室，瞻望这架巨大的天眼。在现场人们惊讶慌张的注视下，爱因斯坦爬上望远镜高高的钢架，兴致勃勃地向大家讲述望远镜每样设备的用途，这再次让大家惊讶，即使对一名训练有素的天文学家来说，这也不是简单的事情。爱因斯坦的夫人埃尔莎被告知，胡克大望远镜主要用来测定宇宙的结构，她立即回答："哦，就是我丈夫在旧信封背面做的那种工作。"

夜幕降临，繁星闪烁。爱因斯坦用胡克望远镜观测了木星、火星、爱神星，好几个星云，以及天狼星的伴星。爱因斯坦对这最后一个天体特别感兴趣，因为它的光谱照片证实了相对论的引力红移预言，并由此导出了这颗恒星令人吃惊的密度——1立方厘米超过1吨！直到夜里1点钟，爱因斯坦才恋恋不舍地离开圆顶室。

在另一个黑暗的冬夜，爱因斯坦乘车去威尔逊山南部一片平坦的原野，那里有迈克尔逊著名的测量光速装置，早已退休的迈克尔逊专程赶赴那里与爱因斯坦会面。迈克尔逊给爱因斯坦展示了自己测量光速的装置：一个有32块镜面的反射镜高速旋转，光线在长达1英里的真空管里来回反射。迈克尔逊是爱因斯坦崇拜的英雄之一，他所测量的光速，以及失败的"以太漂移"实验，正是狭义相对论的基础，但眼前的迈克尔逊老迈而且病态。迈克耳逊望着眼前的科学巨人，也是感慨万千，他至今心中依然怀疑甚至有些厌恶相对论。在这个神秘而荒凉的地方，尽管夜晚寒冷，两个科学伟人都不急于离去。几个月后，迈克尔逊在帕萨迪纳去世。

最后，爱因斯坦在加州理工学院作了演讲，宣称放弃自己坚持的稳恒宇宙思想，哈勃有关星系红移规律的发现，实质上表明了宇宙在膨胀！

爱因斯坦的声明震惊了所有天文学家，也使在场的新闻媒体感到错愕，那时虽然哈勃定律已经发表，人们对宇宙膨胀这样的观念还是感到非常茫然。爱因斯坦的声明使哈勃立即成为众星捧月式的人物，他的哈勃定律是20世纪最伟大的宇宙学发现！威尔逊山也从一块天文学家的宁静之地，很快变成一个喧闹的旅游胜地。在晴朗的星期天和假日，参观人数一下子从几百人增加至数千人。那些日子里，宇宙膨胀甚至成为美国街谈巷议的主要话题。

爱因斯坦的宇宙模型

爱因斯坦是从1916年开始将广义相对论运用于宇宙学研究的，1917年，他发表了第一个现代意义的宇宙模型——一个有限无边界的宇宙。在这个宇宙模型里，现实的三维空间是无界的，它既没有中心，也没有边界，无论向哪个方向走都永远走不到尽头。但是，由于宇宙中到处充满着物质，这就存在引力场，根据相对论，宇宙的三维空间是弯曲的，爱因斯坦认为一个有曲率的三维空间是一个有限空间，因而宇宙是有限的。

为了帮助人们理解这个有限的宇宙，爱因斯坦举了一个生动的例子。在一个球的表面上有一只充分压扁的臭虫，它是二维的，身体没有任何厚度。这只臭虫可能有足够的理智，会写书，能研究二维世界里的物理学，但它所处的宇宙是一个二维空间的宇宙，凭它的直觉和想象，不可能理解第三维。它在整个球面上，可以向任何方向爬行，却永远都爬不到尽头，也找不到哪里是宇宙的中心，因为球面上并没有一个中心。但是从三维空间看，它所处的宇宙显然是一个有限的弯曲的二维球面。

爱因斯坦写道："人和这只不幸的臭虫的遭遇完全一样，处在这样的情况中，只有一点区别，那就是人是三维的。对于他来说，第四维只是在数学上存在着，他的理智不能理解第四维。"

然而，爱因斯坦不安地发现，这样的宇宙有一个严重问题，它是不稳定的，这也是牛顿曾意识到的问题。由于物质引力的存在，宇宙就如同针尖竖立在针尖上一样不稳定，假如某一时刻有一个非常微小的扰动，比如某种原因使宇宙略为变小了一点，宇宙中所有物体之间的距离都将略为缩短，从而引力增强，这又会促使宇宙进一步收缩，并将一直收缩下去。反过来，静态宇宙一旦有一个微小的膨胀，也会一直膨胀下去，宇宙难以保持稳定。爱因斯坦向天文学家求证宇宙是不是动态的，所有的天文学家都告诉他宇宙是静态的，爱因斯坦被迫作出选择，他违反自己的直觉，引进了一个"宇宙学常数"因子来修正他的方程。这个常数项表现为一种斥力，以抗衡引力，起到了负物质的作用，这样，爱因斯坦得到了一个静止的宇宙。

对星系红移的预言

同样是用广义相对论研究宇宙，爱因斯坦因为添加了常数项而得到了一个静态的宇宙，但德西特、茨维基、弗里德曼等人得到了不同的结果，并且预言出了类似哈勃的红移定律。

德西特是和爱因斯坦同时代的广义相对论专家，给人的印象总是显得滑稽好笑，心不在焉，但思维极其敏捷，具有卓越的创造力。德西特推测，在宇宙空间广阔的距离上，会有时间变慢的效应，距离越远，时间变慢得越明显，这称为德西特效应。因此，当光从遥远的空间射来时，因为时间变慢的缘故，光波频率降低，波长相应变长，就发生了红移，而且红移量直接正比于发射天体和接收天体之间的距离，这正好与哈勃定律相符合。但是在这个版本的解释中，宇宙并没有膨胀。

比利时的茨维基是爱因斯坦在苏黎世的同学，也是一个特立独行的人，有着侏儒般矮小的身材，魔鬼般翘起的眉毛，以性格暴躁而闻名，发表观点时总爱夸张地挥舞双臂，如同风车般旋动，甚至有人称他为疯子。他既不赞同爱因斯坦，也不赞同德西特，并且认为真正理解相对论的是他自己而不是爱因斯坦。茨维基1929年提出理论说，光子在从遥远的星系射向地球的旅途中受到了引力的拖拽，能量损失，波长变长，从而造成了红移；天体越遥远，光子受到引力的拖拽越大，能量损失越多，波长变得越长，红移也越大，其结果也符合哈勃定律。茨维基的理论又称为“疲劳光”理论，自茨维基以来，不同版本的“疲劳光”理论已经复兴多次。据这个版本的解释，宇宙也没有膨胀。

俄罗斯的亚历山大·弗里德曼1888年出生于圣彼得堡。1922年，弗里德曼发现了广义相对论引力场方程的一个重要解，这个解表明宇宙在膨胀，膨胀会导致远方的星系发生红移。弗里德曼甚至指出，膨胀的宇宙很可能源于一个奇点。弗里德曼还第一个认识到，单靠广义相对论不足以得知真实宇宙的几何情况，因为它可以有很多种解，究竟哪一种正确，必须根据观测事实来验证。

德西特、茨维基、弗里德曼等人预言出了星系红移，但红移的原因各不相同，究竟谁才是对的呢？

爱因斯坦宇宙观的转变

多年来，包括哈勃在内的大多数天文学家几乎没有人注意到爱因斯坦、德西特、茨维基、弗里德曼等人，他们那些深奥的数学几乎搅晕了每一个人。不过，当爱丁顿出版了《相对论的数学原理》后，情况开始发生变化。这位受人尊敬的物理学家洞察深刻，他认为无论是爱因斯坦的宇宙学常数，还是德西特的空间导致时间变慢、茨维基的光疲劳学说，在本质上都不具有吸引力，臆想的成分居多，并没有太多证据。

很长时间内，爱因斯坦坚持自己的静态宇宙观念，他认为弗里德曼关于宇宙膨胀的解是“可疑的”。1922年9月，爱因斯坦发表了一篇文章，提出弗里德曼的推导过程可能存在一个数学错误。弗里德曼给爱因斯坦写了一封长信阐述自己的推导过程，爱因斯坦发现其正确无误，便又发表了另一篇文章，承认弗里德曼结果的数学正确性，不过他怀疑“这个解没有物理意义”。1927年，爱因斯坦见到大力宣扬宇宙膨胀观的人——比利时的神父勒梅特时，他依然称膨胀宇宙的想法是“令人厌恶的”。

当哈勃的观测结论出来后，爱因斯坦很快意识到，哈勃发现的星系红移，正如弗里德曼利用广义相对论预言的那样，是宇宙膨胀导致的结果！爱因斯坦终于宣称放弃自己坚持的稳恒宇宙思想，并认为自己添加宇宙学常数的做法是“一生中最大的错事”。

宇宙膨胀的本质是空间膨胀

我们来看哈勃定律揭示的宇宙图景。遥远的河外星系都表现出红移，距离越远，红移越大。这是一幅极为独特的图景，爱丁顿曾经说，就像我们的太阳系是宇宙的疫区一样，大家避之唯恐不及，纷纷远离；它还造成了一种印象：我们似乎位于宇宙的中心。

很明显，这幅图景只能是一种假象，不可能是星系本身的真正运动。每个星系确实都在运动，但在大尺度上，它们的运动几乎是随机的，也不会随着距离的增加而增大。以我们为中心的星系远离运动是如此协调一致，它必定是由某个单一因素导致的。

让我们回想一下地球上星空的周日视运动——天上的星星都非常整齐地围绕着地球东升西落，周期几乎完全一致。地心说体系把这种运动解释为星星本身真的在围绕地球运动，而事实是，只要地球自转这一个因素，就解释了所有星星的周日视运动。

哈勃定律揭示的星系协调一致的远离情况与此类似，也必然由某个单一因素引起，这个因素是什么？

在广义相对论给出新时空观以前，哈勃定律不可能得到真正的解释。广义相对论告诉人们，空间-时间并不是脱离物质独立存在的东西，它们本身会弯曲，会膨胀，会收缩。这样就容易明白，哈勃定律表明的宇宙膨胀，实质是空间本身在膨胀！

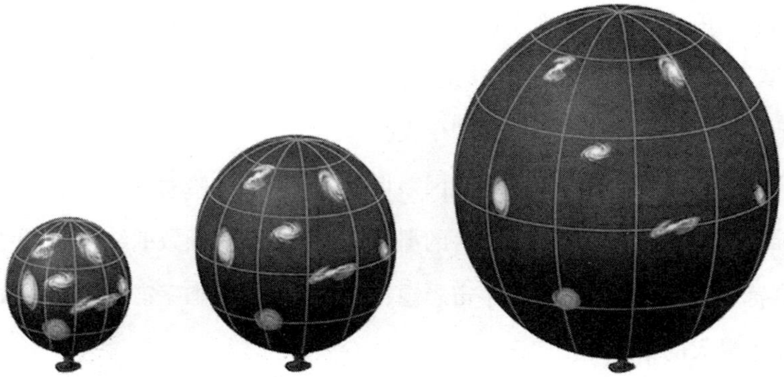

空间膨胀了，处在空间里的星系距离就相互远离了，就呈现出红移。

天文学家常用吹气球来比喻宇宙空间的膨胀。想象一个气球，上面画着一个个星系，当气球被吹大时，星系与星系之间的距离也变大了；在其中任何一个星系上看其他的星系，那些星系都远离而去，并没有一个中心存在。

不过这个比喻有一个严重缺陷，气球吹大时，气球上的星系会随着气球的膨胀而变大，但是宇宙空间的膨胀不会导致星系变大，因为星系内部物质之间有引力维系着。太阳系、行星也是一样，它们的尺度不会随着空间的膨胀而膨胀，因为这些星球自身万有引力的效果远远超出宇宙膨胀的影响。

物体和生命更不会随着宇宙膨胀而膨胀，因为它们的形状靠自身的原子和分子间的电磁力维持着，这些电磁力的效果也远远超出了宇宙膨胀的影响。

如果所有物体都随着空间一同膨胀，我们也就无从得知宇宙在膨胀了。

空间膨胀在非常大的宇宙结构上，比如超星系团以上才有显著影响。

因此，像身体变胖这样的事情，绝对不能在宇宙膨胀上找原因！

另一方面，你完全可以放心，宇宙膨胀绝对不会让你变胖。

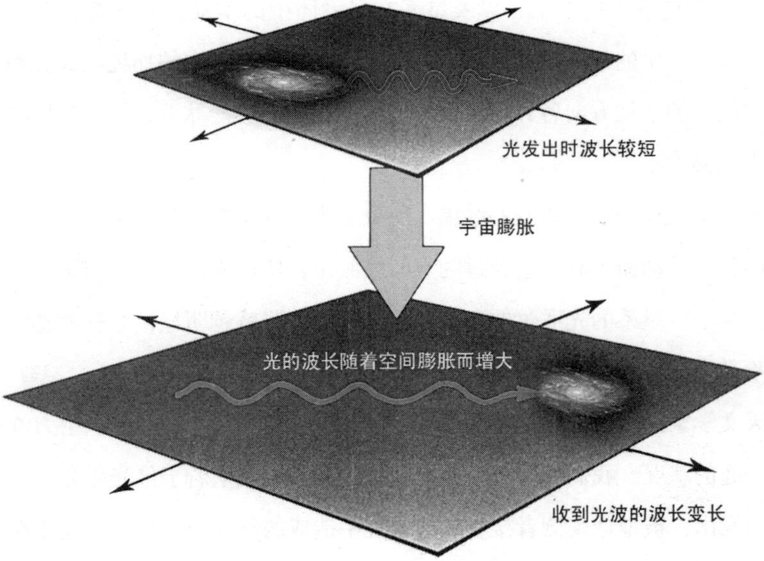

宇宙学红移：星系发出的光，随着空间膨胀波长被拉伸，从而表现出红移。

三种红移

至今仍有很多对宇宙膨胀的质疑声音。如果要否定宇宙膨胀，就需要否定上述对红移的解释。星系红移是宇宙膨胀的最有力证据之一，当今时代也有不少反对宇宙膨胀的人，他们对红移的解释基本上没有超出德西特和茨维基的版本。

事实上，天文学家们已经把红移分析得相当清楚。红移有三种：引力红移、多普勒红移、宇宙学红移。

引力红移是广义相对论得出的一个结论。从天体发出的光子，会因为引力的作用损失能量。光子的能量与频率成正比，随着光子的能量降低，其频率也会降低，因此，光线在远离天体引力场的过程中波长会有所增加。天体的密度越大，引力红移的效应越明显，比如白矮星和中子星产生的引力红移就相当明显。但对于大质量星系和星系团来说，其密度很小，产生的引力红移量也很小，完全不能解释哈勃定律中的红移。

多普勒红移是天体自身在空间中的相对运动产生，这称为天体的本动。无论是恒星在星系中的本动，以及星系在星系团中的本动，速度都远远小于光速，因此其产生的红移量都非常小，根本不是哈勃定律中的那种红移。而且天体在空间中的本动方向各异，不仅可能远离，也有可能靠近，不仅产生红移，也产生蓝移。

宇宙学红移是空间膨胀的结果。想象一个遥远星系发射的单一波长的光，当它向我们运动而来时，它经过的空间膨胀了，所以光的波长拉长了，于是红移就产生了。星系的光通过的空间路程越长，膨胀就越明显，红移就越大，这就是哈勃定律揭示的宇宙图景。

天文学家们测量到的星系红移就是宇宙学红移、多普勒红移、引力红移交织在一起的状况。我们可以想象这么一幅图像：光线从若干亿光年之外的某个星系团发出，被地球观测者接收。这过程中造成的红移或蓝移有：光线在离开那个星系团时，受到恒星和星系团的引力吸引产生初始引力红移；发光恒星和星系团本身的运动会给光线带来初始多普勒红移或蓝移；光线在宇宙空间中穿行，获得空间膨胀导致的宇宙学红移；观测者本身以及银河系、本星系群等也在运动，它又赋予光子一个多普勒红移或蓝移；光子来到银河系到达地球，受到银河系的引力作用又产生了引力蓝移。

天文学家的众多技能之一就是要从中找出其中的宇宙学红移。这初看起来麻烦透顶，其实在大多数情况下，宇宙学之外的那些红移或蓝移都非常小，根本无关紧要。比如，光线进入银河系并投射到地球表面的过程中，受到银河系天体引力吸引，导致产生了0.001的蓝移，它和远方星系的宇宙学红移相比完全可以忽略不计。

宇宙学红移与宇宙膨胀程度

由于星系的宇宙学红移是由宇宙的膨胀导致，这个红移量就反映了宇宙膨胀的程度。

比如，类星体3C273的红移为0.16，它的退行速度是每秒4.8万千米，距离20亿光年，宇宙尺度自该光线发出到现在就膨胀了16%；类星体3C48的红移为0.37，它的退行速度是每秒11万千米，距离是42亿光年，宇宙尺寸自该光线发出到现在已经膨胀了37%。

2007年发现的Abell 1689C3星系的光谱中，有一条氢原子的谱线，标准波长是0.1216微米，实际测量到的波长变成了1.259微米，红移量高达9.35，从紫外波段位移到了近红外波段，宇宙尺寸自该光线发出到现在已经膨胀了935%，天文学家宣布它的距离是135亿光年。

135亿光年的意思是，这些星系的光子已经在宇宙中旅行了135亿年，因而它们旅行的距离是135亿光年，但这既不是光子发出时星系与我们的距离，也不是现在这个星系与我们的距离。因为宇宙在膨胀，自光子发出以来，星系已经远离而去了许多，它“现在”与我们的距离已经超过了300亿光年。

我们现在能够观测到的最遥远光线来自138亿年前，这些来自宇宙最初的光线旅行了138亿光年的距离来到我们这里，但我们可观测到的宇宙半径不止138亿光年，而是约460亿光年，这就是宇宙在138亿年间不断膨胀的结果。我们的可观测宇宙是一个半径约460亿光年的球，但这绝不是宇宙的全部，因为可观测宇宙只是宇宙的一部分。宇宙究竟有多大，究竟是有限还是无限，目前还是一个未知的谜，也可能是一个永远的不解之谜。

第19章　追溯时间的源头

根据宇宙膨胀的速度，天文学家们可以追溯到宇宙的起源

1654年，爱尔兰一位大主教厄舍尔通过考证《圣经》，得出宇宙创生的时间是在公元前4004年10月26日上午9点。这是怎么来的呢？

《圣经》第一章里记载着上帝用六天时间创造宇宙万物，并且在第六天创造了人的先祖亚当和夏娃。从亚当和夏娃开始的一代代族谱记载得很完整，其中有挪亚、亚伯拉罕、摩西、大卫、所罗门这些耳熟能详的人物，最后是耶稣，而推定的耶稣诞生年份就是公元纪年的起始。这样推出的宇宙无疑是非常年轻的，只有六千多年，在很长的时间里，很多人都持有这样的信念。开普勒曾说上帝等了6000年才遇到了自己这样一个懂他的人，自己的书等它100年再遇到知音也很正常，6000年之说就基于此。

相比较而言，盘古就古老得多，这传说可以把地球的年龄上推到大约3267000年以前。三百多万年对于古代人来说古老得难以想象，但在1862年，英国物理学家开尔文提出，仅仅是地球从早期炽热状态中冷却下来，也需要几千万年，他花了35年时间反复考证，1897年把地球年龄确定为2400万年。

大多数欧洲人觉得这年龄长得离谱，离经叛道，却也有少数科学家还是认为它太短。放射性元素的发现，为测定地球年龄提供了精确方法，铅是铀放射衰变链中的最终产物，岩石中铅和铀的含量比就是一座天然时钟，可以用来测定岩石的年龄，到1950年代，科学家们确信地球的年龄大约为46亿年，太阳的年龄大约为50亿年。

哈勃常数与宇宙年龄

在另一个领域，天文学家们也开始测定宇宙的年龄。这项工作初看起来毫无头绪，无从下手，其实宇宙年龄的奥秘就隐藏在哈勃定律之中。

哈勃定律说，星系的退行速度与距离成正比，比例系数是哈勃常数，就是宇宙膨胀的速率。所以就有一个很简明的思路：

哈勃常数越大，宇宙膨胀得就越快，它从极小的开端膨胀到现在尺度需要的时间就越短，它的年龄就越小；

反之，哈勃常数越小，宇宙膨胀得就越慢，它从极小的开端膨胀到现在尺度需要的时间就越长，它的年龄就越老。

这样，利用哈勃常数就可以求得宇宙的大致年龄。

那么，宇宙现在的尺度如何界定呢？

根据哈勃定律，距离越远的星系，其退行速度越快，远到一定距离，退行速度就达到光速，超过这个距离，退行速度就大于光速，我们也就看不到它了。退行速度达到光速的那个球面，就是我们视线的边界——宇宙视界，宇宙的地平线，就是我们可观测宇宙的尺度，又称为哈勃球。

紧接着，你很可能会产生下面的几点疑惑，可能会觉得有些烧脑：

第一，可观测宇宙之外有没有星系？当然有，可观测宇宙只是宇宙整体的一部分，哈勃球只是我们宇宙的视线边界，真实的宇宙没有边界，也就不会终止于哈勃球处。

第二，哈勃球边界处是不是只有光？当然不是，那里和我们附近并没有任何不同之处，从那里遥望我们这里，我们也处于他们的哈勃球边界上，正以光速远离它们。还记得哥白尼原理吗？宇宙中的任何地方都不特殊，都有相同的定律，都会看到相同的宇宙图景。

第三，哈勃球外面还有无数的星系，它们岂不是比宇宙更古老？并非如此。宇宙自诞生以来的时间，就是光在宇宙中运行的时间，假如宇宙是在138亿年前诞生，那么期间光传播的最大距离就是138亿光年。哈勃球之外的星系我们现在看不到，因为它们的光也只传播了138亿光年，还没有到达我们这里。随着时间的推移，现在位于哈勃球外的星系光芒会逐渐传递到我们这里，我们看到的宇宙也会越来越大。

第四，宇宙怎么可能比可观测宇宙还大？要知道光线自创生以来才走了这么远。答案是，宇宙在创生的最初经历了一次极为快速的暴胀，其速度远远超过了光速。

第五，宇宙视界外的星系，运动速度怎么能超过光速呢？答案是，这并不是星系本身在空间穿行，而是空间膨胀导致的远离运动。空间膨胀不受狭义相对论制约，因而退行速度没有限制，无穷远处星系的退行速度可以是无穷大。常有人把退行的星系想象成射出的子弹一样穿越空间运行，这就误解了退行的本质。

这样，测定宇宙年龄，就转变为测定哈勃常数，由此得到的年龄称为宇宙的哈勃年龄。

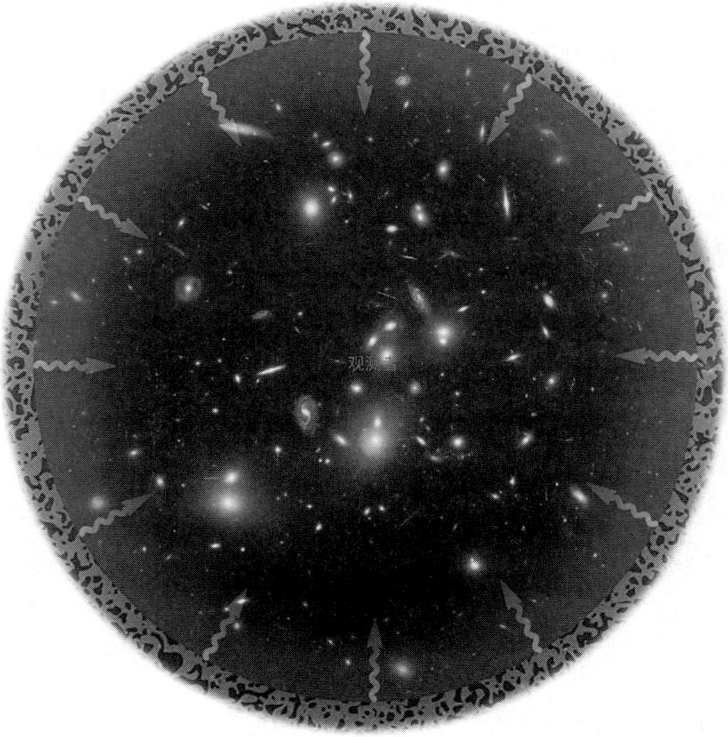

退行速度达到光速的那个球面，就是可观测宇宙的视界，也称“哈勃球”。

哈勃1929年给出的常数值是500。其含义是，星系的距离每增加100万秒差距（326万光年），星系的远离速度就增大500千米每秒。以这样的速率，增加到可视宇宙边缘的光速（每秒30万千米），需要600个距离单位，即600个326万光年，由此得出可观测宇宙半径约19.6亿光年，宇宙哈勃球处的光旅行到我们这儿花费的时间就是19.6亿光年，这就是宇宙年龄。

哈勃常数的测量说起来很简单，因为它只和两个量相关：

一是星系远离速度（红移量）；

二是星系的距离。

红移量是相对容易测定的，拍下星系的光谱就可以了，天文学家可以把红移值测得非常精确。但测量远方星系的距离却是一件很难的事情。哈勃就因为大大低估了星系的距离，因而给出的常数值太大，得到的宇宙年龄太小。此后的半个多世纪里，精确测定哈勃常数，成为天文学家们的伟大目标，帕洛马山的200英寸海耳望远镜，成为继威尔逊山胡克望远镜之后，天文学家们最有力的测量武器。

帕洛马山的星空

在1920年代的时候，要建造一台200英寸（约5.08米）口径的望远镜超出了几乎所有人的想象，但雄心勃勃的海耳把它付诸实施。望远镜的建造历时20年之久，1948年6月3日举行落成典礼。海耳未能亲睹这一伟大杰作，他于1938年离世，望远镜被命名为海耳望远镜以纪念他。望远镜本身自重达500吨，但由于极其精密，用一个大小和功率类似于电风扇的马达就能使它轻松转动。

这一年哈勃已过60岁，脸上刻满了线路图般的纹路，但依然工作勤奋，即便暴风雨来临，他还是按计划向山上前进，因为天空总是有变晴的可能。有一次大雪封山，哈勃在帕洛玛山坡底下把汽车装上防滑链强行通过刺眼的积雪到达山顶，发现铁大门锁着，看守人没有想到这时候会有天文学家上山。年迈的哈勃敏捷地爬上一个巨大的雪堆，越过2米高的围墙进入院内。就在哈勃雄心勃勃地继续向宇宙深处遨游时，却在1953年9月28日突发心脏病离世，28岁的阿伦·桑德奇继承了他的事业。

阿伦·桑德奇于1926年生于美国的依阿华城，小时候笃信宗教，对自然充满敬畏之情，周日他的父母往往起得晚，他就独自早起去教堂。9岁那年，桑德奇在一位朋友家用望远镜观看了星空，从此立志成为天文学家。1948年大学毕业后，桑德奇成为加州理工天文系录取的五个研究生之一，帕洛马的海耳望远镜就归属加州理工。

那是一个激动人心的时代。宇宙学无论在理论上还是观测技术上，都有了突飞猛进的发展，科学有望揭示宇宙巨大的甚至是最终的奥秘，阿伦·桑德奇成为有史以来第一个从事测定宇宙的年龄乃至未来命运的人。

海耳望远镜的观测条件比威尔逊山100英寸（2.54米）胡克望远镜舒服了许多，观测者可以待在200英寸（5.08米）望远镜的主焦点上——在反射镜面上方的一个“笼子”之中。在漫长的冬夜里，笼子里相当冷，桑德奇这一代有了二战期间为飞行员研制的电加热飞行服。在笼子里的主要问题是上厕所不方便，因此观测者们都得能憋尿，桑德奇以此著称，他可以待在主焦笼里14小时不下来，那是整整一个冬夜的时间。

观测者胸前是固定照相底板的地方，装上底片后观测者小心地转动着控制旋钮，把望远镜指向预先选好的观测目标。每个观测者都有一个目标清单，在宁静的暗夜里，观测者会选择一些最难观测的暗弱目标，比如一个远方的星系，进行长时间的曝光，这期间除了偶尔调整一下瞄准外，观测者不做什么事情。观测助手会打开音乐，观测者看着星空，听着音乐。到预定的曝光时间后，观测者取下底片放入盒中，把望远镜指向下一个目标，换上新底片，如此循环，直到曙光初现。

海耳望远镜犹如一个巨大的时光穿梭机，那大大张开的镜头在星光下放射着珍珠般的光彩，指向遥远的太空深处和古老的宇宙早期，望远镜的主焦笼就像驾驶室，桑德奇坐在里面，徜徉在时空的海洋中。

这实在是极为奇妙的体验。所有的灯光熄灭，望远镜的巨大反射镜就在下方，它反射出的灿烂星空与头顶的灿烂星空互相辉映，使观测者仿佛悬浮在寰宇之中，独处在宇宙的中心。世界隐去，天地间只剩下星星和自己，歌剧的音乐从望远镜的传声系统轻轻传来，那是一种空灵的禅的境界，卑微的个体生命在这时空点上与宏伟宇宙融为一体。

如今，无论是哈勃还是桑德奇的经历，早已成为过去时。现在世界各地的大天文望远镜，都用计算机控制，CCD替代了照相底片，会自动把记录的信号传到计算机中。天文学家不再守候在望远镜旁，而是待在温暖明亮的计算机控制室内，这也使他们少了许多亲密接触宇宙星空的宝贵经历。

几年后，桑德奇获得了几百个星系和26个星系团的红移数据，把哈勃当年测量的最远距离又推远了好几倍，从而可以获得更精确的哈勃常数值。1958年，桑德奇得到了一个惊人的哈勃常数值——75，按照这个数值，宇宙的年龄是130亿年。接下来的20世纪60年代和70年代，桑德奇和他的合作者持续不断地测量星系的距离，改进哈勃常数的数值。他后来测定的数值常在50左右变动，这个较小的数值表明宇宙的膨胀速度较慢，因而宇宙是年老的，接近200亿年。

激烈论战

精确测定哈勃常数相当困难，注定了这是一个容易引起巨大争论的焦点。参与此项工作的天文学家们如同勇猛的战士，为哈勃常数互相攻击长达几十年之久。以下这段历史表明，科学探索虽然靠事实和数据说话，但决非平静的世外桃源。

1976年，奥斯汀得克萨斯大学的法裔天文学家吉拉德·德沃古勒抨击桑德奇的结果，打响了哈勃常数论战的第一枪。德沃古勒采用精心设计的方法测定远方星系的距离，得出的距离值只有桑德奇宣布的一半远，这导致其哈勃常数值是桑德奇的两倍，即在100左右，从而暗示宇宙要年轻一倍，约100亿年。

德沃古勒提出挑战后，其他天文学家也相继投入论争，有些人得到了支持桑德奇的低数值，另一些人得到支持德沃古勒的高数值。在20年的冲突中，双方的战线都有所变化，但一倍之差仍然是双方分歧所在。数值相差如此巨大的原因，是双方使用了不同的测距方法。在桑德奇眼里，所有可靠的方法都给出了低的哈勃常数值；在德沃古勒眼里，所有可靠的方法都给出了高的数值。

每一次战争都有一个最为著名的战场，哈勃常数论战使猎犬座一个不起眼的黯淡星系IC4182在天文界声名鹊起。这是一个介于旋涡星系和不规则星系之间的混合型星系，双方都对这个黯淡星系发起攻击并力图俘虏它。

IC4182只是一个同小麦哲伦星系差不多大的侏儒星系，看起来毫不起眼，不值得为它花力气。但是，1937年IC4182中爆发了一颗超新星，这颗超新星后来被证认为Ia型超新星，这是参与哈勃常数论战的一些天文学家心目中的圣物，因为这类超新星都有相似的亮度，可以当做“标准烛光”用来测距，问题是不知道Ia超新星的本身亮度，因为没有在已知距离的星系中发现过这类超新星。但IC4182相当近，算是比较容易测距的，如果能知道它的距离，也就知道了1937年超新星的本身亮度，也就知道了这一类超新星的亮度。测定IC4182距离的最好方法是观测它的造父变星，但是整个20世纪80年代都没有找到它的造父变星。

1982年，桑德奇和合作者利用IC4182中明亮的红超巨星，估计出这个星系的距离约为1400万光年，用这个距离可以计算出1937年超新星的本身亮度，然后再应用到更遥远星系中的Ia型超新星，最后导出的哈勃常数是约50。

但在1992年，美国基特峰国家天文台皮尔斯领导的小组用更为灵敏的CCD技术，发现IC4182中的红超巨星其实没有桑德奇以为的那样亮，于是IC4182的距离被降低到800万光年。这个较小的距离意味着1937年超新星没有那样明亮，从它测定的星系距离其实也没有以前远，从而哈勃常数应是约86。

桑德奇一方立即进行反攻，利用威力更厉害的哈勃太空望远镜，桑德奇及其同事终于探测到IC4182的造父变星，利用造父变星给出的星系距离是1600万光年，说明Ia型超新星是很亮的，从它测出的星系距离是很远的，由此导出的哈勃常数是约45。

皮尔斯一方又很快提出，IC4182中的尘埃减弱了造父变星的光芒，使它们看起来远，但实际并没有那么远，从而又给出了约80的数值。

这种激烈的论战搞得普通人一头雾水，很难分清楚谁对谁错。有人引用马克·吐温的一段话来嘲讽天文学家：“很多时事评论员的调查已经给这个论题蒙上了重重阴影，如果他们继续干下去，我们很快就会对它一无所知。”

物质对宇宙年龄的影响

哈勃常数只是求解宇宙年龄的第一步。

利用哈勃常数直接得出宇宙年龄有一个前提：宇宙自始至终都是均匀膨

胀的，这样哈勃定律在任何尺度上都是成立的，哈勃常数永远是一个常数。

但这实际上是不可能的，因为它要求宇宙中没有物质，也就是零引力宇宙。

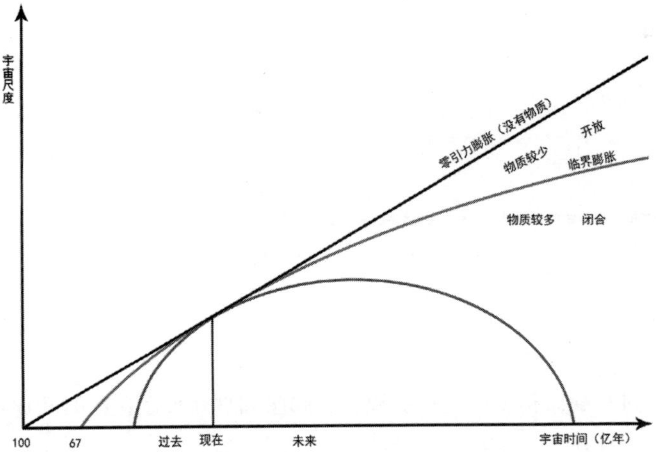

宇宙膨胀的不同模式：物质越多，膨胀减速就越快，宇宙膨胀到现在的尺度用的时间就越短，宇宙的年龄越年轻。如果宇宙的哈勃年龄是100亿年，那么临界膨胀的宇宙年龄是其67%——67亿年。

宇宙中有物质，就有了引力，引力会引起空间收缩，从而减慢宇宙的膨胀速度。这样，宇宙的膨胀就有了不同的模式。这和在地球上抛起一个球很相似：如果球的速度不太大，地球引力就会把它再拉回来；如果它的速度很大，超过每秒11.2公里，它就会脱离地球引力而逃逸出去。

宇宙的膨胀也有三种情形：

如果膨胀速度足够快，星系就会永远相互远离开，膨胀将会永远持续下去，这样宇宙就是开放的；

如果膨胀速度太低，膨胀最终会停下来，接着宇宙便开始收缩，星系将反过来互相靠近，整个宇宙坍缩下来，这样的宇宙就是闭合的。

介于开放宇宙和闭合宇宙之间还有一个平坦宇宙，它在数学上最优雅也最简单，其中的宇宙膨胀处于临界状态，会越来越慢，无限地逼近停止但却永远不会停止。

无论宇宙膨胀是何种模式，物质引力引起的作用都是使膨胀减速。这意味着，宇宙在过去膨胀得要比现在更快，它膨胀到现在尺度花的时间比均匀膨胀要短，因此有物质的宇宙年龄要年轻一些；物质越多，宇宙实际年龄就越小。

给宇宙称重

于是，测定宇宙年龄，除了哈勃常数外，还要进行另一个工作——给宇宙称重，确定宇宙物质总量，进而确定物质引力给宇宙带来的减速效应有多大。

给宇宙称重？这看起来简直是开玩笑，其实不算太难，天文学家们有办法。首先利用太阳对地球的引力估算太阳的质量，约是 2×10^{33} 克；银河系的发光天体质量大约有1000亿个太阳，可见宇宙中星系的质量大约100亿倍于银河系，于是可得出宇宙总重量约为 10^{21} 个太阳，或者说约 10^{48} 吨，或者1,000,000,000,000,000,000,000,000,000,000,000,000,000,000,000,000,000,000克。误差肯定是有的，但1后面零的个数大致是不差的。

这些质量对宇宙的膨胀起什么作用呢？它太少了，如果这是宇宙质量的全部，那宇宙就是开放的，会永远膨胀下去，它的实际年龄将很接近零引力膨胀下的宇宙哈勃年龄。

然而，天文学家们发现，宇宙中的发光物质，仅仅是全部物质的一小部分，似乎有大量看不见的物质，隐藏在星系及其外围的空间里。

第 20 章　隐身的宇宙

我们的大部分宇宙不见了

薇拉的星空之梦

1930年代初，一个七八岁的犹太小女孩迷恋上了星空，她叫薇拉，住在华盛顿，卧室里有一个朝北的窗户。夜晚，薇拉躺在床上可以看到外面的繁星，它们闪烁着从窗户下面升起，越过天空，再沉入到窗户的另一边。

薇拉大学上的是瓦瑟学院，这个学校有在草坪上观察星空的传统，因为学校一位叫玛丽娅·米切尔的教师曾经发现了一颗彗星，这在美国女性中是第一次。大学毕业后，薇拉想进普林斯顿大学研究天文，但因为性别遭到拒绝，该校直到1975年才开放女生入学，她只好申请了康乃尔大学天文系，并和该校一位研究生鲍博·鲁宾结了婚，成为薇拉·鲁宾，简称鲁宾，相当于中国古代用丈夫的姓称为妇女，一个女子嫁给姓鲁的男人，就简称鲁氏。

大学毕业后的鲁宾没有工作，每天只能待在家里带孩子，天文学家的梦想越来越遥远，每当她读到新一期《天体物理杂志》时，就泪流满面。丈夫鲍博·鲁宾体谅她的心情，把她介绍给大爆炸宇宙理论创始人伽莫夫读博士。1965年，鲁宾成为历史上第一位获准使用200英寸（5.08米）海耳望远镜的女性，这一年，她进入卡耐基研究院的地球磁力部工作。地球磁力部的福特研制出一种新的光谱仪，可以拍摄到很远很昏暗的星系光谱，鲁宾和福特利用它研究旋涡星系的转动。

不同寻常的星系旋转

他们首先将这一仪器对准邻近的巨大旋涡星系——仙女座M31。M31很大，横跨天空5度，相当于10个月亮排成一列，望远镜需要多次拍摄才能得到M31的完整光谱。摄谱仪如同一把锋利的手术刀，把M31星系肢解开来，得到了每一部分的光谱。谱线的红移和蓝移值可以显示出星系各部分的转动情况，蓝移表示向着我们而来，红移表示远离我们而去。

按说，M31的恒星公转速度应该呈现这样的变化：

在星系核心区，恒星轨道越大，公转速度会越快，因为核心区的恒星很密集，越大的轨道包含着越多物质。随着向边缘推进，星系的物质越来越稀薄，星球公转速度应该会越来越慢。这情形如同太阳系的旋转，太阳系的绝大部分物质集中在太阳，离太阳距离近的公转速度快，距离远的公转速度慢，比如水星公转速度每秒48千米，而第八颗行星海王星公转速度每秒只有5.4千米。

然而，当薇拉和福特把M31各部分的旋转速度绘制到一张大图上时，他们惊呆了。旋转曲线的样子非常奇怪——越往星系外围，星球旋转速度并没有如预期的那样降低，反而公转速度更快。

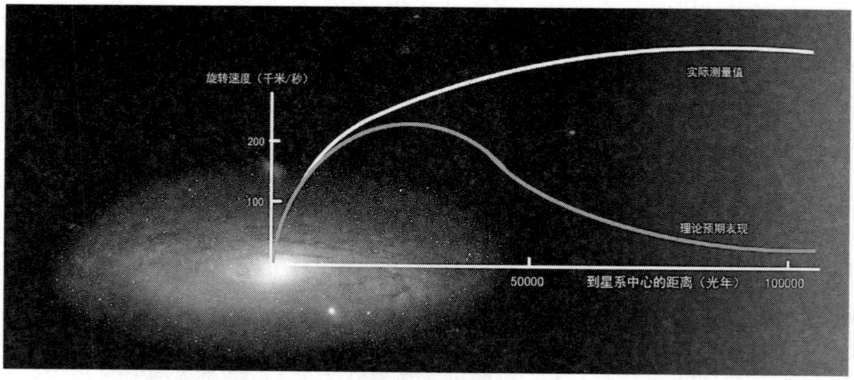

薇拉和福特决定做一番彻底调查。他们拍摄一个又一个星系光谱，亮的、暗的、各种形态的，这些星系都比仙女座大星系远得多，拍摄工作也简单得多，因为它们看上去要小得多，整个星系都可以进入望远镜视场，一次拍摄就得到了完整的星系光谱，整个星系的旋转情况一目了然。结论很清楚：恒星围绕星系核心的公转速度并不随着距离增加而下降。这意味着，星系里隐藏着大量不可见物质，它们被称为暗物质。

银河系的暗物质

其实，在薇拉幼年时的事情，暗物质就已经被发现了，当然不是她发现的，而是荷兰著名天文学家奥尔特。

1930年，奥尔特研究银河系的旋转，发现了一个奇怪的问题。他首先估计了一下整个银河系可能含有的质量，然后测量不同位置处的恒星飞行速度，结果惊讶地发现，恒星的飞行速度和银河系的质量非常不匹配。

恒星的飞行速度太快，银河系已知的质量太小，根本束缚不住那些恒星，它们会四散而去。按照恒星围绕银河系飞行的速度，奥尔特估算出了银河系的质量，太大，应该在银河系已知质量的5倍以上。

奥尔特预言，银河系充满了一种我们尚不知道的物质，因为这些物质不发光，天文学家们无法通过望远镜看到它们，但它们具有实实在在的引力效应，可以明显感知它们的存在。

1980年代，天文学家们在蝎虎座发现了一颗叫基克拉斯233-27的暗弱恒星，给银河系暗物质的存在带来了新证据。这颗恒星跑得飞快，以每秒583公里的速度朝太阳飞奔而来，它大概是银河系已知的最高速星。这样的高速度表明，它虽然位于太阳附近，却和太阳不是同一族类，它必然来自极遥远的银河系边疆的银晕，目前只是暂时穿越银盘，路过太阳附近，接下来，它还会越过银盘，远离而去。计算表明，要使这颗恒星达到这样高的速度，仅靠银河系内发光物质产生的引力远远不够。

银河系外围有一些很小的矮星系围绕银河系运动，它们的运动速度决定于银河系的质量，银河系质量大，它们的运动速度就快。根据矮星系围绕银河系的公转速度，天文学家们测出了银河系的总质量——约是太阳的一万亿倍，而银河系能够发光的物质总量大约为1000亿倍太阳。

太阳离银心27000光年，绕银心公转的速率是每秒250公里，根据这速度可以计算出，太阳轨道以内大约有1000亿的太阳质量。这样，银河系的质量有90%在太阳轨道以外，其中大部分在银盘外围的暗晕之中。

碰撞星系团显示的暗物质证据

暗物质的存在还有一个令人惊叹的证据——星系团碰撞。暗物质理论预言：星系团发生碰撞时，星系团中的暗物质会分离出来。

位于38亿光年之外的子弹星系团就是两个星系团碰撞的产物。这次碰撞发生在1亿年前，一个小型星系团穿过一个大的星系团，形成了一个子弹头一样的形状。科学家绘制出这个星系团的质量分布，红色区域是星系的气体，蓝色区域是暗物质，暗物质在星系团碰撞过程中最先彼此穿越，远远分离开来。为什么呢？

星系物质主要有三大组分：恒星、气体云和暗物质。在碰撞过程中，恒星之间有巨大的距离，可以相当轻易地彼此穿越。气体云分子就不一样，它们容易互相碰撞，速度会减慢很多，彼此分离就慢了许多。暗物质在星系碰撞过程中一点儿也不减速，这不是因为暗物质太稀薄，彼此相距太远，相反，主导理论认为暗物质粒子均匀分布在整个星系团里，但其脾性极为古怪，不仅不与普通物质粒子相互作用，暗物质粒子之间也几乎不发生任何作用，因而它们可以轻易地穿越碰撞的星系团，与星系的气体云分子分离开来，到达最远端的区域。

隐身有术

2007年，一个研究小组绘制出一个星系团暗物质轮廓。

只要哪里有发光物质，它们的边上就会有暗物质。暗物质在哪里聚集，星系就在哪里出现，星系和星系团镶嵌在暗物质之中，被暗物质推动运行，就像空中的尘埃，随风漂泊。

暗物质究竟是什么？天文学家们对此几乎一无所知，除了引力效应外，它没有显现出任何其他效应；它也不是已知的任何一种物质粒子。

然而暗物质这个名字有些误导，好像它们是黑暗不发光的物质，实际上它们是透明的，望远镜和其他任何已知的探测手段都看不到它们。因为暗物质粒子不与普通物质相互作用，它们可以轻易地穿透地球，穿透我们的身体，而我们毫不觉察。

会不会是另外一种情况，引力定律出了问题？

还记得牛顿引力定律在水星上出现的问题吗？水星近日点的进动每100年有43角秒的误差，牛顿运动定律无法解决，因为它只适用远离太阳的地方，而水星离太阳距离很近，太阳对时空的弯曲影响了水星的进动，爱因斯坦的广义相对论修正了牛顿引力理论，很好地解决了这个问题。

那次是离太阳太近，这次是远离星系中心。

牛顿运动定律在太阳边上失效了，广义相对论会不会在星系边上失效？

然而广义相对论是如此成功，它的所有预言全都被精确地证实了。科学家们也做了许多精确的测量，暗物质的存在看起来无可置疑，而且数量庞大，宇宙每一公斤由质子、中子、电子构成的普通物质，就对应着五公斤什么也不是的暗物质，它们分布在银河系周围，每一个外星系周围，遍布整个宇宙。但是，人类看不见它们。

宇宙成功地把自己隐身起来，只显露给人类一小部分。

宇宙，闭合还是开放？

回到宇宙膨胀中来。

暗物质大大增加了宇宙的物质总量，使宇宙膨胀减速，甚至还有可能使宇宙膨胀停止下来，转而收缩。20世纪60年代，桑德奇就持这样的观点，他相信宇宙是一个有限的封闭系统，宇宙膨胀速度正在减慢并最终停止，然后会坍缩到一起，接着再膨胀开来，每隔800多亿年循环一次。那时桑德奇是宇宙学的权威，给人的印象是，他的观测数据会对宇宙命运做出最终的判决。

不是所有人都赞同桑德奇。1967年，桑德奇到德克萨斯大学做演讲，还没开始，一个女研究生站起来向听众宣布，桑德奇将要讲的东西全都是错的。这个勇敢好斗的女生叫比特蕾丝·汀斯丽，她的研究结果与桑德奇相反——宇宙是开放的。

比特蕾丝·汀斯丽不久后来到帕萨迪纳，与桑德奇的对手——加州理工学院教授吉姆·冈恩一起工作。冈恩是一个全才，既是出色的理论家，又擅长制作仪器，许多哈勃望远镜拍摄的漂亮照片，都来自冈恩设计的行星照相机。桑德奇本人也对这个对手非常敬重，有一次有人问桑德奇谁是世界上最优秀的天文学家，他回答说，"哦，年轻的吉姆·冈恩干得非常出色，如果他坚持下去，有可能位居第二。"

若干年后，高傲的桑德奇改变了自己的看法，转而接受了比特蕾丝·汀斯丽的观点，认为宇宙的物质密度可能没有那么大，它是开放的，将永远膨胀下去。桑德奇承认自己内心里还是喜欢闭合宇宙，这样的宇宙会再次收缩并有可能发生振荡，在轮回中得到永生；无限膨胀的宇宙，最终结果必然是永恒的死寂，那存在的意义究竟是什么呢？

但这时候，比特蕾丝·汀斯丽走得更远了。她在《自然》杂志上发表论文，论证被爱因斯坦抛弃的宇宙学常数可能真的存在，那个常数起到的作用是和引力相反的排斥力，这无疑太有些异想天开了。然而在1998年，天文学家们公布了一个匪夷所思的新发现，证明了比特蕾丝先知般的洞察力。

第21章　看不见的大手

它推动星系越来越快地远离

究竟如何膨胀?

1998年，人类对宇宙膨胀有了全新的认识。

我们知道，哈勃当年发现的定律是：星系的远离速度与距离成正比。

这意味着宇宙膨胀是匀速的，这当然只是近距离内的近似，因为物质的存在使宇宙膨胀减速，宇宙在早期应该比现在膨胀得更快一些。天文学家们想知道宇宙膨胀究竟是怎样减速的，这就要进行更深远的测量。

从本质上说，天文学家们这次的工作和哈勃以及桑德奇等人的并无二致，无非是测量以下两个量：

星系的红移；

星系的距离。

红移就是星系的退行速度，是容易测量的，拍摄光谱就可以。如何把距离测量可靠地推进到几十亿光年的远方呢？天文学家们需要一把威力更大的量天尺，这次是Ia型超新星。

Ia型超新星——威力更大的新量天尺

Ia型超新星是白矮星接近质量极限导致的超新星爆发。每一个爆发的Ia型超新星都具有大致相同的质量——约1.4倍太阳质量，所以它们具有大致相同的亮度——约45亿个太阳！这样，如果观测到的Ia型超新星看起来非常暗，就意味着它必定非常遥远，根据它的视亮度就可以确定距离了。

所以，天文学家们的工作是：

找到Ia型超新星，拍摄它的光谱，确定红移，也就是远离速度；

根据Ia型超新星的视亮度确定距离，因为它本身的亮度是固定的。

把不同超新星的红移和距离一一对应起来，可以画出新的哈勃图，就能够确定几十亿年前，宇宙膨胀是如何随着时间变化的。

关键是，Ia型超新星爆发是极为罕见的宇宙事件，像银河系这样拥有几千亿颗恒星的巨大星系，1000年也爆发不了几颗Ia型超新星，而且超新星爆发持续时间相当短暂，捕捉到它们的机会小得可怜。

好在宇宙很大，如果望远镜能够望向数十亿光年深处，全天就会有数以百亿的星系，这样，平均每分钟都会爆发好几颗Ia型超新星。

尽管如此，要发现这些超新星绝非易事。虽然Ia型超新星极其明亮，但在几十亿光年的距离上，也只是非常微弱的一个小点。天文学家在不同时间拍摄同一天区，根据微弱的亮度差异显示的蛛丝马迹，来寻找其中的变星，再从中发现可能的目标。

两个竞争的巡天小组

1980年代中期，劳伦斯伯克利实验室的一组物理学家首先启动了“超新星宇宙学计划”，开始了Ia型超新星的搜寻。然而到1988年，他们连一颗超新星都没能发现，局面非常困难。颇具慧眼的伯克利以及其他资助机构认真评估后，仍然认为这个项目有很大价值，决定继续予以资助，项目组也改由索尔·珀尔马特领导。

搜寻Ia型超新星并拍摄到其光谱，除了技术上的困难，还有获得望远镜观测时间的困难。天文学家要使用某台望远镜，需要向天文台提交申请，经过评议后，由一个委员会来分配观测时间。大型望远镜的使用，提前几个月就已排定，而发现超新星是不可能提前预知的，发现以后只好临时借用别人的观测时间进行后续观测，这就很难保证。珀尔马特发明了一套“批处理”方法：他们每隔一个月，用观测条件最好的无月夜拍摄大片星空，第二天，他们就可以通过比对过去的资料获得一批超新星候选者样本。这些样本观测价值极大，凭借它们可以快速申请到大望远镜的观测时间，“超新星宇宙学计划”项目组开始发现大量的超新星。

随着珀尔马特项目组接近成功，其他天文学家也迅速加入竞争。1994年，27岁的布莱恩·施密特在哈佛大学完成了超新星的博士论文，然后来到澳大利亚，在位于堪培拉郊区的斯特朗洛山天文台领导起一个年轻的团队——高红移超新星搜索项目组。

这个团队汇聚了来自4大洲的20名研究精英，其中25岁的亚当·里斯发明了一套数学方法，很好改正了星际尘埃对超新星光芒的吸收效应，使Ia型超新星作为标准烛光的可靠性大为增加，也极大提升了搜寻效率。

膨胀竟然在加速！

经过3年多的努力，施密特小组获得了16颗超新星数据，把它们的距离和反映宇宙膨胀的红移值画在一张图上时，一个极为戏剧化的图景显现出来。研究者们原本期望看到的是，宇宙膨胀在以多快的速率降低。然而，图像却让他们无比惊讶——宇宙在加速膨胀！这就像朝着空中投了一个球，它没有落回地面，而是眼睁睁地飞向蓝天，飞出了天外！施密特和亚当·里斯忐忑不安地认为自己是不是搞错了。

1998年初的一次天文会议上，珀尔马特初步公布了研究成果，施密特团队看到了几乎一模一样的数据结论。于是在1998年1月，两个小组几乎同时正式公布了自己的观测结果，一共58颗超新星数据，清晰显示出一个全新的宇宙图景，相比几十亿年前的过去，宇宙列车正驶上快车道，加速膨胀开云。

2011年，因为“透过观测遥远超新星而发现宇宙加速膨胀”，索尔·珀尔马特、布莱恩·施密特和亚当·里斯获得了当年的诺贝尔物理学奖。

未知的神秘力量

宇宙为什么会加速膨胀呢？这是非常奇怪的，因为以前人们只知道物质引力会使它减速。唯一能够解释的，是假设宇宙中存在一种全新的能量，这种能量表现出奇异的排斥特性，就像一双看不见的大手，推动星系加速远离，导致膨胀加速。

这双看不见的大手，神秘的未知力量，天文学家们称为暗能量。

暗能量非常巨大，是暗物质的量的三倍之多。

暗能量的特点是，密度非常小，均匀地分布在宇宙中，占满了所有的空间。更奇特的是，暗能量似乎是空间的一种属性，它的密度不随空间的膨胀而减小，能够一直保持着恒定的密度。

这样，在宇宙的最初，暗能量几乎可以忽略不计；而在早期的几十亿年里，暗能量随着宇宙的膨胀而成长，但仍比不过宇宙的物质，引力仍然占上风，膨胀确实一直在减速。但在五六十亿年前，随着宇宙膨胀，物质被稀释，引力作用越来越弱，暗能量则随着空间体积的膨胀越来越强，逐渐占了上风，最终战胜引力，推动宇宙开始加速膨胀。

暗能量究竟是什么，尚无人知晓，但爱因斯坦早在100年前就曾经预言了它的存在——他当年在宇宙学方程里添加的常数项就具有暗能量的特征。1916年爱因斯坦用广义相对论研究宇宙时发现，物质的存在会使宇宙坍缩，宇宙必须膨胀才能不至坍缩下来。

为了让宇宙稳定下来，烦恼不已的爱因斯坦在方程里添加了一个常数项，它起的正是一种斥力的作用，和引力的作用相抗衡，勉强使宇宙平静下来，爱因斯坦稍感安慰。

但随着1929年哈勃定律的发表，爱因斯坦意识到宇宙膨胀不可避免，于是宣称宇宙常数是他一生最大的错误。然而，1998年宇宙加速膨胀的发现表明，这个常数项也许根本就不是什么错误，很可能是爱因斯坦的又一个英明创举。

宇宙的前途

如果宇宙加速膨胀一直持续下去，会发生什么呢？可能的一幅图景是，宇宙会越来越空旷，物质越来越稀薄，最后陷入永恒的死寂。

宇宙的未来究竟会怎样，有着太多的不确定，目前人类对暗物质、暗能量这些宇宙中最大的组分还几乎一无所知，也就谈不上准确预言未来了。宇宙的未来可能加速膨胀，也可能再次转入减速，也可能变为收缩并转而坍缩下去，或者坍缩后再次大爆炸，一切都还在未之中。

宇宙的年龄

宇宙加速膨胀，使宇宙的年龄又多了一项影响因素。综合起来，宇宙的年龄取决于以下三个因素：

一、哈勃常数，由它得到零引力匀速膨胀的宇宙年龄，称为哈勃年龄。

二、物质和暗物质的存在给宇宙减速，宇宙过去膨胀得比现在快，它膨胀到现在尺度用的时间短，结果导致宇宙真实年龄比哈勃年龄要小。

三、暗能量的存在给宇宙起加速作用，宇宙过去膨胀得比现在慢，它膨胀到现在尺度用的时间长，结果导致宇宙真实年龄比哈勃年龄要大。

天文学家们公布的宇宙年龄，就是由这三项因素综合而来。有趣的是，结合了暗物质和暗能量后的宇宙年龄，竟然很接近均匀膨胀的哈勃年龄，不知其中有何奥妙。

2013年，欧洲空间局的普朗克探测器给出的数据是：

哈勃常数67.3，暗能量68.3%，暗物质26.8%，普通原子物质4.9%——宇宙显露给我们的仅仅是很小一部分。

综合哈勃常数、暗物质和暗能量因素，宇宙的年龄被确定为138.2亿年，误差为3700万年。

第 22 章　太初

追溯到138亿年前的起始状态

我们终于追溯到了宇宙的源头——138亿年前。

随着反向追溯，宇宙必然会越来越小。

最终的源头会是什么样子呢？

这类似要回答那个永恒的追问：“我们从哪里来？”

谜底也许永远无法揭晓，但人类可以一步步逼近它。

勒梅特的原初原子

1927年，比利时神父勒梅特发表了用广义相对论研究宇宙的第一篇论文，结论是宇宙空间在膨胀，空间的膨胀会使遥远天体射来的光发生红移，红移的大小正比于距离，这实在是非常独到而深刻的见解，这时候哈勃定律还没有发表。然而和勒梅特一贯的谦虚品质一样，他的论文发表在一家默默无闻的刊物上，没有激起一点浪花。

1931年，勒梅特又发表了一篇用相对论研究宇宙起源的论文。勒梅特设想，一个膨胀的宇宙在过去跟现在一定有很大不同。在很古老的过去，星系与星系之间的距离必定小得多；而在宇宙的最初，所有物质必然都聚在一起，那时宇宙的密度肯定非常高，大概跟原子核的密度一样高，勒梅特称之为原初原子。随着宇宙的膨胀，原初原子分裂开来，成为各种原子，这些原子再形成后来的天体。

哈勃定律的发表大大激励了勒梅特的信心。1931年爱因斯坦访问威尔逊山时，勒梅特专门赶到威尔逊山拜见爱因斯坦，向他陈述自己用广义相对论计算的宇宙初始状态：宇宙从一个“原始原子”开始，不断分裂膨胀，如同一颗小小的果实，长成一棵参天大树，他并以哈勃的观测为证，说明宇宙是创生于“没有昨天的那一天”。爱因斯坦说：“这是我所看到过的最美丽的结果。”而在1927年，爱因斯坦还对勒梅特的膨胀宇宙观感到厌恶。

伽莫夫的原始大火球

美籍俄裔科学家伽莫夫的看法和勒梅特相反，他认为宇宙元素不是由最初“原初原子”分裂而来，而是由最简单的质子、中子聚变而来。

伽莫夫是个多面手，不仅是一流的科学家，还是优秀的科普作家，被科普界奉为一代宗师；伽莫夫还对生物遗传学说有相当造诣，是最早提出遗传密码模型的人。但伽莫夫最擅长的是核物理，这对理解宇宙最初的元素起源非常必要。

伽莫夫认为，宇宙最初是由基本粒子组成的一个“原始大火球”，温度极高，压强极大，基本粒子几乎全部都是中子，由于空间膨胀，温度随之下降，一部分中子衰变转化为质子，质子和中子通过核聚变，形成由轻到重的各种化学元素。按照理论计算，当宇宙冷却下来后，聚变出来的氦约占全部质量的26%，氢元素约占到74%，其他多种元素只占很小的一部分，这和宇宙实际的元素丰度比基本一致。

伽莫夫的论文1948年4月发表在《物理学评论》上，文章名称为“αβγ”，这是三个研究者名字——阿尔菲、贝特、伽莫夫的第一个希腊字母组合，寓意宇宙的起源。

伽莫夫的理论还作出了一个重要预言：宇宙的空间膨胀一倍，温度会下降一半，宇宙从最初极其高温的状态膨胀到现在，温度已经降到了绝对温度5度，这就是宇宙的背景温度。

“大爆炸”的由来

但英国天文学家霍伊尔反对伽莫夫。伽莫夫的宇宙学理论被称为“大爆炸”，这个名称就是霍伊尔创造的，它的产生颇具戏剧性。

1948年的一天，霍伊尔应英国广播电台邀请介绍宇宙的起源。霍伊尔就想，广播公司只有播音业务，播音时主持人看不到听众，听众也看不到主持人，怎样才能抓住听众的注意力呢？必须选用惊人的字眼，怎样才能一鸣惊人呢？爆炸，对，把伽莫夫的理论描述成一场大爆炸，又生动又形象，很容易引起人们关注。

于是霍伊尔对听众说：“你们可能都已经听说过一种说法，宇宙是久远过去的某个时间，由一次大爆炸形成的，现在我要告诉你们，这是错的。”霍伊尔在节目中反复强调“大爆炸”这个词，还配以逼真的模拟爆炸音，然后质疑道：“如果宇宙起始于一次大爆炸，在那种高温高热状态下产生的辐射，一定会在太空留下某种痕迹，即使已经过去了100多亿年，也应该能找到。可是，有吗？”

霍伊尔本人信奉稳恒宇宙，他和英国天体物理学家邦迪、戈尔德三人一起提出了稳恒态宇宙学说：宇宙是无限的，没有开端也没有终结，在时间上是无始无终的。稳恒宇宙学避免了令人费解的宇宙开端和年龄问题，但它如何解释哈勃发现的星系远离呢？霍伊尔他们也承认宇宙确实在膨胀，但认为不必有一个起点，只是从无限膨胀向无限。但是膨胀总会导致宇宙里的星系越来越稀疏吧，这怎么算是稳恒呢？霍伊尔等人认为，随着宇宙空间的膨胀，会不断有物质产生出来，它们会形成新的星系，从而使宇宙的物质密度维持稳恒不变。它要求物质的诞生率是很低的，只需每年在2～3立方公里的体积内产生相当于一个质子的物质，宇宙物质密度即可保持稳恒。这个产量微乎其微，根本无法验证，同时也动摇了物质不灭定律，但霍伊尔认为一切皆有可能，自己的理论并不比“大爆炸”更荒唐。

稳恒态宇宙曾一度引起轰动，但1960年代发生了转变——大爆炸留下的余温被发现，这本来是霍伊尔质疑“大爆炸”的关键理由，却成了重要支持证据，于是霍伊尔的稳恒态宇宙论很快衰落，由他命名的“大爆炸”宇宙学则迅速走红。

“大爆炸”这个词如此形象生动，对于大爆炸宇宙学的快速普及功不可没。霍伊尔后来说：“要是我当时有所察觉并申请专利，我会干得非常漂亮，而且会赚大钱。”1994年，美国《天空和望远镜》杂志发起了一项竞赛，请读者为“大爆炸”起一个更好的名字。一个月内，收到来自41个国家的13099个名字，少数来自宇宙学家，其他来自幼儿园的孩子，八十多岁的老人以及囚犯、医生等各行各业的人。经过评比，“大爆炸”依然是最后的胜出者。

奇点

根据大爆炸宇宙学，宇宙最初是一个由基本粒子组成的大火球，这个原始大火球又是从哪里来呢？

1960年代的时候，牛津大学的罗杰·彭罗斯利用相对论研究黑洞，他证明，大质量天体塌缩成黑洞后，必然存在一个点，所有物质最后都被压缩到这个点上，这就是黑洞中央的奇点，它是一个半径为零的几何点，物质密度和时空曲率变成无限大。

霍金这时候正在剑桥读博士，他本来想找霍伊尔做导师，但霍伊尔不想招生，于是霍金便跟了席尔玛，席尔玛本来是稳恒态宇宙的支持者，后来转而支持大爆炸理论。霍金找不到好的论文题目，进度很慢，两年时间毫无作为。这时候霍金看到了彭罗斯的成果，他忽发奇想：“如果将彭罗斯的奇点理论应用于整个宇宙，会发生什么情况？”霍金意识到，如果将彭罗斯定理中的时间方向颠倒，坍缩就变成膨胀，这条定理仍然成立，而它正好可以描述膨胀的宇宙。

彭罗斯定理指出，任何坍缩必然终结于一个奇点；

反过来则是，膨胀的宇宙必然从一个奇点开始！

1970年，霍金和彭罗斯合作发表的论文证明，假如广义相对论是正确的，宇宙包含我们观测到的这么多物质，则它必然起源于一个奇点。

大爆炸的奇点是一个半径为零的点，这似乎给宇宙研究划下了一道不可逾越的红线，因为在那里，广义相对论失去了效力。这样，人类的智慧只可逼近大爆炸，大爆炸本身则非人类智力所能及，那里属于神秘的形而上学。

梵蒂冈教皇就坚持这样的观点。1981年梵蒂冈举行了一次宇宙学会议，40岁的霍金坐着轮椅参加了大会。会议尾声，教皇发表重要讲话，他告诫宇宙学家们，大爆炸之后的宇宙演化是可以研究的，但不应该去过问大爆炸本身，因为那是创生的时刻，是上帝的事务；任何关于世界起源的科学假说，例如原始原子、原始大火球等，并未解决有关宇宙起源的问题，人们依然会问：原始原子、原始火球又从何而来？单靠科学自身无法解决这一终极问题，它需要超越物理学的知识，尤其需要来自上帝的启示。

然后教皇接见与会代表。教皇坐在高高的椅子上，客人们逐个被介绍给教皇。当霍金驱动轮椅来到教皇前时，教皇离开自己的座位，走到霍金跟前，跪伏下身，以便能和霍金更好地交流，他们的谈话时间超过了所有人。最后，教皇站起来，掸了掸自己长袍上的灰尘，微笑着与霍金告别。

霍金心里窃喜，他发现教皇并没有注意自己刚刚在会议上发表的演讲，这演讲刚好反驳了教皇的观点。霍金感觉自己的情况有些像三百多年前的伽利略，不同的是，伽利略因为传播异端而被审判，霍金已经不可能再披上这光环了，宗教势力在科学面前谦卑了很多。

霍金提出的是无边界设想——宇宙的边界条件就是它没有边界，也就是没有特殊的起始点，它是一个彻底自足的存在，只会从一个状态演化到另一个状态，不存在完全不可知的领域。

这意味着，宇宙不需要外在的创造者或者第一推动。

这是一个重大的宗教和哲学问题。

这想法和最初设想的大爆炸奇点不太一样，最初是半径为零的奇点，现在则成了量子奇点。

原来之所以半径为零，是因为广义相对论在那里失效了。

广义相对论在奇点处失效，只是证明了它也有特定的适用范围，不能表明奇点属于神秘主义的领地，科学不能染指。

根据哥白尼原理，宇宙时空的每一点都是完全平等的，不存在任何超越科学理论的特殊点，奇点也是如此。

对那个极早期极微小的状态，需要用新的量子引力理论来研究，虽然充满艰辛，依然属于科学王国的版图之内。

宇宙的果壳

1968年，澳大利亚著名物理学家保尔·戴维斯参加一个宇宙学讲座，那时候宇宙微波背景辐射刚刚被发现，伽莫夫的热大爆炸学说开始流行，主讲教授最后总结道："一些理论家已开出了宇宙化学成分的清单，这份清单的根据是大爆炸最初3分钟发生的核反应过程。"所有的听众哄然大笑。描述宇宙最初的3分钟，这听起来相当不靠谱，简直荒唐可笑，试问，一万年前地球上的事情能说清楚吗？

然而仅仅过了大约10年，最初3分钟的理论就进入了大学课堂，紧接着，社会大众也知道了。1977年，美国物理学家和宇宙学家史蒂文·温伯格写了一本畅销书——《最初的3分钟》，令人信服地描述了一幅宇宙起源图景，包括在大爆炸之后几分钟甚至仅仅数秒内出现的详细过程。

理论学家们甚至已经逼近到宇宙创始的量子奇点，尺度仅为普朗克尺度，10^{-33}厘米，没有比这更小的尺度存在；时间到了10^{-43}秒，没有比这更短的时间存在，那是真正的宇宙源头。

这个量子点犹如宇宙的果壳，虽然无比小，却包含了宇宙中一切结构的密码——空间、时间、物质、作用力，一切都统一在一起，随着宇宙的膨胀，这些密码信息自发显现出来，形成了一个无比丰富多彩的宇宙。

下篇

创生之路

从创世之光到宇宙生命系统

第 23 章　创世

我们身体中最多的那一类原子直接来自大爆炸

无中生有

当回溯到极早期的起始状态时，宇宙变成了量子奇点。在那里，不但人类已知的一切物质形态都不存在，就连空间和时间也不存在。物质是被创生的，同样的，时间和空间也是被创生出来的。这样，询问在宇宙起始之前发生什么，或者奇点之外存在什么，是无意义的。

霍金用无边界设想描述那个初始状态。在这个图景中，时空没有边界，不存在起始点。无穷多的宇宙自发出现，它们从“无”中诞生，以所有可能的方式开始，就像沸腾的水中生成的无数气泡，不停地产生又消亡，处于一种混沌的状态。

所有那些如气泡般生灭的宇宙，其物理规律和我们的宇宙大不相同，它们不能孕育出生命，但其中有一个宇宙泡泡，快速膨胀出来，这就是我们的宇宙。

创造我们这样一个浩瀚的宇宙，需要多大的能量呢？答案是：零。

宇宙的物质由能量创生，我们把这能量称为正能量，而宇宙的引力场则具有负能量，因为所有物质都由引力相互吸引，把两个互相绕转的天体分开来，必须消耗能量。理论家们证明，宇宙的负引力能刚好抵消物质所代表的正能量，而正能量就是由引力能那里借贷而来，所以宇宙的总能量为零。暴张宇宙学的创立者古斯说：“都说没有免费午餐这件事，但是宇宙是最彻底的免费午餐。”

暴胀

最初的泡泡宇宙经历了一次极为快速的膨胀，天文学家们称之为暴胀，它发生在大爆炸 10^{-36} 秒之时。

暴胀之快，超乎所有人的想象。在一段非常短的时间里，宇宙的体积呈指数增长，差不多每隔大约0.000 000 000 000 000 000 000 000 000 000 000 001秒的时间，宇宙的尺度就增大一倍。大约100个这样的时间间隔后，宇宙的体积增大了1 000 000 000 000 000 000 000 000 000 000倍。它相当于一个原子核区域瞬间膨胀到大约1光年的直径，或者一个氢原子大小瞬间膨胀到银河系尺度。暴胀速度远远超过了光速，但这并不违背相对论，相对论要求两个相对运动的物体速度不能超过光速，这不适用于空间本身的膨胀。

暴胀只持续了极短的时间——从 10^{-36} 秒至 10^{-34} 秒，就这极短的瞬间，造就了一个适合生命的宇宙，因为宇宙的时空性质、物理定律、自然常数等就是在暴胀中调整得恰到好处。此时的宇宙如同一粒种子，包含了从粒子到天体所有结构的密码，未来将由这些密码信息成长出各种原子和分子，形成各种星球天体，乃至于演化出不同形态的生命。就如霍金在《果壳中的宇宙》中所表达的：“我们的宇宙是由一个小小的果壳而来，果壳的量子皱纹里包含着宇宙中所有结构的密码”。

暴胀结束时，能量开始转化为物质粒子，一场轰轰烈烈的创生运动开始，这就是通常所说的宇宙“大爆炸”。

要有光

据《圣经》记载，上帝创造宇宙的第一句话是“要有光”。巧合的是，大爆炸最初创生的就是光子，只不过这些光子并不是人眼能看到的可见光，它们是能量极高、波长极短的伽马射线，物质粒子将从这些光子生成。

一对高能的光子碰撞，产生出一对正反粒子，这过程是可逆的，正反粒子碰撞又湮灭回光子：

光子+光子⟷质子+反质子

光子+光子⟷中子+反中子

光子+光子⟷电子+正电子

光子+光子⟷中微子+反中微子

因为质子和中子的能量大，生成它们的光子能量也必须极高，温度最低需要10万亿开，这称为阈温。电子的能量低一些，生成它的光子能量可以低一些，但阈温也达59亿开。

大爆炸启动后，时间每推进两个量级，空间就膨胀一个量级，温度下降一个量级。百万分之一秒后，温度下降到10万亿开，这是生成正反质子和中子的阈温，低于这个温度，光子的能量就不能生成质子和中子，正反质子和中子的生成就停止了。

1秒是物质创生的另一个分水岭。这时宇宙密度已降到每立方厘米大约1吨，相当于白矮星的密度，温度约100亿开，因为生成正反电子的阈温是59亿开，1秒之后，温度很快降到这个阈温以下，正反电子的生成也停止了。

宇宙大约用了1秒多一点的时间，完成了所有基本粒子的创造，这时候宇

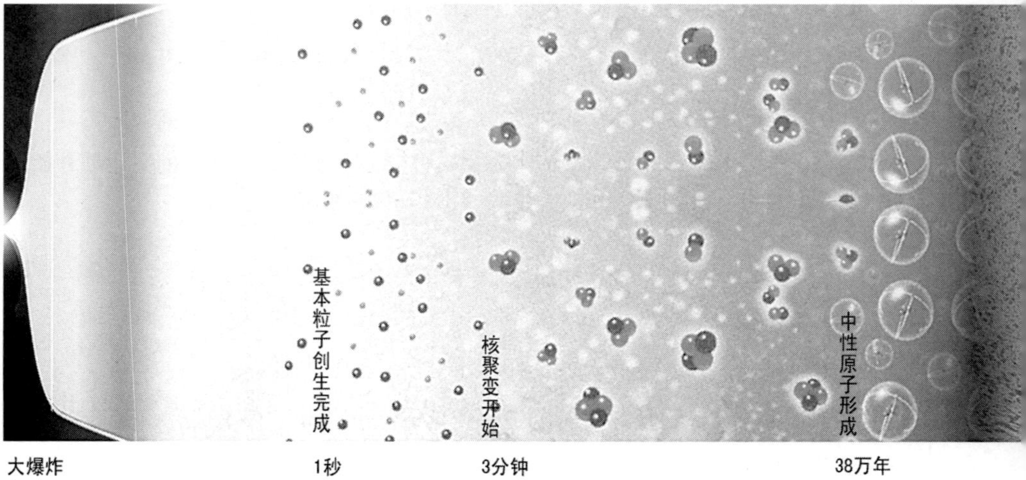

宙的主要粒子是质子、中子、电子、中微子以及它们的反粒子。

1939年出版的《物理科学的哲学》里，爱丁顿写道：我相信宇宙中有15,747,724,136,275,002,577,605,653,961,181,555,468,044,717,914,527,116,709,366,231,425,076,185,631,031,296个质子和相同数目的电子，这个数为136 × 2256，后来被称为爱丁顿数，也就是说，宇宙中的质子数和电子数在10^{80}量级。

最初的核合成

3分钟是大爆炸的另一个重要时标。这时候，宇宙的温度降至10亿度，和多数人的想象不同，宇宙此时的密度已经和地球大气差不多。这时候，原子核的合成开始，核聚变反应把一部分质子和中子聚变成氦原子核，核聚变反应持续了约1个小时。

1小时后，宇宙温度降到1亿开，虽然还比较高，但由于密度已经远低于地球大气，粒子碰撞几率大大降低，核合成就结束了。

大爆炸的原初核合成只产生了周期表的前三种元素（氢、氦、锂），即原子量在5以内，锂的产量极微小，早期宇宙核合成最终产品主要是大量的氦原子，在第六号元素碳之前完全终止。

大爆炸1小时之后，核合成结束，宇宙中的每一个质子，无论位于原子核

今天

内，还是原子核外，都对应着一个电子。带正电的原子核本来可以和电子结合，形成原子——氢原子和氦原子，但此时宇宙的温度对于原子来说太高，在高能光子的轰击下，电子被电离出原子核，处于自由状态。

原子的生成

38万年是最后一个分水岭，在此之后，宇宙温度降到了3000开以下，电子开始和原子核稳定地结合成原子。

至此，大爆炸创世的第一阶段完成。其创造的原子主要是氢和氦，其中氢占了约74%，氦占了约26%，这些就是以后形成星云、恒星和其他天体的原材料。若干亿年之后，这些氢元素聚集在地球上，参与到我们生命体的构造中，成为我们身体里最多的原子。我们看似年轻的身体，多数原子其实和宇宙同样古老，它们已经在宇宙中旅行了138亿年，我们的身体成为它们漫长旅程的短暂一站。

早期宇宙的重要创生阶段：

年龄	温度	创生过程
10^{-36}秒	10^{28}开	正反粒子创生
0.000001秒	10^{13}开	质子中子创生完成
1秒	10^{10}开	电子创生基本完成
3分钟	10^{9}开	原子核开始合成
1小时	10^{8}开	原子核合成结束
38万年	3×10^{3}开	中性原子开始形成

反物质在哪里？

回顾一下物质的创生，我们会发现一个问题：物质粒子由光子碰撞产生，光子碰撞产生的粒子是一正一反，于是问题来了：我们的宇宙是由一半正物质和一半反物质组成的吗？

让我们用望远镜观测一下宇宙，看看能不能发现有些天体是反物质的？不行，反物质原子结构与正物质原子完全一模一样，它们发出的光子是一模一样的，光子没有正反之分，望远镜根本看不出正反物质差别。

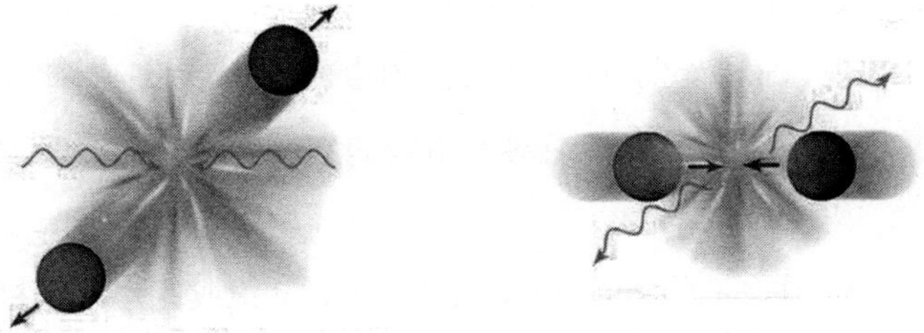

高能光子碰撞生成正反粒子　　正反粒子碰撞湮灭回光子

怎么办呢？其实简单推理一下即可。地球上会不会有大块的反物质存在呢？不可能，如果有，它早就被正物质湮灭了。太阳系内有没有反物质天体呢？不可能，因为太阳表面不停地吹出太阳风，它里面有电子、质子、氦原子核等粒子，太阳风粒子吹到太阳系各个星球上，如果太阳系有反物质星球，就会出现持久且强烈的湮灭现象，反物质天体也早就没有了。

同样的论证可推广到银河系，银河系的恒星际空间里充满稀薄的星际气体，此外还有宇宙射线粒子在飞行，它们不与任何一个恒星相湮灭，这是银河系内没有反物质星体的证据。

进而可以肯定，宇宙没有反物质星系。大爆炸最初创生的正反粒子如同一锅混合均匀的汤，按粒子物理学已有的知识，它们没有任何可能在大尺度上完全分离，由此可以得出的结论是：宇宙是由正物质组成的。

反物质哪里去了？只有一个结果，和正物质湮灭了，因为正反物质粒子相遇会湮灭变回光子。

既然反物质都和正物质湮灭了，为什么还会有物质形成宇宙呢？

只有一种可能，大爆炸最初产生的正反粒子数是不对等的，正物质粒子数要比反物质粒子数多一些，这样当全部反物质粒子与等量的正物质粒子相遇湮灭后，还会剩下一些正物质粒子，正是剩下来的这部分正物质形成了今天的宇宙。

最初的正反物质粒子会相差多少呢？极少，只有1/10亿。这个数据是怎么来的呢？据天文学家们统计发现，目前宇宙中粒子的密度大约是每立方米1个粒子，而光子数大约是粒子数的10亿倍，光子由正反物质湮灭而来，由此估算，最初正粒子比反粒子数多了1/10亿。

不能因为这个偏差很小，就可以想当然地认为是可能的，因为人们在实验室里发现，正反粒子是按照1比1创生的，至今没有发现过一个破坏守恒的事例。如果正反粒子绝对严格按照1比1创生，宇宙万物又如何形成呢？

其实，守恒往往是低能级的规律，能级一高，守恒或者对称往往随之出现破缺，比如在化学反应中保持守恒的原子，在高能核聚变中就改变了。在宇宙大爆炸的极早期——创生的10^{-36}秒时，能量状态极高——极高温度，极高密度，极高压强，在这样的极端条件下，正反粒子数量出现小小的不对称是很自然的事情，正粒子只是多出了1/10亿，便造就了我们今天的宇宙。

宇宙开始透明

现在再回到大爆炸的后期——38万年，也就是电子与原子核结合形成原子的时候。这时候，发生了另一件重要事情。在此之前，宇宙里温度很高，电子速度很快，原子核束缚不住它们，它们自由穿梭，空间里的电子密度就非常高，光子在运行过程中很容易与自由电子碰撞，一碰撞就被电子散射或吸收，光子能够自由行进的距离很短，这时候的光子是辐射不出来的，宇宙处于不透明状态。

38万年后，宇宙温度降到了3000开以下，电子的速度降低，它们被原子核束缚住，结合成原子，宇宙中自由电子的密度迅速降低，于是光子可以自由行进，宇宙变得透明起来，这叫光子退耦，我们能够看到的最早光子就来源于这时候。

此后，宇宙继续膨胀下去，温度也逐渐下降，来自大爆炸的光子孤立地运行在宇宙中，波长随着空间的膨胀而渐渐拉长。100亿多年后，其中一些光子进入了人类的射电望远镜，成为宇宙的第一缕曙光，也是“大爆炸”138亿年后的留下的余温。

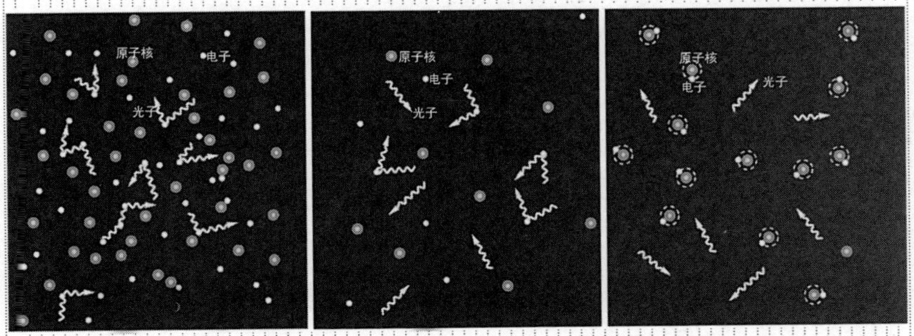

电子和原子核结合，电子密度越来越低，光子可以在宇宙中自由穿行。

第 24 章　袅袅余音

大爆炸过去138亿年后，人类清晰地“听到”了它传来的袅袅余音

烦人的“噪声”

1962 年，位于美国新泽西州的贝尔电话公司来了两位新人：哥伦比亚大学博士彭齐亚斯和加州理工学院博士威尔逊。那时候无线电技术正迅猛发展，彭齐亚斯和威尔逊设计了一台灵敏度很高的射电望远镜来探测天空。望远镜有一个喇叭形天线，有很强的方向性，当它朝向天空时，地面的无线电干扰影响很小；彭齐亚斯和威尔逊还把接收器放在液氦冷却的环境里，这使天线更加灵敏。

当他们把天线朝向天空时，记录到 6.7 开水平的噪声信号，扣除大气吸收、电阻损耗及残余地面噪声的影响之后，仍然有 3.5 开的噪声信号无法消除。这多余的信号来自哪里呢？他们两个做了大量实验，采取各种手段去消除这噪声，结果都无济于事。

彭齐亚斯和威尔逊不管把天线对着哪个方向，烦人的噪声总挥之不去，他们就想，既然噪声与方向无关，是不是天线本身的问题？他们仔细检查天线，发现里面住了一窝鸽子，弄得里面有很多鸽粪。彭齐亚斯和威尔逊以为找到了根源，他们撵走了鸽子，清除了鸽粪，然而，噪声并没有和鸽子一起飞离。

折腾了一年多时间，天线依然达不到他们理想中的静音状态，这使他们很是沮丧。一天，彭齐亚斯偶然和同行伯克聊起此事，伯克告诉彭齐亚斯，那让他们烦恼透顶的噪声，很可能是普林斯顿大学狄基小组正在寻找的东西。

狄基是一位很有思想的宇宙学家，他既不赞同霍伊尔的稳恒态宇宙，也不完全赞同勒梅特和伽莫夫的大爆炸宇宙，他认为宇宙处在一种膨胀、收缩的循环震荡中，大爆炸只是其中的一环。他也认为当宇宙收缩到极小的状态时，有极高的温度，当宇宙膨胀到今天的时候，整个宇宙会降到很低的温度，和伽莫夫预言的相差不多，大约有几开。

我们来回忆一下大爆炸的末尾。大爆炸38万年后，温度降到3000开以下，光子能量降低，不足以电离原子，电子和原子核稳定结合，自由电子大量消失，光子可以自由在空间穿行，它们从宇宙各处迸发出来，混沌初开，宇宙重现光明，这就是光子退耦。退耦后的光子，辐射峰值波长为1微米，它们形成了最早的宇宙背景辐射。宇宙从那时膨胀到现在，尺度膨胀了1000倍，温度下降了1000倍，背景辐射的光子波长也增大了1000倍，峰值波长从微米膨胀到了毫米波段，就是微波，对应的温度约为3开，这就是宇宙微波背景辐射，它是人类能够看到的来自宇宙的第一缕曙光。

狄基等人认为，当时天线的灵敏度应当能够接收到这种辐射，并开始着手研制相应的仪器设备，却被贝尔电话实验室无意中抢了先。

彭齐亚斯和威尔逊随即撰写了一篇只有600字的论文：《在4080兆赫处天线附加温度的测量》，宣布了他们的成果，发表在1965年美国《天体物理杂志》上，并因此获得了1978年诺贝尔物理学奖，颁奖决定这样写道：

"彭齐亚斯和威尔逊的发现具有根本意义：它使我们能够获得很久以前宇宙创生过程的信息。"

为什么说彭齐亚斯和威尔逊接收到的微波信号是来自宇宙大爆炸呢？它符合大爆炸要求的各项特征。

高度的各向同性

来自宇宙大爆炸信号的第一个特征必然是极其均匀——高度各向同性。微波背景辐射的发现，使"大爆炸"宇宙学迅速走红，天文学家们用多种方式来探测这信号，得到的结果是一致的——各个方向完全均匀，这确定了它们必然来自广阔的宇宙背景。道理很简单，如果背景辐射来自太阳系，太阳方向信号会最强；如果来自银河系，银河方向会最强；背景辐射在任何方向都均匀的特征，表明它只能来自整个宇宙背景。

微小的各向异性

来自宇宙大爆炸的信号也不能完全均匀，因为宇宙物质分布在大尺度上虽然很均匀，但并不完全均匀。如果早期宇宙物质能量密度完全均匀，就无法演化出后来的大尺度结构。宇宙早期背景辐射的微小起伏称为各向异性，在地面上完全观测不出来。

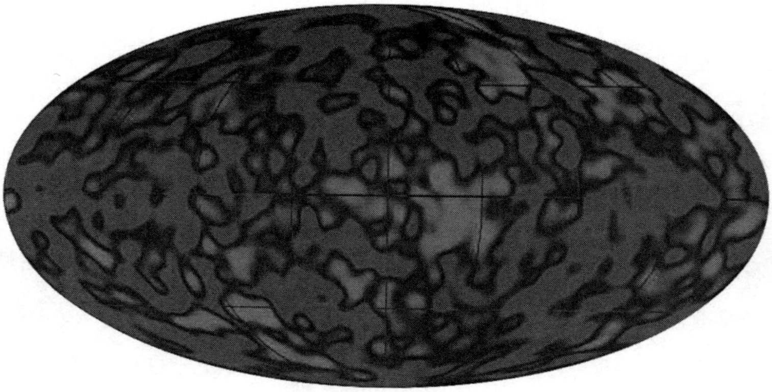

COBE卫星的宇宙微波背景辐射温度起伏（修正了银河辐射）

为了探测各向异性，1989年初冬，宇宙微波背景辐射卫星（COBE）发射升空。根据采集到的数据绘制出的宇宙微波背景辐射图像，就像一个宇宙蛋，它显示的是大爆炸结束时——38万年时的宇宙图像，红色代表温度较高的区域，蓝色代表温度较低的区域，温度的差异终于显现出来，它就代表了最初物质分布的不均匀性。

宇宙大余弦

COBE卫星的图像还体现出了地球在太空中的运动。我们知道，地球围绕着太阳运行，太阳又围绕着银河系中心运行，银河系又在本星系群运动，本星系群又围绕着室女座超星系团运行，室女座超星系团又被吸引向半人马座的沙利普引力体，这些运动造成的最终结果，是地球相对于宇宙背景辐射产生了一个运动。这运动会引起背景辐射强度在两个方向上产生微小变化：迎面而来的前方稍强一点，远离而去的后方会稍弱一些，就像人在无风的雨中奔跑，前胸一定比后背更湿一些。

COBE卫星的观测结果正是如此，它呈现出所谓的“宇宙大余弦”，在天空的某个方向，微波背景辐射稍稍强了一点，那就是地球前进而去的方向，它比地球背离的方向强了0.5%，由此计算出地球相对宇宙微波背景的运动速度是每秒600公里。

更精细的观测

“上帝的脸”——威尔金森号（WMAP）探测到的宇宙微波背景辐射

20世纪初，又有两个更精密的探测器发射升空，它们是威尔金森探测器（WMAP）和普朗克巡天者探测器，都运行在150万公里外的第二拉格朗日点上，探测器可以一直背向太阳、月亮和地球，完全指向深空，排除了太阳、地球和月亮的一切干扰。

WMAP的分辨本领比COBE高出33倍，它得到的图像被人们形容为“上帝的脸”；普朗克巡天者的灵敏度又比WMAP高了10倍。这些探测结果为大爆炸理论提供了新的支持，使早期宇宙研究进入了更为精确的时代。由于宇宙微波背景辐射的研究，约翰·马瑟和乔治·斯穆特获得了2006年诺贝尔物理学奖。

完美的黑体辐射特征

天文学家们相信微波背景来自宇宙大爆炸，还有一个最重要的原因，就是这个背景辐射具有完美的黑体辐射特征。

什么是黑体辐射呢？

物理学上有一个概念——绝对黑体，就是对能量能够100%吸收或发射的物体。理论家们认为，绝对黑体是物理学中的一个理想概念，如同光滑斜面、弹性小球、质点一样，实际上并不存在，即使孤立在太空的太阳也和绝对黑体相差很远。

但是，早期宇宙作为一个整体，是唯一可能存在的绝对黑体。因为在那里，全宇宙的物质都集中在一起，都处于同样的物理条件下，达到了高度的热平衡，而且没有任何“外部”的影响，所以，来自大爆炸早期的辐射必定和黑体辐射极为接近。

绝对黑体有一个很明显的特征，各个波长辐射的能量强度记录下来，是一条光滑的曲线；如果辐射曲线不光滑，就说明它不是绝对黑体。根据COBE卫星、威尔金森各向异性探测器、普朗克卫星的探测结果，宇宙微波背景辐射在各个波长的强度值完美地落在黑体辐射应有的光滑曲线上，这是大爆炸理论最硬的观测证据。当今依然有很多人反对宇宙膨胀和“大爆炸”理论，但宇宙背景的黑体辐射是其他理论根本无法解释的。

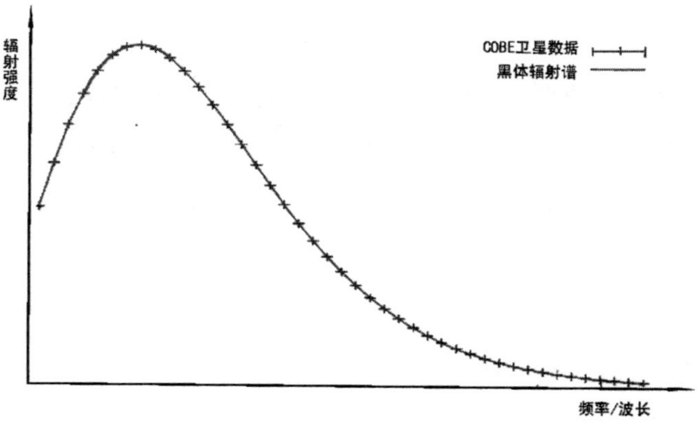

宇宙背景辐射在各个波长的强度值完美地落在了黑体辐射应有的光滑曲线上。

这个黑体辐射的峰值温度是2.725开，和大爆炸理论预言的宇宙背景温度相同，这就是宇宙大爆炸138亿年冷却下来后的余温——约-270℃。

宇宙有一个猛烈而高温的开端是相当可信的。它导致的结果是，今天的宇宙呈充满了大爆炸留下的微波辐射，恰如微波炉中的微波，不过它的烹调温度相当低，比-270℃还要低一点，这就是今天的宇宙背景温度。背景辐射在宇宙中无处不在，任何普通电视天线都能捕捉到。你将电视机从正常频道调走，就会看到屏幕上全是跳动的白点，听到咝咝的噪音，这些白点和噪音称为天电，其中大约有1%就来自宇宙微波背景辐射，它是大爆炸直接播送过来的，传递的是138亿年前创世之初的宇宙信息。

第 25 章　燃烧的群星

大爆炸制造的氢和氦形成恒星，恒星用核聚变的光芒照亮宇宙

“大爆炸”是宇宙创生之路的第一阶段，它为宇宙制造出来了氢原子和氦原子，接下来要进入第二个阶段，恒星接力“大爆炸”，为宇宙制造出更重的原子来。

恒星照亮太空

大爆炸制造的氢原子和氦原子弥漫在太空中，形成了一团团巨大的气体尘埃云。随着宇宙的膨胀和降温，38 万年时迸发出来的光子很快消散开去，宇宙暗淡下来，进入了一个黑暗时代。

大爆炸 5.5 亿年后，气体云团形成的星系中孕育出了第一批恒星，恒星的光芒驱散由氢原子和氦原子组成的迷雾，重新照亮宇宙太空；大爆炸 9 亿年后，黑暗时代彻底终结，宇宙再一次走向光明，在星系群星的照耀下熠熠生辉。

由氢和氦组成的气体云团散布于星系盘各处，成为一朵朵绚丽的弥漫星云，它们持续为星系孕育出新的恒星。直到今天，银河系每年还会诞生十来颗恒星，它们主要分布在银盘的旋臂里。早在 18 世纪，德国哲学家康德就率先提出恒星由星云演化而来；在现代，天文望远镜可以清晰地看到恒星形成的过程，尤其是红外望远镜，甚至可以深入到星云内部，一窥那些正在形成的恒星风采。

恒星在气体云团中诞生，它们形成后，又用强烈的恒星风把周围剩余的气

欧洲南方天文台拍摄到了金牛座HL恒星及其周围行星形成的惊人细节：恒星盘包围多个同心圆环，相互之间被边界清晰的环缝隔开，毫无疑问，这些同心圆环就是未来的行星。金牛座HL是一颗类似太阳的恒星，距离地球大约450光年，其年龄不到100万年。

恒星在气体云团中诞生，它们形成后，又用强烈的恒星风把周围剩余的气体吹散出去，使自己的光芒闪耀在太空。图为NGC3603星云刚刚诞生的一群年轻恒星，从星云中显露出来。

体吹散出去，使自己的光芒闪耀在太空。因为恒星是在星云中成团孕育的，因而新生成的恒星都位于星团之中，经过久远的年代，一些星团会散开来，形成一个个孤立的恒星。

描述恒星的两个主要特征

恒星看上去是密密麻麻的光点，似乎很难理出一个头绪，但天文学家们发现，只要两个特征，就能把恒星大致准确地描述出来。

一个是颜色。恒星的颜色从蓝、白，到黄、橙、红都有，为什么会有不同呢？因为它们的温度不同，如同蓝色火焰温度比红色火焰温度高一样，蓝白色恒星的温度也比橙红色恒星的温度高，因为恒星的颜色就是它们表面火焰的颜色。

1890年前后，哈佛大学天文学家根据恒星颜色及其光谱线差异，把恒星分成了7个主要类型，依次为O、B、A、F、G、K、M。其中O型和B型是蓝色，A型是白色，F型是黄白色，G型黄色，K型橙色，最冷的M型是红色，太阳是一颗黄色的G型星。

有人编了一句顺口溜来记忆它们：

Oh, Be A Fine Girl/Guy, Kiss Me.（啊，漂亮的姑娘/小伙，吻我吧。）

恒星的另一个特征是光度，也就是其真实亮度。夜空里的恒星看上去亮暗不同只是表面现象，因为距离各不相同。天文学家选定32.6光年（10秒差距）作为标准距离，一颗恒星在这个距离上显示的亮度就是它的真实亮度，称为绝对星等。恒星光度相差极大，最亮恒星比太阳亮百万倍以上，最暗弱恒星亮度不到太阳的百万分之一，但明亮的恒星数量极少，太阳的光度超过了95%的恒星。

赫罗图

天文学家们发现，对于多数恒星来说，其光度和温度存在着对应关系——温度越高的恒星，光度越大。如果以光度为纵坐标，以温度（颜色）

为横坐标做一个图，90%的恒星都会落在从左上到右下的一个序列上，天文学家把这序列称为主序，其上的恒星称为主序星。这个规律最早由丹麦天文学家赫次普龙和美国天文学家罗素发现，称为赫次普龙-罗素图，简称赫罗图。如同化学中的元素周期表，赫罗图把看起来毫无关系的恒星有机地联系起来。

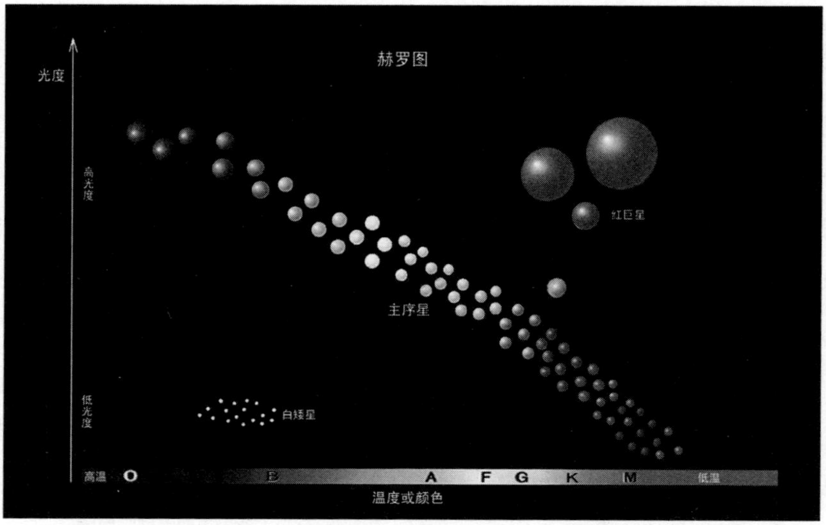

决定恒星的最关键因素

赫罗图主序里的恒星，从左上到右下，随着温度降低，亮度也变暗，表明它们有着共同的发光机制。这些恒星都是处于青壮年时期的恒星，它们通过核心的氢核聚变产生能量。

造成主序星温度和亮度巨大差异的关键因素只有一个——质量。一颗主序星质量越大，它内部压力就越大，核心温度就越高，氢核聚变速度也越快，燃烧得就更猛烈，因而更明亮。这样我们就知道，蓝色的O型和B型主序星比太阳的质量大，光度高；K型和M型主序星则比太阳的质量小，光度低。

相比体积的巨大差别，恒星质量差别范围小得多，质量最大的恒星，很少会超过太阳的150倍，质量太大很容易解体；质量最小的恒星只有太阳质量的8%，如果质量比这还小，它将永远不能点燃氢核聚变，因而不能成为一颗正常恒星。

质量还决定恒星的寿命。质量越大的恒星燃烧越猛烈，它们快速消耗完燃料而早早熄灭。质量是太阳4倍的轩辕十四只能燃烧1亿年，质量是太阳八分之一的比邻星，寿命则超过1万亿年。

在主序上，质量最大的恒星是最稀少的。最亮的主序星（光谱型O、B、A）不到银河系恒星总数的1%；数量最多的主序星是暗弱的M型星，就是红矮星，它们尽管又暗又冷又小，数量却超过银河系恒星的80%，大大超过所有其他类型恒星的总和。

综上所述，恒星的质量是决定其性质的最根本因素，对于主序星，也就是处于青壮年时期的恒星而言，其质量越大：

（1）它们的颜色越蓝；

（2）它们的温度越高；

（3）它们的亮度越大；

（4）它们的寿命越短；

（5）它们的数量越少。

红巨星与白矮星

全体恒星中，除了主序星外，还有少部分不在主序的星，它们组成了赫罗图的另两个小群。位于右上方的一群，温度低，颜色发红，光度很高，称为红巨星；左下方也有一群星，它们温度很高，颜色发白，光度却很低，称为白矮星，它们都是恒星演化的产物，是正常恒星熄灭后留下的残骸。

宇宙炼丹炉

恒星是宇宙的炼丹炉，它们把大爆炸创造的氢和氦聚变成更重的元素，并通过自身的演化，把重元素抛向太空，使宇宙的重元素渐渐丰富起来，为生命的诞生做好准备。这是大爆炸之后的第二次元素创造，是一场轰轰烈烈的天宫大炼金，无论过去、现在还是未来，都持续不断地上演着。

第 26 章　灰烬与钻石

恒星会锻造出钻石星球，质量是地球的好多万倍

从恒星到星云

2009 年，哈勃太空望远镜对准天蝎座尾巴附近的深空，拍下了一个编号为NGC 6302 的星云图像，它像一只色彩斑斓的蝴蝶，称为蝴蝶星云。这只太空巨蝶远在3800光年之外，翼展长达3光年——约30万亿公里。

蝴蝶星云是由一颗恒星蝶化而成。那是一颗质量和太阳相当的恒星，在青壮年时期，它燃烧核心的氢，把氢聚变成氦。当核心区的氢消耗完后，恒星就步入老年，核心开始了氦聚变为碳的反应，而外围原来没有参与聚变的氢这时候被点燃，也开始了聚变为氦的反应，恒星体积因为外围气体的燃烧而迅速膨胀，表面温度则因为体积膨胀而下降，于是恒星演变成一个又红又大的红巨星，体积最终达到太阳的10亿倍以上。大约5000年前，红巨星的外层气体逸散开来，成为漂亮的星云。由于恒星在旋转，气体在两极方向逸出的速度要快些，在赤道附近则低许多，于是在两极方向就生出了两个蝴蝶状的翼展结构。

恒星通过蝶化成星云，把自己锻造的重元素抛到太空，丰富了宇宙的重元素。蝴蝶星云翅膀边缘部分，充满了氮元素，其温度相对低一些；接近星云中央的白色区域，则聚集着大量的硫元素。

在浩瀚的银河系里，类似蝴蝶星云这样的气体云团还有很多，它们都是恒星晚期以相对平静的方式喷出气体形成的，这类星云被称为行星状星云，其实它们跟行星没有一点儿关系。18 世纪英国天文学家威廉·赫歇尔最早观测

蝴蝶星云NGC 6302，翅膀边缘部分充满了氮元素，接近星云中央的白色区域富含硫元素。

到这样的星云，他的望远镜看不到这些星云的细节，它们看起来就像行星那样有一个小小圆面，赫歇尔就给它们取名行星状星云，这名字一直沿用下来。在现代大型天文望远镜里，这些行星状星云呈现出绚丽的色彩和多姿的形态，有的似盛开的鲜花，有的如晶莹的宝石，尽情绽放着恒星最后的美丽。

绚丽的行星状星云只是昙花一现，它们以每秒10～30公里的速度向外扩散，几万年后就会完全散去，彻底融入到银河系的气体尘埃之中。

在星云的中央，往往会留下了一个小小残骸，那是一颗极为致密的白矮星。

白矮星的传说

行星状星云的灰烬消散在宇宙太空之后，星云中央那个小而致密的残骸显露出来，就是白矮星。关于白矮星的存在，很早就流传着一个神秘的传说。1930年，两位法国人类学家到非洲马里共和国考察，发现居住在马里南部山区的多冈人，竟然知道有关天狼星的很多秘密。

同许多非洲部落一样，多冈人崇拜并祭祀天狼星，不仅是因为天狼星很明亮，而且他们有一个世代相传的说法：天狼星是由一颗大星和一颗小星组成的，人的眼睛看不见小星，它围绕大星运动，50年转一圈；他们还说，天狼星小星是天空中最小最重的星。尽管多冈人肉眼看不见这颗暗淡的伴星，老人们却能用手杖在地面上划出这两颗星的运行路线和各种图形。

多冈人还说，他们祖辈关于天狼星小星的知识，是一位名叫“偌默”的神传授的。多冈人还保存着一张画，上面清楚地画着，他们信仰的“神”乘坐一艘拖着火焰的大船从天而降，来到他们的部落。

多冈人所说的天狼星小伴星，是19世纪中期以后，才慢慢被天文学家们发现的。1844年，德国天文学家贝塞尔注意到天狼星的运动比较奇怪，它不像一般恒星那样沿直线均匀移动，而是波浪般起伏。贝塞尔由此断言，天狼星是一个双星系统，它有一个看不见的伴星，波浪般起伏的路线是双星互相绕转的结果。贝塞尔的望远镜太小，看不到那颗恒星，1862年，美国天文学家克拉克终于在大望远镜里找到了这颗伴星。人们把原来的天狼星称为天狼星A，天狼星的伴星称为天狼星B，两星互相绕转的周期正是50年。

超级致密的星星

1915年，威尔逊山天文台的亚当斯测得天狼B的表面温度是25000度，远远高于太阳表面的6000度。可是，它又很暗弱，亮度只有天狼A的万分之一，这说明它的发光面很小，体积很小。经过多次测量，人们发现，天狼星B的大小很接近地球，这在恒星当中是非常小的，要知道太阳体积是地球的130万倍。天狼星B的质量很小吗？根据它和天狼星A的引力作用，天文学家们计算出它的质量一点也不轻，和太阳差不多，有三十多万个地球那么重。

很明显，天狼星B拥有惊人的密度——像一截粉笔头那么大一块白矮星物质，质量就有1吨多，密度是水的一百多万倍！这实在是一个让人惊讶又困惑的星体，爱丁顿在1927年写道：

我们透过星光之中的讯息来学习与了解星星。当我们解读了天狼星伴星传来的光讯息之后，我们得到以下的解释：组成这种星体的密度，比你见过的任何材料密度都要高3000倍；光是一块小到可以放进火柴盒里的这种星体物质，它的重量就可以超过一吨。看到此讯息我们能做何回应？在1914年，我们通常只会有一种回应——闭嘴，别尽说些荒唐话。

恒星的熄灭与坍缩

1920年代，量子力学发展起来以后，人们才渐渐明白了白矮星的奥秘。

恒星虽然体积庞大，其实内部相当空虚，因为它的质量都集中在一个很小的核心上，比如太阳的核心有一个日核，体积约为太阳的百分之一，却拥有太阳一半的质量。当恒星膨胀成红巨星，继而成为行星状星云消散以后，它的小小核心还保留了原来恒星的大部分质量。

这个小小的核心，密度是非常大的，因而内部压力也非常大。在恒星正常燃烧的时候，核心产生的热量能够抵御万有引力的挤压，星体可以维持在正常状态，但当恒星的核反应熄灭之后，问题就来了。

恒星那个小小的核心虽然很致密，其实依然是很空虚的。它也由原子核和电子组成，绝大部分质量都集中在原子核里，核外电子只占原子核质量的1836分之一，但它们占据的空间却比原子核大了万亿倍，因此原子核外围的空间非常空旷，电子如幽灵般在空荡荡的区域里出没。

当核反应熄灭，星核温度降低，内部向外膨胀的压力减小，万有引力就占了上风，电子的空间被极大压缩，星体的密度就迅速增大，星体就开始收缩下去，一直收缩到原来体积的万分之一左右。这时候，一个自然法则就开始起作用，阻挡星体继续收缩。

电子在原子核外的运动轨道就像一个个“房间”，每个“房间”最多只能容纳两个电子，这两个电子还必须自旋方向相反。泡利发现的“不相容原理”表明，无论电子多么拥挤，任何已被两个电子占据的“房间”都不能挤进第三个电子，通俗地说，泡利不相容原理拒绝电子“第三者”插足。

通常情况下，这种危险并不存在，因为原子核外很空旷，电子“房间”大多是空的。当恒星熄灭，万有引力开始肆虐，星核体积被压缩到万分之一的时候，电子被驱赶到内部很小的空间里，挤满内层每一个电子房间。这时候，面对强大万有引力的继续挤压，一对对电子情不自禁地高速战栗，甚至接近光速，这产生了极大的电子简并的力量，阻止了第三者的入侵，也阻止了星体继续塌缩，白矮星由此形成。

白矮星是强大万有引力和电子简并力的平衡。假如把1立方厘米的白矮星物质瞬间转移到地球表面，失去万有引力的压缩，这些被极度压缩的物质就会瞬间膨胀几亿倍，发出耀眼的光芒和强烈的辐射，类似一个小型原子弹爆炸。

电子简并虽然能够产生极大的抵抗压力，但这时候它们几乎已经用尽了力量的极限。如果这时候白矮星的质量继续增加，电子还能支撑住吗？会最终妥协以至于让“第三者”插足吗？年轻的钱德拉塞卡对这个问题着了谜。

钱德拉塞卡极限

1930年，19岁的钱德拉塞卡在印度完成了大学课程，被剑桥大学录取为研究生。7月，钱德拉塞卡登上了大英帝国的轮船，驶向福勒和爱丁顿的家乡，大海的单调使钱德拉塞卡安静地思考，奇异的天狼星B使他着迷。

钱德拉塞卡的头脑里浮现着白矮星的种种疑问。白矮星由于密度很大，电子已经被挤压到很小的房间格子里，其运动速度已经接近光速，如果此时白矮星的质量再大一些，万有引力就会再强一些，星体就会被再压缩一点，电子的速度就会更快。

钱德拉塞卡认识到，假如电子接近光速运动，那么它的速度是没有办法增得更高的，否则就将超过光速了，这意味着白矮星的质量不能太大，它必然有一个上限，超过这个上限，电子的简并压力也不能支撑起星体，同时电子也不会苟同“第三者”插足，那是自然的法则，不能违背。这样，白矮星必然要崩溃并继续坍缩下去。在轮船上的最后几天，钱德拉塞卡计算出，白矮星的质量不能超过1.44倍太阳质量。

钱德拉塞卡有关白矮星质量上限的文章几经周折，才得以在美国的《天体物理学》杂志上发表，那已经是一年之后了。天文界对论文没什么反应，似乎没有人感兴趣，实际上没有多少人能理解。钱德拉塞卡为了完成博士学位，只好转到别的更容易被接受的研究上去。

1934年，钱德拉塞卡完成了博士学位的学习，转回来对白矮星进行了更细致的研究。他研究了各种不同的白矮星，结果发现它们都有1.44倍太阳质量的上限。钱德拉塞卡感到无比幸福和自豪，他获得了向英国皇家天文学会报告自己成果的机会，时间是在1935年1月11日。

钱德拉塞卡怀着激动的心情，报告了自己的发现，特别强调了白矮星1.44倍太阳质量的上限。虽然自我感觉完美，但心中依然忐忑，等待着权威的裁决。

权威是爱丁顿，那时代当之无愧的白矮星专家，在白矮星没有被证实之前最早接受了它的存在，并且在1924年根据广义相对论预言天狼B的光线会产生引力红移，1925年被观测证实。但爱丁顿的表现让人惊诧，他不仅对报告表示强烈反对，还当众撕毁了钱德拉塞卡的论文，钱德拉塞卡瞬间感到透心凉。

那时候，爱丁顿是英国天文界的伟人，来自全世界的天文学家们，都满怀敬意地听他讲话。显然，如果爱丁顿认为钱德拉塞卡错了，那么钱德拉塞卡一定错了。会后，科学家们一个个走到呆若木鸡的钱德拉塞卡跟前安慰他，其中一人对钱德拉塞卡说：“我知道爱丁顿是对的，尽管不知道为什么。”

是啊，白矮星本身已经太不可思议了，科学界还没有理解好它，对于钱德拉塞卡的质量上限确实需要时间慢慢消化。保守的英国科学界接受不了钱德拉塞卡，他只好来到美国。在那里，他的才能得以发挥，还兼任《天体物理学》

杂志主编长达20年之久，使该杂志成为世界上最权威的专业期刊之一。

多年以后，科学界不但接受了白矮星的质量上限，还接受了更加奇异的中子星、黑洞的存在。1983年10月19日，钱德拉塞卡获得了诺贝尔物理学奖，这一天正是他73岁生日。“1.44”这个数字成为诺贝尔奖历史上最简单的获奖数字，钱德拉塞卡在颁奖仪式上发表演说，最后一句便是“简单是真理的标志，美是真理的光辉”。

钻石星球

由于没有热核反应来提供新能量，白矮星会渐渐冷却下来，冷却过程非常缓慢，往往需要数十亿年时间。随着温度降低，组成白矮星的碳原子核运动速度也越来越慢，最后被固定在一个个晶格之中，结成一个巨大的晶体，一颗无比硕大的钻石。

2005年情人节前夕，一个国际联合小组经过8年多的观测研究，宣布发现半人马座中一颗暗淡的白矮星BPM37093，核心确已结晶，形成了一个直径3000公里的钻石内核，质量是2270亿亿亿吨，相当于38万个地球重，换算成人类计量钻石的单位，就是10,000,000,000,000,000,000,000,000,000,000,000克拉。作为对比，镶嵌在英皇王冠的价值连城的“库里南2号”钻石，重达317.4克拉。

在银河系里，目前大约有10%的恒星是白矮星。最终，我们的宇宙会遍布钻石星球。

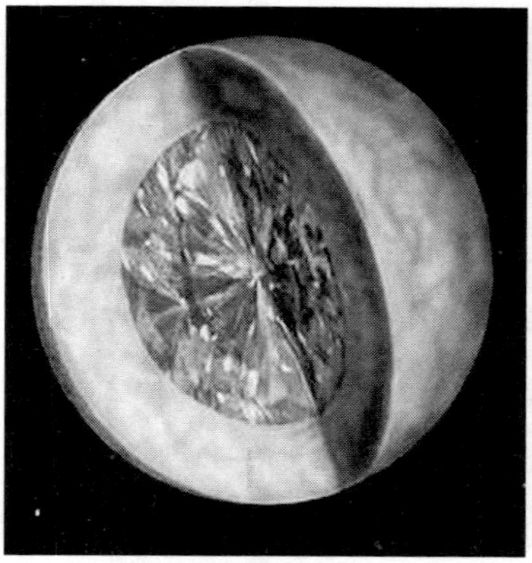

重达几十万个地球的钻石星球遍布宇宙

价值连城的大英帝国王冠上的钻石

第 27 章　超级爆发

我们身体中的大多数元素，由超新星爆发制造出来

辉煌的缔造者

一个像银河系这样的星系有几千亿颗恒星，然而使星系显得辉煌灿烂的，只是其中极少一部分大质量恒星，尤其是明亮的蓝色、蓝白色超巨星，这些恒星占的比例不到总数的1%，但如果没有它们，星系将黯然失色。大质量恒星的作用当然不仅仅是照亮星系，在创造重元素的过程中更是居功至伟，它们效率极高，用的时间短得多，生产的元素品种却多得多。

太阳其实也是恒星中的佼佼者，它的质量超过了银河系90%的恒星，可是在天文学家眼里，它只能算是一颗普通恒星。恒星质量大小是按核反应的级别划分的，像太阳这样的恒星，甚至再大一些的恒星，中央聚变反应能够一直平稳地进行下去，直到核心成为一个以碳为主的核。恒星演化到末期，先是膨胀为一颗红色的巨星，然后再把外围的气体推开去，成为一个行星状星云，最后星云消散开去，碳核显露出来，成为一颗白矮星。这样恒星的一生，虽然也算辉煌，却相对平静，甚至有些平淡无奇。与之相比，极少数大质量恒星的一生可谓是惊天动地。

猛烈的核聚变

初始质量超过8.5倍太阳的恒星才是真正的大质量恒星，它们是恒星中的巨鲸，其燃烧过程极为惊心动魄。核聚变同样是从核心区的氢元素开始，由于

核燃料充足，燃烧得极为猛烈，发出蓝色或者蓝白色的火焰。

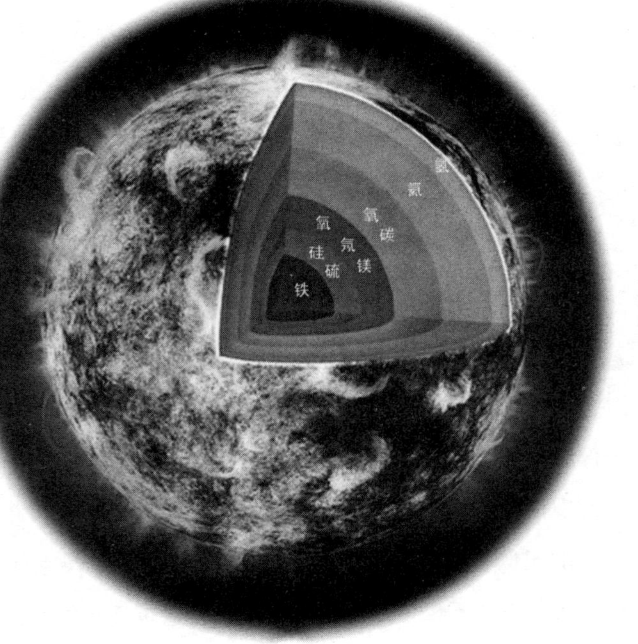

由于总质量很大，核心温度足够高，核聚变反应可以一直推进下去，先是氢聚变成氦，紧接着是氦聚变成碳，然后是碳聚变成氧……同时，核聚变逐渐向外层推进，在多个层次同时进行。此时的恒星就像一个洋葱：氢在最外层燃烧，氦在较深一层燃烧，碳在更深一层燃烧，氖又在更深一层燃烧，氧又在更深一层燃烧，最后是硅和硫在恒星核心中燃烧。核聚变的炉火越烧越旺，越烧越快，恒星成为宇宙太空极为明亮的超级巨星。

恒星的质量越大，核反应推进得越快，寿命就越短。一颗质量为太阳25倍的恒星，氢燃烧持续的时间是700万年，氦燃烧的时间是50万年，碳燃烧的时间是600年，氧燃烧是1个月，硅燃烧只能持续1天，然后末日来临。

最后的瞬间

恒星核心聚变出的最终元素是原子量为56的铁和镍，这时候热核反应达到了极致，核心温度达到40亿度。铁和镍不能往下聚变了，它们的聚变不能产生热量，反而会吸收热量，于是核聚变戛然而止。

在核心的极高温度下，光子以很高的能量穿入铁镍原子核中，使恒星辛苦一生锻造的铁镍原子核瞬间碎裂为质子和中子，带正电的质子又被电子高速碰撞并结合在一起变成中子，恒星核心最终变成了一个巨大的中子核。

这过程会释放出大量的中微子。中微子是一种很微小而不带电的中性粒子，穿透力极强，能够以接近光的速度轻松从恒星核心逃逸出去。中微子的逃逸带走了大量能量，使得内部压力骤然降低，星核迅速塌缩，这称为暴缩。同时，外层物质以超过每秒4万公里的速度塌缩下来，猛烈撞击中子核并极速反弹，与正在下落的物质猛烈碰撞，形成强大的冲击波，一瞬间，恒星被炸成齑粉，能量的狂飙扫过天宇，成为无比壮烈无比辉煌的超新星，这是Ⅱ型超新星爆发。

Ⅱ型超新星与氧等元素的制造

Ⅱ型超新星爆发时，由铁构成的星体较里边部分变成中子星或黑洞，所以这部分物质永远不能进入星际空间。但是，恒星包层里比铁轻的多种元素则能自由进入太空，尤其是包层中有大量的氧，因此，一个大质量恒星爆发能够生产出大量的氧。由于恒星核心聚变产生的铁镍核最后都碎裂为中子，因此这种超新星爆发只能制造出少量的铁，还是在爆发过程中制造的。

1987年大麦哲伦星系爆发的超新星，给这个星系提供了大约1.6个太阳质量（53万个地球质量）的氧和仅仅0.075个太阳质量（2.5万个地球质量）的铁。

由于大质量恒星只能存活几百万年，所以在大爆炸约5亿年后，宇宙开始诞生第一批恒星之时，几乎立即就爆发了大量这类超新星，它们迅速把氧元素布散到星系中。因此，即使再古老的恒星，也有很高的氧含量，天文学家找不到只含有氢和氦两种大爆炸元素的原初恒星。

氧能迅速进入星系，这一点在1992年得到生动的证明。这一年，天文学家观测了猎户座星云中的新生恒星。这些星的年龄差别只有800万岁，但最年轻恒星的氧比最年老恒星多40%，说明仅仅800万年的时间内，就有大量超新星爆发，给猎户座星云制造了大量的氧。

大质量恒星的核聚变到铁为止，但比铁重的元素还有几十种，它们大多是在超新星爆发的短暂瞬间制造出来的。超新星爆发时，核心有中子流快速辐射出来，轰击星球外围的原子核，使得原子核聚变增大，轰击持续进行，聚变就会在极短时间内一直推进到底，于是造就了金、银、铂等各种各样的重元素。

Ia型超新星与铁等元素的制造

铁在宇宙中含量很丰富，Ⅱ型超新星却只能生产出少量的铁，大多数铁原子来自另一类被称为Ia型的超新星，就是白矮星质量超过钱德拉塞卡极限时的大爆发。

Ⅰa型超新星爆发模型

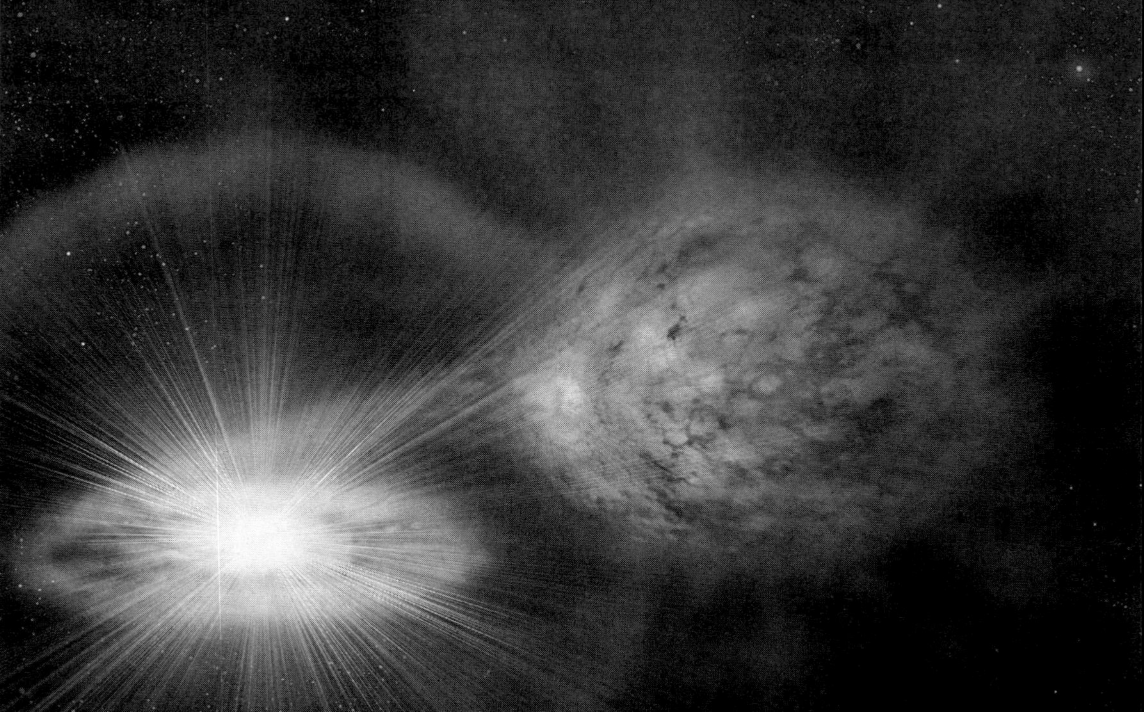

白矮星的质量上限是1.44倍太阳。观测到的白矮星很多，平均质量仅0.55～0.60倍太阳质量，远低于极限。但如果一颗白矮星绕另一颗恒星运动，二者形成密近双星，白矮星的引力就能从后者身上抓取物质，使自身质量增加，最终逼近钱德拉塞卡极限，引发碳元素的失控核聚变，形成Ia型超新星。

白矮星失控核反应的最后产品是铁，这些铁原子可以自由进入星系，残存的星骸没有能力抓住它们。一颗Ia型超新星可以生产出大约0.6倍太阳质量的铁，这对于只有1.44太阳质量的恒星来说极为可观，相当于为太空造就了一个20万个地球重的铁矿。爆发也释放了白矮星中的一部分氧，数量仅约4万多个地球重。

历史上的著名超新星

像银河系这样庞大的星系，大约一个世纪会爆发一次超新星，人类历史上记载下来的有6颗，其中有3次是Ia型超新星。

超新星1006

公元1006年5月1日，位于半人马座旁边的豺狼座方向爆发一颗超新星，这是有史以来人们记录到的视亮度最高的超新星。豺狼座在南半球，从北半球中纬度地区看去，超新星出现在南方很低的天空，每晚出现的时间只有四五个小时，但其奇异的亮度还是引起了全世界关注的目光，它的光芒超过了全天最亮星——金星。法国一个修道院的僧侣这样写道：“在南方天空隐秘的边界，它看起来似乎一成不变地存在了3个月，超越了天空中能看见的所有星。”

宋朝天文官周克明，为此从广东回到开封，在5月30日向宋神宗报告这颗黄色明亮大星。占星书上记载有一种祥瑞的“周伯星”，“其色金黄，其光煌煌”，“所见之国，太平而昌”，出现在豺狼座的这颗新星符合周伯星的所有特点。周克明奏报说，这颗明亮的新星会给国家带来吉祥好运，群臣也都随声附和，然而大臣张知白却对皇帝说，国家的运气和周伯星的出现没有什么关系，国君修养德行顺应天意才是要旨。宋神宗认为张知白忠诚正直，升任他为右司谏。

SN1006超新星被认为是一颗Ia型超新星。它形成的气体云遗迹距离地球7200光年，尺度已达60光年，目前仍以每小时约1千万公里的速度四散膨胀着。

超新星1572

1572年11月11日，仙后座爆发了一颗超新星，第谷详尽地把它记录下来：

晚饭前……当我边走边注意天空的时候……我突然直接看到了头顶上的一颗星，它一闪而过的光芒刺激了我的眼睛。出于惊奇或者麻木，我呆呆地站在那儿，让我的眼睛凝视那里很长一段时间，注意到这颗星靠近古老的仙后座。当我满意地告诉自己之前没有人看到这样的星星的时候，我开始被这难以置信的事实迷惑，我开始怀疑自己的眼睛。我转向陪同我的佣人，我问他们是否也看到了这颗星……他们马上异口同声地说他们完全看到了它，而且它很亮……我仍然对这件事的传奇性感到迷惑，我询问了一些恰巧乘着马车通过这里的人是否也看到了这颗星。事实上他们都大声地说他们看到了那颗巨大的星星，之前没有人注意到它。

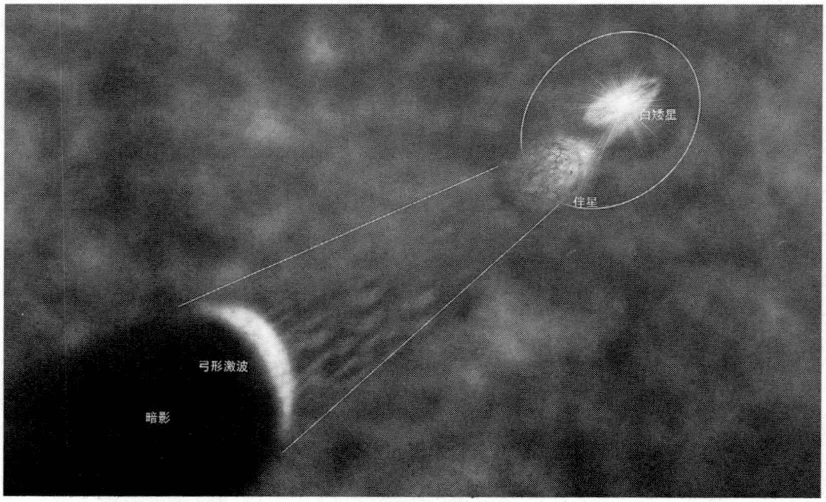

第谷超新星也被认为是一颗Ia型超新星，其遗迹距离地球12000光年。

天文学家们在遗迹中心附近发现了一颗极高速度运行的恒星，它就是当初围绕那个白矮星运行的伴星。当时这两颗恒星相距只有日地距离的1/15，如此距离的超新星爆发，只是剥离了伴星身上的一小部分物质，这说明恒星本身是相当顽强的，不会轻易被毁灭，不过它因为受到了巨大的冲击力，运行速度大大加快。

第谷超新星遗迹中存在一个弓形激波，它是超新星爆发的强大冲击力剥离其伴星物质形成的。激波后面还有一个暗区，这是超新星冲击波爆发而来时，由于星体阻挡而形成的屏障区。上面这张图模拟了超新星爆发和弓形激波的形成原理，弓形激波证明了Ia型超新星模型的可信度。

超新星1604

1604年10月9日，蛇夫座方向爆发了一颗超新星。开普勒对它进行了详细观察，直到该超新星1606年彻底消失。开普勒还写了一本名为《蛇夫座尸部的新星》的书，巨细无遗地记录此事，这颗超新星因此又称为开普勒超新星。

开普勒超新星的遗迹距地球约13000光年。天文学家在整个电磁波段探测了这个不断扩张的超新星遗迹，确信该超新星也是一颗Ia型超新星，因为在超新星遗迹里发现了大量铁元素，符合Ia型超新星理论模型的预言。

开普勒超新星是人类肉眼看到的时间上最近的一颗银河系超新星，从那时起直到现在，银河系再也没有记录到肉眼可见的超新星。按照概率，下一颗银河系超新星随时有可能出现在天空。

现代人亲眼目睹的超新星

1987年2月23日夜，加拿大天文学家谢尔顿正在智利安第斯山上的拉斯坎珀纳斯天文台工作，他的智利籍夜间助手在户外走了一会儿，漫不经心地瞭望黑暗的夜空。由于熟悉星空，他很快注意到一件不寻常的事：在大麦哲伦云边上出现了一颗星，大约相当于北极星的亮度。这让他大为惊讶，因为那个位置本没有星星！他很快意识到，那是一颗刚刚爆发的超新星！消息闪电般传遍整个世界，这是现代人肉眼看到的第一颗超新星，也是自1604开普勒超新星以来第一颗肉眼可见的超新星，但它不在银河系内，而是在邻近的大麦哲伦星

目视发现超新星之后几个小时，澳大利亚天文学家已经在大麦哲伦云的上百亿颗恒星中证认出哪一颗恒星发生了爆发，那是一颗蓝色超巨星，质量约是太阳的20倍，光度相当于10万个太阳。

超新星1987A遗迹有着奇异的环状结构：两个大而暗淡的外环，一个明亮的内环，它们都是爆发之前的恒星形成的。虽然超新星早已变暗，但气体内环却越来越明亮，如同一串灿烂夺目的钻石项链。这是因为超新星的激波撞击到了内环，激发气体发光所致。未来激波将穿越内环，抵达外环，那时候外环也将渐渐明亮起来。

凤凰涅槃，死而新生。一颗大质量恒星的死亡形成了光耀寰宇的超级爆发，大大地丰富了宇宙的重元素，为宇宙生命的诞生奠定了基础。除此之外，它们通常会还制造出宇宙中最为奇异而不可思议的天体——中子星或者黑洞。

第28章　大同之星

消除了元素差异的这种星球，密度竟达1立方厘米1亿吨

“小绿人”的呼唤

1967年8月的一天，英国剑桥大学24岁的女博士研究生贝尔忽然发现，半夜时分，狐狸座方向传来了非常规则的射电信号——脉冲信号。这信号是谁发出的呢？当时英国正流行一本有关外星人的科幻小说，其中描写的外星人身材矮小，皮肤是绿色的——可以直接进行光合作用，这些小绿人科技发达，能够进行无线电通讯。狐狸座方向传来的规则射电信号，会不会和小绿人有关呢？贝尔和她的导师就把那个脉冲命名为小绿人1号，贝尔还幽默地写道：“我在这儿搞一项新技术来拿博士学位，可一帮傻乎乎的小绿人却选择了我的天线和我的频率来和我通信。”

贝尔发现的脉冲信号究竟是怎么回事呢？

1960年代的时候，射电天文学发展起来，天文学家们利用雷达技术接收天空中的射电波，尤其是一种看起来类似恒星的射电发射源——类星体，很快成为射电天文学研究的热门。英国剑桥大学的休依什设计了一个射电望远镜阵研究类星体，这个射电望远镜阵列占地面积30亩，看起来很简陋，就像一排排晾衣架，由2084个单元组成，摆成一个长方形矩阵。

由于经费限制，休伊什不得不在记录仪器部分节省，没有使用那时还极为昂贵的计算机，而是采用老式的纸带记录射电信号。这样，每天观测下来的纸带长达30米，分析处理资料的任务关键而且艰巨，这任务就落到了贝尔身上。

真是无心插柳柳成荫。休伊什的射电望远镜阵列1967年7月投入使用，

到8月就有了发现，并不是原计划研究的类星体，而是令人奇怪的规则脉冲信号。这个射电讯号非常有规律，每隔1.337秒跳动一次。无疑，它来自一个会发射脉冲信号的星体——脉冲星，一种全新的奇异星球。

脉冲星的发现是一个重大事件，它为天文学打开了一个崭新领域。1974年，瑞典诺贝尔奖评审委员会把当年物理学奖授予休依什，研究生贝尔与诺奖无缘，包括霍伊尔在内的不少人提出了抗议，后来人们在提到脉冲星的发现时总忘不了她的功劳。

贝尔在大学期间喜欢上了天文，立志做一名天文学家。大学毕业她首先申请到英国著名的射电天文台焦德雷尔班克去工作，天文台的工作人员却把她的申请书弄丢了，贝尔只好改去剑桥大学攻读研究生。分析射电望远镜接收到的射电信号是非常枯燥乏味的工作，没有献身科学的精神和兢兢业业的态度是绝对不会成功的。事实上，在贝尔发现脉冲信号的同时，她原来申请想去的焦德雷尔班克天文台也接收到了这信号，可惜无人理会那些数据。

脉冲星的信号很独特，它们有两个明显的共同特点：

一是脉冲周期非常准确。就拿贝尔发现的第一颗脉冲星来说，周期是1.33730119227秒，准确到小数点后面11位，也就是千亿分之一秒。所有脉冲星周期都这样准确，有的甚至精确到百万亿分之一秒。

二是脉冲周期都很短，一般只有1秒左右，最长的也不过几秒。1968年11月9日，两位美国天文学家利用阿雷西博305米射电望远镜，对准金牛座金牛尖附近的蟹状星云，探测到蟹状星云里隐藏着一颗脉冲星，周期是0.03309756505419秒，即1秒钟变化30个周期。1982年9月，希纳·库卡尼利用阿雷西博305米射电望远镜，发现了一颗周期为1.56毫秒的脉冲星，1秒钟变化641个周期。

这些脉冲星信号，其实是来自快速旋转的中子星，它们是超新星爆发形成的一种极为特殊的星体。

中子星的形成

我们来回忆一下大质量恒星核聚变的最后时光。

大质量恒星的核聚变到铁为止，这时其核心温度达到40亿度；光子在这温度下能量极高，它们快速穿入铁原子核，使恒星花费数百万年一步步合成来的铁原子核瞬间碎裂回中子，恒星核心也瞬间变成了一个由中子组成的球。

中子核的温度高达千亿度，是太阳核心温度的6000倍以上，这么高的热量需要释放出来，星体才能稳定。恰好，生成中子的过程产生了大量中微子，它们凭借极强的穿透力迅速逃逸中子核，形成持续约10秒的中微子暴，带走了中子核大部分能量。紧接着超新星爆发，把外围的物质快速抛出，中子核显露出来——一颗小而致密的中子星。

在白矮星里，电子被压缩到极小的范围，它们以极高速运动产生的简并力抵御万有引力的强大压力。到了中子星，电子被彻底压进了原子核，一个个挨在一起的中子简并力量抗衡着万有引力。中子挨在一起的密度就是原子核的密度，它比白矮星的密度差不多大了一亿倍，每立方厘米重达上亿吨！一个比太阳还重的中子星，直径只有十来公里，这是宇宙中最小的一类恒星。

假如把一立方厘米的中子星物质拿到地球上，它的重量需要1万艘万吨轮船来承载。不过，这样一块中子星物质永远也到不了地球，因为维持中子星的超高密度需要极大压力——只有在中子星上才能存在中子星物质，只有在白矮星上才能存在白矮星物质。假如瞬间把一立方厘米的中子星物质转移到地球上，它将迅速爆炸开来，释放的能量相当于爆炸10亿颗氢原子弹，地球也就瞬间毁灭。

白矮星和中子星都是恒星演化出的奇异星体。白矮星虽然密度大，组成它的原子核还各自保留着原来的面貌，碳还是碳，氧还是氧，金还是金，银还是银，只是密度更大而已。到了中子星，组成星体的原子核已不复存在，都变成了没有差别的中子。如果把白矮星比作一个虽然很富裕但依然有贫富差别的小康社会的话，中子星就是一个实实在在的大同社会，一个基本消灭了元素差别的大同之星。

白矮星的概念刚出现的时候，它那每立方厘米一吨的密度就让人们感到荒唐不已，中子星这样玄之又玄的概念，在20世纪30年代出现的时候，天文界没有多少人信以为真。贝尔无意中接收到神秘“小绿人”的脉冲信号，最终证实了中子星的存在。

脉冲信号与中子星

凭什么断定这些脉冲信号来自中子星呢?

脉冲信号实质就是星光强度周期性变化，脉冲星的信号特点是周期极其稳定，脉冲频率很快。分析起来有三种情形可以导致星光强度周期变化:

第一，双星系统的绕转，如果一颗星周期性地遮挡另一颗星，它们的辐射就会呈现周期性变化。很明显，双星绕转的周期不可能达到几秒钟，所以脉冲信号不可能来自绕转的双星。

第二，星体自身脉动，恒星一会儿膨胀，一会儿收缩，从而导致其亮度周期性变化，比如造父变星。同样，星体脉动周期也不可能太快，最快也要几个小时。所以，脉冲信号不可能来自脉动变星。

第三，星体自转，如果星体表面亮度不均匀，比如某个地方更亮一些，星体自转就会导致其亮度呈现周期性变化。

天体都在旋转，但极快速的旋转可不是一般天体能做到的。比如地球，旋转一周近24小时，如果它几秒钟转一周，就会立即碎裂开来。一个星球旋转的速度越快，这个星球就必须越致密。在已知恒星中，白矮星算是极为致密的，每立方厘米重达1吨以上，即便如此，它的自转周期最快只能达1秒，短于1秒也要碎裂。蟹状星云里的脉冲星，1秒钟能够旋转33圈；一些毫秒级的脉冲星，一秒钟能够旋转好几百圈。

算来算去，只有更致密的中子星才能如此快速旋转，几十万倍于地球质量的中子星，直径只有十来公里，体积是地球的1/10亿，太致密了。基于此，天文学家们相信，脉冲星不是别的，就是快速旋转的中子星。

中子星为什么能够旋转那么快呢?

所有天体都在旋转，中子星的前身星也不例外。旋转的物体角动量要守恒，旋转物体的半径变小，转速就会加快，就像花样滑冰运动员在做旋转动作时，如果突然蜷缩起身体，转速就必然加快。恒星形成中子星，半径急剧压缩，自转速度必然相应加快，就有了极高的旋转速度。

灯塔模型与脉冲信号

一个快速旋转的中子星，辐射的信号为什么成了一个个的脉冲呢？天文学家们用灯塔模型来解释。我们知道，地球有一个自转轴，还有一个磁轴，它的自转轴和磁轴并不完全重合，中子星也有一个磁轴和自转轴，也不是重合的。

中子星有非常强大的磁场，它来自原来恒星的磁场，强度则随着星体缩小而增强了万亿倍。中子星在高速旋转时，能量集中从磁轴两极辐射出来，形成了两个射束，就像灯塔一样。中子星每旋转一圈，就会有一束辐射扫过太空。如果射束恰好扫过地球，地球上就可以接收到它的脉冲信号；如果射束角度不合适，扫不到地球上，地球人就接收不到它的脉冲信号了。

从天关客星到蟹状星云脉冲星

超新星爆发形成中子星，历史上有一个完整的观测链，可以确认这一点。

时间回溯到公元1054年7月4日，凌晨4点钟左右，金牛星座从东方升起，长长的牛角斜插向东北地平线，牛角尖是一颗叫天关的星。宋代的皇家天文学家惊讶地发现，天关星附近，出现了一颗明亮的新星，芒角四出，颜色白中泛红（上图）。

是太白金星升起来了吗？不会，这一段时间金星出现在傍晚的西方天空。

司天监们对星空太熟悉了，这不是他们所知的任何一颗星，那是星空里新来的客人——客星。这是一个极其重大的天象，司天监们忠实地记载下来：

“至和元年五月，晨出东方，守天关，昼见如太白，芒角四出，色赤白，凡见二十三日。”（《宋会要》）

客星最后从夜空里消失的日期是1056年4月6日，它在星空里出现了643天，宋代的天文官员们完全不明白宇宙太空里发生了什么样的事情。

1758年，法国天文学家梅西耶通过望远镜在金牛座的牛角尖（天关星）附近，发现了一个小小的云雾状白斑，他把这个星云记载下来，这就是M1。

1845年，英国天文学家罗斯伯爵花费10年艰辛劳动和3万英镑巨资，建成了一架口径1.8米的反射望远镜，并连续多年对M1进行观测，还给它取名“蟹状星云”。

1920年代，哈勃发现星空里的这只螃蟹正在长大。根据其膨胀速度可以推断出蟹状星云应该来自于900年前的一次超新星爆发——1054年天关客星。

蟹状星云的距离是6500光年，也就是说，超新星实际上爆发于7400多年前，那时的地球生命对这一震彻寰宇的恒星爆炸不会有任何觉察。超新星的光芒长途跋涉了6500光年的空间，这期间地球上经历了沧海桑田的变化，从原始的洪荒变成了清明上河的繁华，超新星的光芒才出现在宋代人的眼里。

天关客星爆发形成的中子星，1秒钟旋转30圈，发出周期为0.03309756505419秒的脉冲信号，这信号虽然也在1054年到达地球，但地球人根本毫无察觉，直到1968年11月9日才首次被阿雷西博305米射电望远镜接收到。到了21世纪初，隐藏在星云中央的脉冲星的神秘魅影，最终在哈勃太空望远镜的视场里呈现出来。

2016年7月，NASA发布哈勃太空望远镜拍摄一张蟹状星云中心的照片，涟漪的中央就是那颗每秒旋转30圈的中子星，那是蟹状星云急速跳动的心脏。在它的推动下，蟹状星云发出了10万倍于太阳的辐射（下页图）。

从1054年天关客星到蟹状星云，再到它中央的脉冲星，超新星爆发及其结局有了一个完美的样品，大质量恒星的演化图景，清晰而可信。

中子星是靠中子一个个挨在一起的简并力量与强大的万有引力抗衡，形成了不可思议的极大密度。如果中子继续增大质量，中子的简并力量也难以支撑星体重量，万有引力将成为最终的胜利者，中子星将会在瞬间坍缩，形成一个更为神奇的天体——黑洞。

第 29 章　空无之境

看似不停吞噬，其实里面空空如也

恒星的三种结局

现代天体物理学的理论模拟表明，恒星演化的最后归宿，除了有某些超新星彻底炸为齑粉完全化为一片星云之外，其余的只有三种情况：

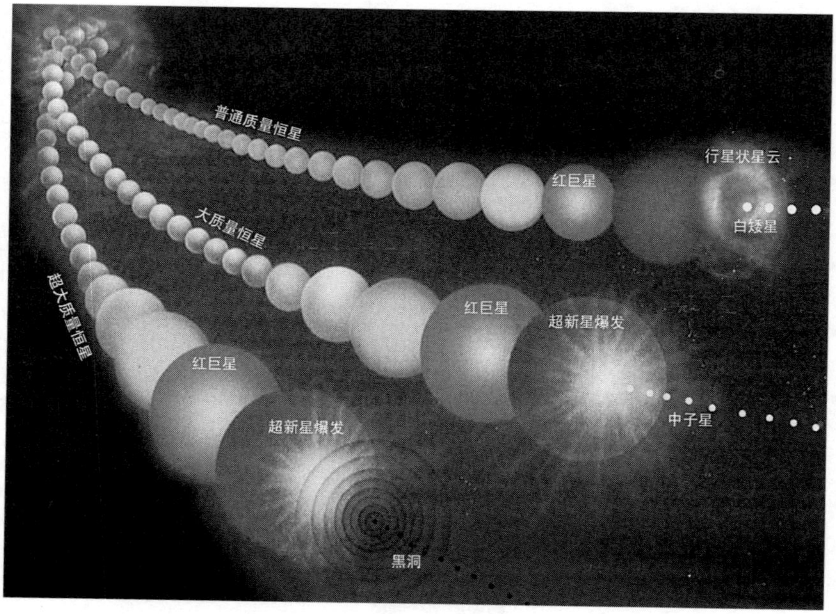

（1）白矮星。如果恒星最后留下的残骸质量不大，将形成一颗白矮星；

（2）中子星。如果残骸质量超过白矮星质量上限，将坍缩为中子星；

（3）黑洞。如果残骸质量超过中子星质量上限，将继续坍缩为一个黑洞。

中子星的质量上限称为奥本海默极限，它的数值没有白矮星的钱德拉塞卡极限——1.44那么精确，可能是1.5至3倍太阳质量之间的任何值，理论家们对这个领域还没有摸透。当中子星质量超过奥本海默极限的时候，万有引力变得如此强大，没有任何已知的物质力量能够抵挡住它的压力，中子碎裂开来，所有物质被压向星球中心，继而消失于无形，天体形成一个黑洞。

并非致密星

黑洞最早来自广义相对论的预言。1915年，爱因斯坦广义相对论刚刚发表，德国天文学家卡尔·史瓦西就发现，按照广义相对论对空间弯曲的解释，如果天体质量压缩到某一半径范围内——史瓦西半径，它周围的空间就会如此弯曲，以至于它会自我封闭起来。其后果是，任何物质——即使跑得最快的光，都不能从里面逃出来——它成了一个黑洞！对于太阳质量的天体，史瓦西半径是2.95公里，如果有外力能把太阳压缩到这个半径以内，太阳就成了一个黑洞。

爱因斯坦对史瓦西的才华非常敬佩。那一年正值第一次世界大战，史瓦西应征入伍，与俄国军队作战，不幸阵亡，时年43岁。爱因斯坦在为史瓦西写的悼词中说："这位有高度才能学问渊博的科学家的早逝，不仅是我们，也是天文学界和物理学界所有朋友们的悲痛和损失。"但其实爱因斯坦并没有把黑洞当真。

黑洞的味道太怪了，爱因斯坦感觉很不对劲，他在1930年代进行了计算，发现如果一个星体坍缩形成黑洞，它里面的压力是如此之大，以至于星体粒子的运动速度会超过光速，这是不可能超越的，于是爱因斯坦相信，黑洞这种东西不可能真的存在。

爱因斯坦的观点代表了那个时代多数科学家的认识——现代很多人依然这样认为，他们错误地将黑洞想象成一个致密星，它不停地吞噬，里面塞满了致密物质。这就是被物质的形态障碍住了。粒子的速度固然不可能超过光速，可是它们会不会消失呢？如果星体真的变成空无的状态——形成一个黑洞，超光速的矛盾也就不存在了。

假如爱因斯坦能够超越致密星的障碍，就会意识到黑洞的产生实属必然。然而，即便聪明如爱因斯坦，也有难以突破的误区。他之前曾因静态宇宙观错失了对膨胀宇宙的预言，现在又因为拘于物质的形态否定黑洞的存在。

不雅的名字?

黑洞两个字形象地表明了它的特征：黑——连光都不能从里面逃出来，彻底黑；洞——里面空空如也，不存在任何目前已知的物质形态，达到了真正的空无之境。这可以说是天体演化的最高境界，最奇异，也最简单。用基帕·索恩的话来讲，黑洞就是弯曲的空间和弯曲的时间，除此之外，别无他物。他这样写道：

在人类头脑的所有概念中，从独角兽、滴水嘴到氢弹，最奇异的也许还是黑洞：在空间中有一定边界的洞，任何事物都可以落进去，但没有东西能够逃出来；一个引力强大到能将光牢牢抓住的洞；一个能令空间弯曲和时间卷曲的洞。

黑洞这个贴切的名字第一次出现在1967年，是约翰·惠勒的发明，在此之前，科学界使用的名词叫“冻星”——光线被冻结，无法向外辐射。

“黑洞”这个词虽然生动形象许多，但它刚开始受到许多人抵制，尤其是法国人，感觉这个词低俗甚至淫秽。然而，“黑洞”如此通俗有力，很快攻陷所有媒体，最终被所有人接受。

后来约翰·惠勒更得寸进尺，又发明了另一个看起来更恶俗的名字——黑洞无毛。

有关黑洞的图片，都显示一个黑黑的圆，那是黑洞的视界。视界并非是实体的存在，而是光子能否逃离的分界线。视界以外，光线有可能逃离黑洞，视界以内，光线不能逃离，仅此而已。如果一个人向黑洞降落，他在越过视界的过程中几乎很难发觉任何奇异的地方，他环顾四周，无法很准确地知道视界到底在哪里。视界对于他而言，就像地球的赤道。一个人乘船在大海上穿越赤道，不会有任何特殊的感觉，越过黑洞的视界也是如此，甚至越过视界进入黑洞内部的时候，他仍然能够看到位于自己上方的宇宙，因为视界内部的光线虽然不能逃离，但外部的光线还可以进入黑洞。

因为黑洞视界只是一个虚无的边界，它必然是光滑的，不会有任何凸起的细节，约翰·惠勒发明了一个新短语来描述它——黑洞无毛。这在一些人眼里，是相当低级庸俗的语汇，简直亵渎了物理学的神圣殿堂。著名的《物理学评论》杂志主编帕斯特纳克表示，不管论文写得多好，他都决不允许这种猥亵的字眼出现在他的杂志上，但他抵挡不住强大的世俗力量，“黑洞无毛”很快就成为物理学的流行用语。

极度弯曲的空间

黑洞那极度弯曲的空间会表现出极为奇异的光学特性。

黑洞虽然很黑，却不是个捉迷藏的好地方，如果你想把自己隐藏在黑洞后面，那将是徒劳的，黑洞会把你清晰地显现于它的前方。

在黑洞周围弯曲的空间里，每条光走过的都是最直路径，但因为空间弯曲，其路径就被偏转了。如果你躲在黑洞后方，你发的光会从黑洞周围弯曲过来，结果你会在黑洞四周呈现一圈像。不同于镜中的幻象，这所有的像都是真正的你，如果用激光枪对着你的任何一个像发射，激光都会击中你，因为激光也会沿着同样弯曲的路径前进。

假如黑洞外围有一个吸积盘，就像土星的光环那样，这个吸积盘看起来会很不一样，因为黑洞会把后面那部分吸积盘发的光从周围弯曲过来，结果是它的上下两个面都会呈现在你面前，躲在黑洞后面的情形与此类似。

如果你向黑洞视界降落，将会看到黑洞周围弯曲空间的另一个奇异景象。黑色的圆盘会随着你的降落越来越大，就像巨大的黑色地板铺满你的脚下，然后它们渐渐从你周围升起，如同一圈黝黑的环形山把你围在当中；本来是四面八方都有的星空，现在全部浓缩到你的头顶，你感觉自己陷入了一个井中，随着你越陷越深，头顶的那片星空也越来越小。

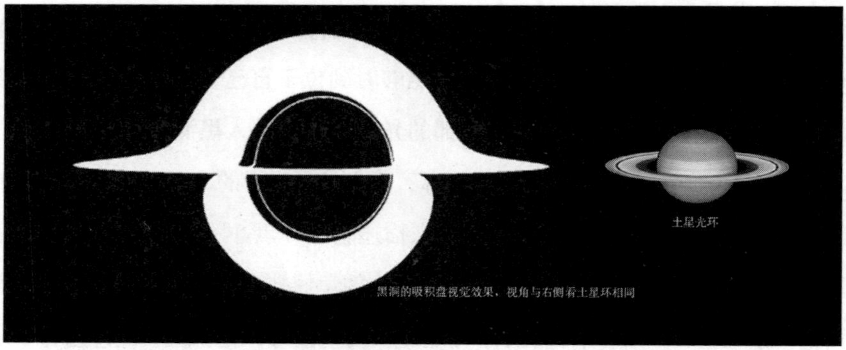

黑洞的吸积盘视觉效果，视角与右侧看土星环相同

这并不是因为你落入了黑洞，依然是黑洞对光线的弯曲所致。出现在头顶亮区中心的星光才真正是在头顶上的，从中心向外，有水平方向射来的星光，有黑洞背后弯曲来的星光，最外围是后面星体形成的层层叠叠的像，它们形成了一个明亮的星环。

极度弯曲的时间

伴随着黑洞周围的空间弯曲，那里时间的流逝也大大不同。假如你在环绕黑洞的飞船上，派出一个机器人靠近并落入黑洞，这过程可以把时间变慢效应显示出来。

你会惊讶地发现，机器人向黑洞下落，不是越来越快，而是越来越慢。越接近黑洞，机器人下落得越慢，靠近黑洞视界时，机器人看上去几乎停滞不前，向黑洞的进发变得异常艰难。即将进入视界时，机器人竟然冻结在那里，无论等待多久，你也看不到它落入黑洞的画面。

这当然只是表象，实际上，机器人早就越来越快地落向黑洞，瞬间穿越黑洞视界，消失在黑洞中央的奇点。你之所以看到机器人下落得越来越慢，是因为黑洞附近的时间变慢，光子从机器人传递过来，花费的时间越来越长，而在视界处的光子，由于时间流逝变得无限慢，它永远也不会传递过来，那里的时间被“冻结”，画面被永远定格。

因为时间变慢效应，你接收到的机器人传来的光子，产生了明显的引力红移：波长越来越长，光子能量越来越弱，画面越来越暗淡。最后到达视界的一幕，光子波长达到无穷大，完全丧失了传播能力，外部世界彻底看不到了。

在一部科幻小说中，探险家落入黑洞后，保险公司拒绝支付保险金，理由正基于此。虽然从探险家自己的参照系看，他通过了视界，快速落入黑洞而消失，但保险合同是根据黑洞外部世界的参照系制定的，在这个参照系中无法证明探险家已经落入黑洞，甚至理赔都不行，保险理赔必须等事故结束后才能进行，而从外部观察，探险家将永远处于向黑洞坠落中，事故永远也不会结束。

黑洞蒸发

一般来说，人类的观念似乎总是跟不上新事物。科学家们花了半个世纪好不容易明白了黑洞，接受了黑洞只进不出一毛不拔的品性，认为它是宇宙的终极坟墓，这时，霍金又提出了新的观点。

1974年2月14日，一个刮着大风的漆黑夜晚，霍金的妻子简开着车送霍金去牛津开会。第二天上午，32岁的霍金在报告厅讲演，简坐在外面的茶室里浏览报纸，远处几个清洁女工一边抽着香烟，一边满腹牢骚地东拉西扯，闲言碎语像烟雾一样四处飘散。其中一个说："那里面有个人，就是那个年轻的家伙，在世的日子没有多少了，是不是？"另一个人附和说："噢，不错，是的，他看上去好像要垮了，连头都快撑不住了。"几个人都开怀大笑起来，一边宣判着霍金的死刑，一边漫不经心地把香烟灰弹进烟灰缸。简瞬间如同电击一般麻木，未来的希望就像清洁女工吐出的烟圈般消散。

然而霍金并不在意外界的看法，或者说他已经习惯了，他坚强而冷静地立足于这个世界，并睿智地理解着自己置身于其中的宇宙。他在会议上清楚地阐述出自己的观点：黑洞并不是一毛不拔，它会蒸发，丧失质量与能量，体积会随着蒸发缩小。

霍金的黑洞蒸发理论基于量子场论：真空不是绝对的空虚，它在不断地产生着正负粒子对，并且又很快湮灭归于虚无。这些正、负粒子对存在的时间极短，又不能直接探测到，它们被称为虚粒子对，产生和湮灭的概率相等，所以平均说来，就没有任何新的粒子真正产生出来，自然界的能量是守恒的。

但是霍金发现，假如虚粒子对产生在黑洞的视界附近，黑洞弯曲的空间会导致虚粒子对中的负粒子落入黑洞的概率更高一些。负粒子带有负能量，落入黑洞以后等效于一个正粒子从黑洞中逃脱出来，就像黑洞从内部向外界发射出了能量，这就是黑洞蒸发。

蒸发宣判了黑洞的死刑。当黑洞经历了漫长的悠悠岁月，尤其是极其久远的未来，宇宙膨胀得温度比黑洞还低时，蒸发就会导致黑洞自身缩小，温度上升，随之又会加速蒸发。当黑洞缩到比原子核还小时，会达到难以想象的高温——100亿度以上，黑洞将在一次大爆炸中彻底消失！这样，黑洞就不再是宇宙的终极坟墓，它和其他天体一样也只是万物演化的一个环节，这再一次颠覆了人们对黑洞的认知。

霍金演讲完毕，会议主席——伦敦国王学院的约翰·泰勒教授并没有报以礼貌的掌声，他感到正统的黑洞学说受到了异端思想的攻击，大为震惊，站起来气势汹汹地说："太荒谬了！我从来没有听过这么荒谬的话，我别无选择，只能宣布，立即散会！"

真的存在吗?

黑洞理论研究已经栩栩如生，但令科学家们遗憾的是，从来没有在宇宙中发现真正的黑洞，因而它总是停留在理论上。人们能够在宇宙中找到黑洞吗?

黑洞不发光，我们看不到，它们会不会就隐藏在我们附近，像有些人担心的那样有朝一日吞噬我们？比如，太阳系里会有黑洞吗?

这个真没有。如果太阳系里隐藏着黑洞，虽然看不见，但它的巨大引力影响会是显而易见的，行星的轨道会被扰动甚至破坏，但这种事情没有发生。

寻找太阳系外的黑洞是艰难的。假如一个3倍太阳质量的黑洞，距离在4光年之外，它的体积如此之小，我们看它，就像是从地球看月亮上一根头发丝的直径，再好的望远镜也根本分辨不出来，况且它还不发光。

不过，黑洞虽然不发光，但它也可以是宇宙中最明亮的天体——不是在可见光波段，而是X射线波段。黑洞吸积周围的气体物质，气体物质旋转着落向黑洞，它们被黑洞加速得越来越快，温度越来越高，最终达到几百万度以上的高温，这些高温气体会释放出大量的X射线，所以用射电望远镜去看，黑洞会是明亮的X射线源。反过来，明亮的X射线源可能暗示出黑洞的存在。

天文学家们正是追寻着X射线源的踪迹去寻找黑洞的。20世纪70年代找到了4个候选人——“黑洞四人帮”，其中最有名的是天鹅座X-1——天鹅座排名第一的X射电源。

用光学望远镜对天鹅座X-1观测，发现这个地方有一颗视亮度为9等的恒星，恒星编号为HDE226868，距离太阳约6000光年，是一颗高温蓝色超巨星，质量在25倍至40个太阳之间。强大的X射线是由这颗恒星发射出来的吗？不是，因为这是一颗正常的恒星，温度没那么高，不可能发出强大的X射线。

天鹅座X-1双星想象图：黑洞吸积伴星物质形成一个气体盘

HDE226868有一个看不见的伴星，X射线就由它而来。蓝色巨星和看不见的伴星相距约1400万公里，远小于水星到太阳的距离，两星5.6天就环绕一周。X射线发射区范围只有1000公里，且强度波动极其迅速，在0.001秒内就从强到弱变动一次，这表明，这颗不可见星1毫秒就自转一周，它一定非常小，从尺度上来说，只可能是中子星或者黑洞。

但不可见伴星的质量却并不小——16倍太阳质量！即使测量有误差，再保守的计算也超过了中子星的质量极限，所以，它很可能是一个黑洞。

关于天鹅座X-1究竟是不是黑洞，1974年，史蒂芬·霍金和基帕·索恩打了一个赌。霍金赌它不是，索恩赌它是。赌约写道：“鉴于史蒂芬·霍金对广义相对论和黑洞素有研究而但求保险，基帕·索恩好冒险，故以打赌定胜负。霍金以1年《阁楼》对索恩4年《私家侦探》，赌天鹅座X–1不含质量大于钱德拉塞卡极限的黑洞。”

1990年6月，霍金在南加利福尼亚大学演讲。演讲结束后，霍金带着家属、护士和朋友闯进基帕·索恩在加州理工学院的办公室，把赌约找出来，让别人在上面签上：“认输，1990年6月。”按上了自己的指印。

基帕·索恩在《黑洞与时空弯曲》中这样写道：“20世纪90年代，我们几乎百分之百地相信，不仅天鹅座X–1，而且在我们星系的其他许多双星中，都存在着黑洞。”

虽然霍金认输，但并不表明天鹅座X–1被确认为黑洞；虽然天文学家们“几乎百分之百地”相信，也并不表明宇宙中真的就存在着大量的黑洞。科学家最大的遗憾，是没有黑洞更直接的证据。然而在2015年，也就是广义相对论创立100周年的时候，远方宇宙传来的引力波信号，把隐秘的黑洞碰撞生动地展现在人们面前。

空间的涟漪

引力波也是广义相对论的预言。广义相对论里，引力变成了空间弯曲，当空间的曲率变化时，就会产生曲率波向外传递，激起空间的涟漪，这就是引力波。引力波以光速向外传递，所到之处，空间曲率随之变化，于是物体便随之变形。如果引力波传到地球，地球以及地球上的所有物体都会在垂直引力波方向上拉伸或挤压，这种拉伸或挤压按照引力波的频率振荡，如同晃动的哈哈镜中的景象一般。

但引力波和物质的相互作用太微弱了。宇宙中最为猛烈的事件——比超新星爆发还要强烈无数倍的，是两个黑洞的碰撞融合。黑洞本身是弯曲的空间，当两个黑洞在绕转、碰撞、合并的过程中，发出的引力波最为强大，那时候就会有好多倍太阳的质量转化为能量，以引力波的形式辐射出去。

即便如此，当宇宙深处黑洞碰撞的引力波到达地球时，它引起的空间振动幅度不到10^{-21}米，这样的引力波对一个人的身高影响大约只有一个质子直径的百万分之一。

引力波这样微弱，以至爱因斯坦认为人类可能永远都不会探测到，他甚至还有两次宣布引力波不存在。然而在广义相对论诞生100周年的时候，科学家们终于探测到了梦寐以求的引力波。

LIGO传奇

引力波会迫使物体在不同方向上不断拉伸和压缩，测量出这种变形就能测出引力波事件，麻省理工的韦斯就想到了当年麦克尔逊以太漂移实验的方法，即用光束的干涉把长度变化放大出来。这个装置有两个互相垂直的臂，在两臂交会处，一束激光被一分为二，分别进入两臂的管道内，然后被终端的镜面反射回原出发点，在那里两束光相遇发生干涉。若有引力波通过，便会引起空间变形，一个臂会稍稍变长而另一臂略微缩短，这样就会造成光程差发生变化，激光干涉条纹就会发生相应变化，这个装置就叫激光干涉引力波探测器（LIGO）。

LIGO由两个设施组成，一个位于华盛顿州，一个位于路易斯安纳州，相隔3000公里，以引力波的速度需要1/100秒能到达。如果两处设备在1/100秒内接到同一个信号，说明它来自宇宙；只有一处探测到信号，就是由地面环境因素造成。

LIGO项目1991年开始实施，10年后第一代探测器投入使用。项目实施后的第二个10年，LIGO没有探测到任何可靠的引力波信号。2010年，LIGO开始了为期5年的升级，仪器设备灵敏度大大提高，探测距离远了10倍，探测空间扩大了1000倍，于是一个传奇发生了。

升级工作在北京时间2015年9月14日17点（当地时间的凌晨）最终完成，等待4天后正式交付使用。这时候，设备已经开启，开始静静地采集数据。50分钟之后，两个微弱的信号分别通过了两个探测器，相差只有7微秒，持续不到0.2秒。

这在德国是9月14号中午，马可·德拉戈，一位32岁的意大利籍博士后正坐在爱因斯坦研究所他自己的电脑前，远程观看LIGO的数据。信号出现在他的屏幕上，就像一个被压缩了的曲线，德拉戈看到这信号，他惊呆了，会这么快吗?

经过几个月的紧张解读,排除各种可能的干扰,LIGO的科学家们终于确信,9月14日的信号的确就是引力波!这一结果于2016年2月11日公布,那个持续不到1秒的微弱信号,透露了一个发生在宇宙深处的生动故事。

远方的黑洞之舞

13亿年前,南半球天空大麦哲伦星云附近的天区,13亿光年之外的一个河外星系里,有两个黑洞开始了激情的演出,他们手牵手,跳起了高速旋转的舞蹈。这两个黑洞都很大,一个有29倍太阳质量,一个有36倍太阳质量,它们的舞蹈如此震撼,以至振荡了周围的空间,激起了一圈圈空间的涟漪——引力波,向遥远的宇宙空间辐射。引力波辐射消耗了能量,两个黑洞越舞越近,到了最后的高潮时,它们激动地扑向对方,开始了伟大的结合,在不到0.2秒时间里,形成了一个新的黑洞。

这个过程有多猛烈呢?新生成的黑洞有62倍太阳质量,比两个黑洞质量之和少了3倍太阳,这些质量全部转变成能量,以引力波形式瞬间释放到宇宙空间,功率大约是可观测宇宙所有恒星功率之和的50倍!

引力波以光速向太空进发。那时候的地球还只有一个大陆板块,细菌和藻类在其上繁盛。经过了漫长时间,大陆漂移了,无数的生命诞生、兴盛又灭绝,这样过去了13亿年,黑洞合并产生的引力波一直以光速向地球飞奔。经历了13亿光年的漫漫旅途,终于,在北京时间2015年9月14日17点50分45秒,刚好LIGO完成测试后50分钟抵达地球,相隔7微秒,先后从路易斯安纳州和华盛顿州的两台孪生引力波探测器中穿越,推动探测器4000米的臂长发生了0.000000000000000000001米(10^{-21})米的振荡变化,被探测器记录下来,这是人类第一次得到来自黑洞的真实信息。

引力波的探测,使爱因斯坦广义相对论得到了最后验证。基于广义相对论,人类对于空间和时间有了更深刻的理解,宇宙起源和天体演化的图景更加清晰,更加可信。

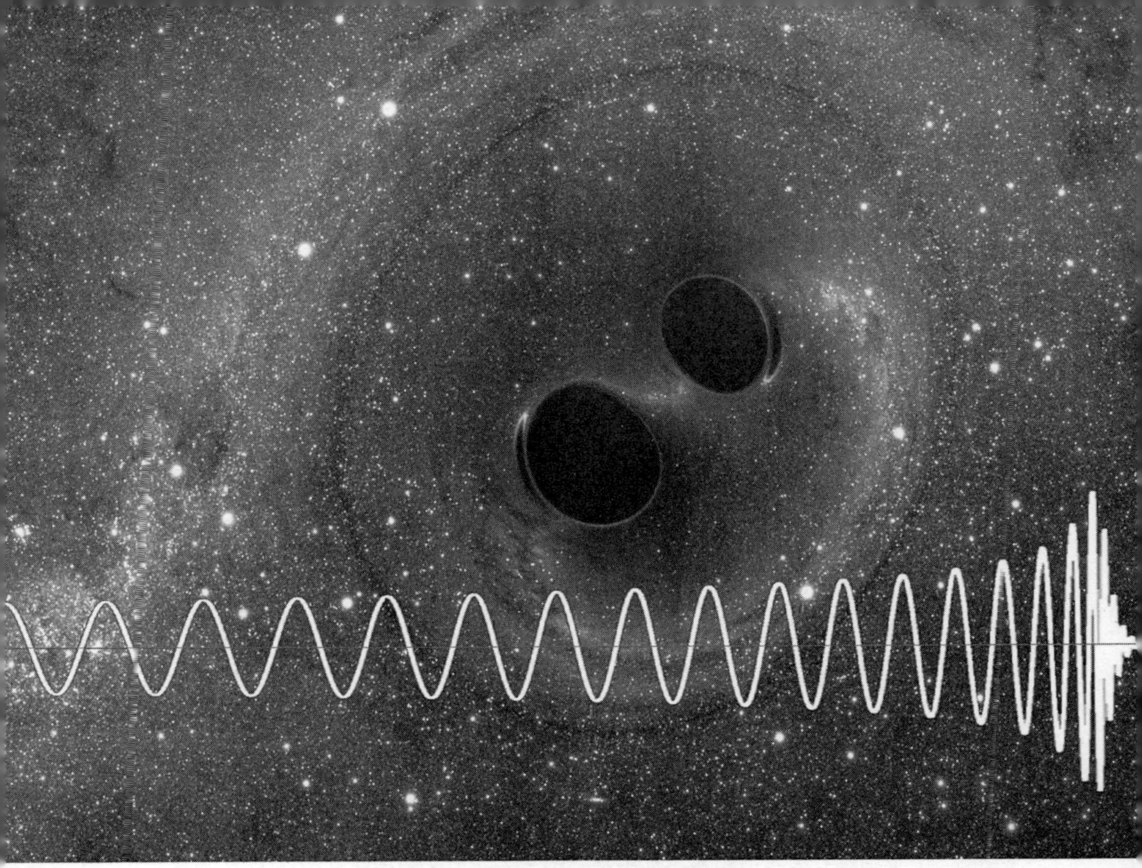

两个黑洞绕转、合并的过程中释放出引力波。

创生之路在继续

恒星的死亡为宇宙制造出来了大多数元素，这是创生之路的第二个阶段。接下来，在死亡恒星形成的富含重元素的星云里，要凝聚形成新一代行星系统，太阳系就是其中之一，那是宇宙为生命创造的安全而舒适的保障系统，这是创生之路的第三阶段。

第30章 宇宙“飞船”

承载着生命在宇宙中飞行的，不是一艘宇宙飞船吗

早期恒星的死亡形成了富含重元素的星云，大约50亿年前，一个新的行星系统在这样的星云中诞生，它就是太阳系。宇宙创造进入了第三阶段——支持生命的系统开始形成，太阳系是其中之一。

从某种角度看，太阳系就像一个宇宙飞船系统。承载着生命在太空运行的，不就是宇宙飞船吗？只不过这个飞船系统是宇宙打造的，和人工智能的作品大异其趣，人类智慧甚至难以想象它的完美，因而有些人不习惯这种表述方式。

接下来我们将从飞船的角度来欣赏这个宇宙生命系统。这种表述，也许能够最真实地体现生命与宇宙天体的关系。

大自然的飞船

假如你在地球轨道附近的太空远眺，会看到一个蓝色小点移动而来，越来越大，越来越亮，发出绚丽的蓝色光芒，遮蔽了半个天空，然后又向空间深处滚滚飞驰而去，这就是地球。

如果把地球比作一艘宇宙飞船，我们会发现，这简直是一艘无与伦比的飞船，它足够大，足够舒适，足够耐久，而且全自动运行，实在是大自然为地球生命准备的完美飞船。

形状、大小与质量

飞船是球形的，这不是人类熟悉的飞船造型，却是宇宙中最简洁最优美的形状，它具有完美的动力学特性，旋转起来极其平稳，重力分布也非常均匀。球形飞船还具有自动修复功能，无论表面如何改变，总能在重力作用下自动恢复，永远也不必担心变形。这使得飞船总能保持近乎完美的球形，如果把地球缩成直径1米的球，上面最高的山峰也只有0.7毫米。

地球飞船很大，直径12000多公里，表面积超过5亿平方公里。这广阔的表面，就是乘客居住的甲板。即便飞船乘载了亿万的乘客，他们也不会感觉狭小和压抑。事实上，他们根本感觉不到，也很难意识到，自己竟然居住在一个快速飞行的旋转大球上。

飞船很重，有60万亿亿吨。这样重的好处是，飞船表面产生的引力把乘客和飞船上的所有物体，以一种恰到好处的重力固定在甲板上，乘客们从来没有为失重而烦恼，每一个物件总是静静地待在它应有的位置。在通常的人造飞船里，失重是很伤脑筋的事情。另一方面，飞船表面的引力又没有太大，乘客们没有一点重压感，他们可以在水中轻松地游动，在陆地欢快地奔跑，在天空自由地翱翔。

飞船虽然庞大，却是迅捷而轻灵的，运行速度很快，一秒钟飞行30公里，一小时就是10万8千公里；将近24小时旋转一周，表面转动最快的地方——赤道，每小时转过1600多公里，是大型客机的两倍。但飞船的航行如此平稳，乘客们感觉不到一丝震颤和颠簸，也没有一点噪音，比澄静湖面上的小船还要轻盈。

地球飞船一刻不停息地在太空运行，日复一日，年复一年，从亘古一直到永远。飞船上的乘客一代过去，一代又来，生生不息，交替繁衍，直到有一种能够直立行走的生命站立在飞船甲板上。他们通过几千年的观察和思考，发现了自己居住的坚如磐石的大地，原来是在太空中飞行的星球，就把它称为地球。

大气层——飞船的舷窗

太空是寒冷的，一艘宇宙飞船必须保证它的乘客的温暖。地球有一个大气层，大气总重量达5000万亿吨，在飞船外表形成了一个厚达上千公里的气体保护层。气体材料的一个巨大优点是透明性非常好，白天，太阳光可以几乎毫无遮挡地照射到地球飞船的甲板；夜晚，乘客们可以欣赏幽暗太空射来的灿烂星光。这样的大气层就像为飞船安装了一层透明的舷窗，既方便乘客眺望宇宙太空，又起到了很好的保温效果，还具有各种防护功能。同人类制造的宇宙飞船上那狭小的瞭望窗口相比，地球的大气舷窗显得大气得多。

地球飞船质量很大，这有一个显而易见的好处，它用重力就可以吸附住大气，一点儿也不必担心空气泄漏。在人造飞船里，携带空气并防止泄漏，是个复杂而艰巨的课题。而地球大气层能够完美实现一艘宇宙飞船的舷窗功能，却又不用安装，不用维护，不会脱落，不会老化，不怕撞击，实在是让人难以思量的大自然智慧杰作。

从太空的某个角度，可以清晰地看到地球的大气层，它发出淡而柔和的辉光，形成一个优美如虹的弧，流露出大自然奇妙构思的灵动之气，实在是一个完美的飞船舷窗。

保温功能

宇宙太空是非常寒冷的，一艘宇宙飞船必须给它的乘客提供适宜的温度，地球的大气层就起到了给地球表面保温的作用。

地表的热量主要来自太阳光，它可以透过大气层畅通无阻地照射到地面。然而，单有太阳的照射还不行，因为地球会向外辐射热量，如果不把它们留住，地球就热不起来。大气层里含有二氧化碳、水蒸气等温室气体，它们能吸收地面辐射的热量并存储起来，使其不向太空逃逸，就像为地球盖了一层玻璃温室，使地表维持在适宜的温度。

温室气体在大气层中含量其实很小，但也恰到好处。比如二氧化碳仅占大气总量的0.03%，但就是这少量的温室气体，使地表平均温度升高了33度；如果大气层中没有二氧化碳，地球表面的平均温度将会是摄氏零下18度，地球就将成为一个冰窖。相反，如果二氧化碳的含量扩大到0.06%，地球就会成为一个酷热难耐的星球。

大气层还是一个巨大的空气调节器，流动的气体把地表的热量混合均匀，温度变化非常温和。如果没有大气，地球昼夜温差就会非常大。比如月亮，表面没有大气，白天温度可以升到摄氏120度以上，夜间则降到摄氏零下180度以下，昼夜温差达300摄氏度。如果没有空气传导热量，即使在白天，同一个物体的阳面和阴面也会有巨大的温差，就是一个人的前胸和后背的温差就难以承受。轻柔流动的大气把热量带到了地球的每个角落，使地表的热量混合得均匀而柔和，生命在这个星球上舒适而自由。

防流星体撞击功能

宇宙太空并不安全，到处流窜着大大小小的流星体颗粒，一艘太空飞船必须能抵御流星体的袭击。在人类制造的飞船里，乘客需要躲在狭小的船舱里，出舱要穿上厚厚的宇航服。地球飞船的乘客居住在外表的甲板上，如何确保安全呢？它的大气层舷窗给乘客们提供了极为安全的防护。

当流星体高速向地球袭击而来时，首先闯入的是地球大气层，大气分子开始阻挡它。这些透明稀薄似有若无的气体，能产生无比坚强的力量，它们与流星体颗粒剧烈摩擦，产生的热量很快就会使其熔化。当流星体侵入到距地面约120公里高空时，大地虽已遥遥在望，但流星体也开始燃烧和毁灭；在距地面约40公里时，大多数流星体已经化为灰烬了。如果是在夜晚，人们就会在夜空里看见一道亮光一闪而过，那是地球飞船大气舷窗的保护机制在起作用，它使来袭者灰飞烟灭，同时给飞船的夜空奉献一道美丽的流星。

和很多人想象的不同，流星体颗粒大都很小。不到0.01克的颗粒，就可以产生划过天际的闪亮流星；还有更多细如微尘，它们的闪光过于微弱而难以察觉。据估计，每天有上百亿颗流星体袭击地球，速度比子弹快上百倍，如果没有大气舷窗的保护，地球上的一切生命都将被无情杀戮。

袭击者中也有来者不善的，就是那些重量较大者，比如几公斤、几吨甚至更重的，它们发出明亮的闪光，呼啸而下，砸落地面，形成陨石。大陨石在下落过程中会发生爆裂，碎块宛如冰雹一般倾泻而下，形成陨石雨。陨石和陨石雨是危险的，但它们发生的概率却很小。直径在1米左右的陨石撞击，大约每年会发生一次，因为地球表面大部分是海洋、荒无人烟的沙漠和山区，所以陨石撞击的危险性微忽其微。

1976年3月8日，中国吉林省发生了一次陨石雨，陨石爆裂后的成千上万个小碎块，落在吉林市北郊人口密集的工业区和邻近的县和乡，覆盖范围将近500平方公里，却没有任何人员和房屋损伤。有一户农家房子，四块陨石沿四个屋角落下，硬是没有砸到屋顶的瓦片；一位农民上山打柴回来，一块陨石砸在背后的柴捆上，农民却毫发未损；一群鹅在麦田里寻食，三块陨石砸在鹅群中，也没有一只鹅受伤。

2013年2月15日，一颗重约7000吨的陨石以54000公里的时速落向俄罗斯车里雅宾斯克市上空，陨石燃烧着穿越大气层，在几十公里的高空发生猛烈爆炸，释放了相当于50万吨TNT炸药的能量。这次事件造成1,491人受伤，但受伤的原因主要是震碎的玻璃划伤和建筑物震动，并没有一人被陨石击中。

防核辐射功能

核辐射是太空另一个巨大的危险。核辐射的最大来源是太阳，太阳上不停地吹来含有原子核的太阳风，在地球轨道处朝向太阳的每平方厘米平面上，每秒钟就会遭遇数亿个太阳风原子核袭击。

如何抵御这些核辐射呢？地球飞船有一个铁和镍组成的金属核心，地球的快速旋转使金属核心产生磁场。磁场产生的磁力线向外延伸，在飞船外围构建起一道看不见的防护罩，这就是磁层，它把太阳风抵御到几万公里之外，远远地为地球建立起一道保护屏障。

太阳风吹来的带电粒子流受磁层阻碍，在磁层顶上游形成了弓形的激波面，就如航船前方的水波那样。大部分太阳风粒子因受磁层激波的阻挡，沿着磁层掠过地球而去，到了背向太阳的一侧，磁层则形成一个越来越细的磁尾，延伸到几百万公里的远方。当太阳活动剧烈时，太阳风也变得强烈，磁层防护罩在防御过程中被大大压缩，到地球的距离甚至可以被压缩一半，即便如此，磁层这道防护罩依然能把核辐射抵御在三万公里之外。

会有一部分核辐射深入到地球大气层来，不过它们只能沿着磁力线，来到两极附近的高空。这时候大气分子奋起反击，与入侵的核辐射粒子碰撞，发出美丽的辉光，映亮了地球的大气舷窗，这就是极光。

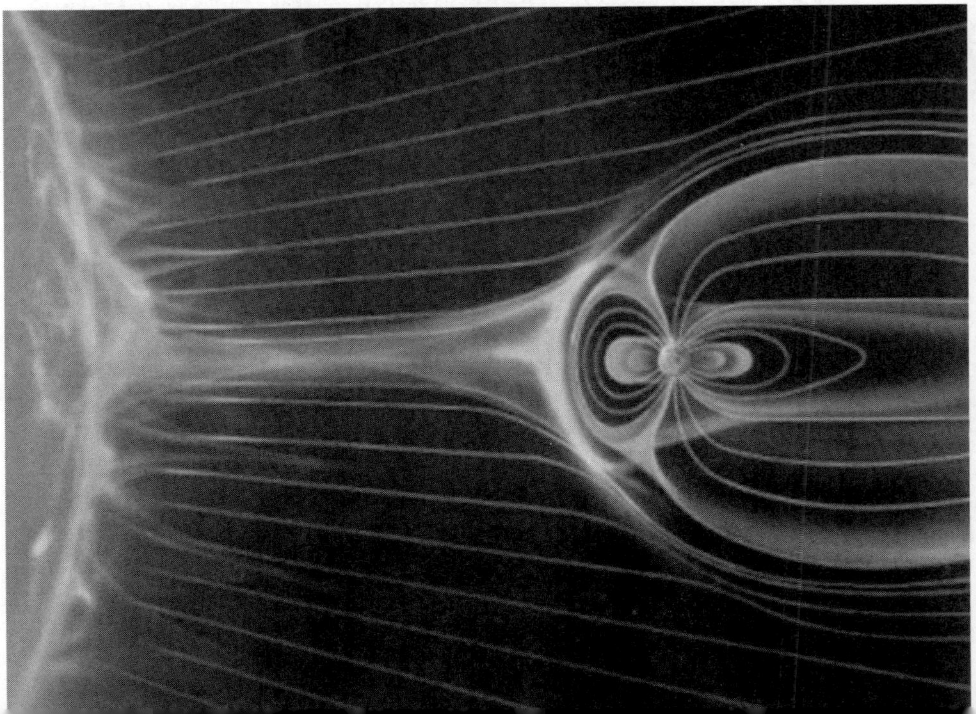

防紫外辐射功能

一艘宇宙飞船还必须要能防止紫外线辐射。紫外线比普通可见光能量要高很多，能够杀伤生命，太阳光中就含有大量的紫外线，地球飞船的大气舷窗正好可以防护它。

实现这一功能的是大气层里一种叫臭氧的成分，这是一种带有一股鱼腥味的特殊氧气，在大气层里含量只占1/100000000，主要分布在距地表20至30公里的高空，人们称之为臭氧层。就是这极微量的臭氧，就可以吸收掉太阳光中99%以上的紫外线，同时把它们转变成热能，有效保护了地球飞船的生命。

然而，紫外线对生命也有重要的作用，阳光中的紫外线可以杀灭细菌和病毒，如果没有它，地球表面将是细菌和病毒肆虐的世界，那对于大型生命来说是极其致命的。缺乏紫外线，维生素D也不能合成，生物的骨骼系统将变得非常软弱。

大气层对紫外线的过滤处理得非常好，臭氧层并不是把所有的紫外线全部阻挡，它让不到1/100的微量紫外线透过大气层射到地面，于是阳光便有了杀菌消毒的作用，环境对生命变得相当友好。

臭氧那1/100000000的含量真是恰到好处。如果臭氧再少，生命就会暴露在紫外线辐射中，这固然不行，但如果臭氧含量再高一些，紫外线就会被过滤掉太多，阳光将不能起到很好的杀菌消毒作用，细菌和病毒就会永远统治这个星球。

奇妙的照明装置

地球飞船还需要一个照明系统，完成这一任务的依然是飞船的大气舷窗。

从太阳照射来的光子，被大气分子散射开来，半个大气舷窗的一半都变得很明亮，整个天空便成为一个极为均匀而柔和的照明体。大地万物在这样的光照下，显得清晰、柔和而且层次分明。如果没有大气的散射，即便有太阳，天空也是黑暗的，太阳和星星将会同现天宇，地面的明暗对比也是非常极端的，太阳光直接照射的地方是明亮的，而太阳光不能直接照射到的地方就是黑暗的，没有大气层的月球的表面就是如此。

大气舷窗还是一个极好的延时调光开关。倘若没有大气，早晨当太阳从地平线升起时，地面上瞬间就从黑夜变成白昼；晚上当太阳沉下地平线时，地面又转瞬间从白天变成黑夜。明暗的变化是突变式的，如电灯开关一般。

由于有了大气的折射和散射，早晨，在太阳从东方地平线上升起之前，天空在朝霞中渐渐变亮；傍晚，太阳落下西方地平线之后，天空才在晚霞中慢慢暗淡下去。光线的变化非常均匀而且持续的时间足够长，地球飞船的乘客们可以在这种缓慢的光度变化中，早晨从容起床做工，傍晚又从容收工休息，一切都显得那么和谐。

输水系统

水是每一艘太空飞船必须携带的。地球飞船携带了140亿亿吨的水，飞船甲板表面的70%都被水覆盖，以至于从太空看，这艘圆圆的飞船呈现出美丽的蓝色。

水量虽然充足，如果只是存贮在固定区域，用处也不会太大，远离水源的广大区域还是无法让乘客生存的，地球飞船有一套全自动循环输水系统。

太阳光照射过来，蒸发江河湖海以及地面的水，液态的水变成气态升上天空。在气流作用下，这些水汽被空运至地球飞船甲板的上方各处，这就是云。从太空看地球，这个晶莹的蓝色星球被白云覆盖，那就是飞船的输水装置在运行。这些水汽在太空中常常被搬运数千公里，再以雨雪等形式降落下来。在这一过程中，水还被蒸馏净化，于是地球表面各处经常能够得到新鲜水的供应，森林、草原等各种植被得到自动灌溉，湖泊补充水量，灌溉之后剩余的水再沿着江河返回大海。地球飞船的这一套全自动输水系统，每年运送的水量约500万亿立方米，相当于500条长江的输水量。

氧气和食物

一艘宇宙飞船还必须携带充足的氧气和食物。地球飞船携带的氧气超过了

1000万亿吨，约占大气总量的21%，其余大约78%的是氮气，氧气与氮气的比例也调和得恰到好处。试想一下，如果氧气和氮气的比例颠倒过来，地球表面的森林和植被就会一次次地毁于火海，生命就不可能在地球上生存了。

地球飞船携带的食物是在旅途中生产出来的，这可以确保食物总是新鲜的。

在地球飞船的甲板上，生长了无数的植物，它们有无数绿色的叶片，那其实是一片片轻巧而高效的太阳能帆板。这些太阳能帆板里装配了一种叫叶绿体的元件，这种元件极为精密，只有几微米大，是一种光化学反应元件，能够把光能转化为化学能。一片叶子里装配的叶绿体元件数量多达上亿个，每一株绿色植物都有无数个这样的光化学反应元器件在工作。植物叶片小而轻薄，层层叠叠，可以最大限度地接收太阳光的照射。

绿色植物通过光合作用生产出了大量的粮食，就是植物的种子，供给地球上亿万的乘客——人类、飞鸟、走兽等食用。如此大规模的生产活动，几乎是在不知不觉中进行的，没有一丝噪音，也没有一点污染。更为奇妙的是，植物生产过程中利用的原料气体，恰是动物呼吸产生的废气二氧化碳，植物生产过程中排放的废气，恰好是动物呼吸需要的氧气。这实在是一个完美的循环，它确保了生产和消耗活动能够长久地保持平衡，以支持地球飞船的漫漫旅途。

要维持这艘巨大太空飞船运转，需要惊人的能量，能量从哪里来呢？大自然为地球这艘大飞船预备了一个非常理想的能源——一个无比庞大的核聚变反应堆。

第31章　核反应堆

地球“飞船”的能源来自太阳这个巨大的核聚变反应堆

如果把地球理解为一艘宇宙飞船，为它提供能量的，没有任何别的可能，只能是——太阳。太阳是一个巨大的核反应堆，所以我们的地球其实是一艘核能量宇宙飞船。

有必要这么大吗?

初看起来，太阳太庞大，它的直径达140万公里，体积是地球的130万倍；质量达200万亿亿亿吨，是地球质量的33万倍。人们的疑问自然是：有必要这么大吗?

当然有必要。事实上，对20世纪初的天文学家们来说，太阳的质量不是太大，而是太小，小得让他们无法理解。

因为太阳有着惊人的功率——385亿亿亿瓦，它一秒钟产生的能量，能够供地球人类使用几亿年，而它已经燃烧了好多亿年！什么样的能源让太阳可以维持如此强大而恒久的辐射呢?

如果太阳上全是煤，辐射只能维持几千年；如果全是煤油，能维持几万年；太阳还可以靠自身引力收缩产生能量，这样持续的时间也不超过1000万年，科学家们对太阳的能源非常困惑。

1905年，人类对能量的产生有了新的认识。爱因斯坦的狭义相对论表明，质量可以转化为能量，转化的效率极高——$E = mc^2$，即一个单位的质量可以转换成9亿亿个单位的能量。

但如何转换，那时候还一无所知。1926年，爱丁顿提出：太阳的能量来自其核心的核聚变反应。在一次演讲时，爱丁顿这样开头：恒星具有相当稳定的质量，太阳的质量为——我把它写在黑板上：

2000,000,000,000,000,000,000,000,000 吨

但愿没写错零的个数，我知道你们不会介意多或者少一两个零，可大自然在乎。

大自然为什么在乎呢？因为太阳的质量大小直接决定了它能否发生核聚变反应。拥有200万亿亿亿吨的质量，太阳核心的压力必定极大，那里的温度也必定极高。爱丁顿估计，对于太阳来说，它的质量能使核心温度升高到4000万摄氏度，在这个温度下，原子核会以很高的速度运动，从而会碰撞引发聚变。

爱丁顿的观点受到了物理学家的强烈质疑。在他们看来，4000万度远远不够，因为原子核都带正电，距离越接近，电斥力就越大，尤其是快要碰撞时，由于距离几乎为零，斥力几乎是无限大。电斥力如同包围在原子核外面的环形山，把别的原子核挡在外面，以确保自己的安全。那时候的物理学家们估计，太阳要想发生核聚变，核心温度需要达到几百亿度。这样看来，太阳要想发生核聚变，它的质量是有些太小了。

但爱丁顿坚持自己的看法。除了核聚变，还有什么方式能够解决太阳的能源呢？他满怀信心地写道："我不和那些批评者们争论，他们认为恒星内部温度过低，不能发生这种过程。我只想告诉他们，去找个温度高的地方吧。"

实际上，太阳核心的温度只有1500万度，比爱丁顿估计的还低许多，但核聚变反应还是发生了。量子世界一个奇妙的自然法则起了作用，那就是量子不确定性造成的隧道效应，它使原子核电斥力的环形山在某个瞬间突然打开一个通道，使其他原子核得以进入，核聚变得以发生。

核心区的聚变反应

太阳的主要成分是氢和氦，也就是来自宇宙大爆炸的最简单的两种元素，其中氢占了71%，氦占了27%，两种元素合起来占了全部太阳质量的98%，其中氢元素就是目前太阳上最主要的核聚变原料。

太阳内部分为三层：日核、辐射层、对流层。

日核其实就是一个无比猛烈的核聚变反应堆，它的内部，每时每刻都爆炸

着无数的氢原子弹——氢原子核的聚变反应。

在这个反应中，氢原子核聚变成了氦，质量损失了0.7%。这些质量按照爱因斯坦那个著名的质能方程$E=mc^2$转化成了能量。

核聚变的产能效率是惊人的。1克氢原子核转化为氦时损失的质量是0.007克，乘以光速平方，扩大9亿亿倍，是6300亿焦耳，这相当于150吨TNT炸药的威力。一枚百万吨级的氢弹，可以轻易抹去地球上的一座城市，也只不过是把六七公斤的氢聚变成氦而已。

每一秒钟，有超过6亿吨的氢原子核参与聚变，损失的质量超过4,000,000,000,000克，用这些质量乘以光速的平方，转化成的能量相当于9000亿亿吨TNT炸药。也就是说，秒针每滴答一声，太阳上就相当于爆炸了90万亿颗百万吨级的氢原子弹！

如此巨大的能量消耗造就了太阳的辉煌。这辉煌能持续多久呢？太阳的总质量是200万亿亿亿吨，其中氢占了71%。按照这样的消耗速度，太阳内部的氢原子核全部参与核聚变，可供太阳燃烧350亿年。考虑到氢原子核不可能全部参与聚变，到了后期的太阳核反应会有大起大落很不稳定，太阳物理学家们估计，太阳稳定燃烧100亿年是没有问题的，它目前的年龄是50亿年，还可以再稳定地燃烧50亿年。对于地球这样一艘庞大而航程遥远的宇宙飞船，太阳无疑是最理想的能源供应者。

高能光子的向外传输与改造

太阳中央核反应区产生的能量是伽马射线和X射线，这些高能光子对生命有极大的杀伤力，不可以直接射向地球，需要把它加工成适宜的光子，加工过程是在光子从核心向太阳表面传输的过程中完成的。

日核的外面是辐射层，厚约38万公里，相当于地球到月球的距离。这一层太阳物质热且稠密，无法对流，只能以辐射形式向外传递能量。

辐射层外面是对流层，厚度约20万公里，太阳物质在这里急速上下翻滚，形成湍流，把热量从太阳内部深处转移出来。到达太阳表面时，物质密度变得很稀薄，大约是海平面大气密度的几千分之一。对流层顶部，有一层厚度只有500公里的一个薄层，这一层称为光球层，就是我们看到的黄色太阳圆面。

光子从日核向光球层传输的过程，就是太阳对光子再加工的过程。尤其是光子在穿越厚厚的辐射层时，因为电子的密度很大而且运行速度很快，光子往往只走几微米就会碰到电子，被电子吸收，电子再以稍低一点的能量随机辐射出去一个光子。在反复不断的吸收和再辐射中，光子的能量越来越低。这一过程经历的时间极其漫长，一个光子从太阳核心抵达表面要经过几万年以上的时间。这样，当光子最后到达光球层时，已经变得非常柔和了，以温暖的红外线和可见光为主，能量较高的紫外线和X射线比例很小，它们混合在可见光中，恰好使光线能够杀菌消毒。

光球层的温度约6000度，到达光球层的光子，走完了从日核到表面那艰难而漫长的旅途，同时也完成了自我改造的过程，它们由此出发，开始奔向太空。

日地距离与生命带

飞船的核反应堆太大，必须远远地分离开来——地球与太阳相距1.5亿公里，它们之间用万有引力联结起来，这确保了地球的安全，而且距离恰到好处。

太阳生产的能量以光辐射的形式向地球传输，和通常的电缆或管道之类的能量传输方式不同，光辐射是极为优越的能量传输方式，极为方便、安全、高效。

当太阳光穿越1.5亿公里的空间到达地球时，给地球带来了17.4亿亿瓦的照射功率，使地球维持了非常适宜的温度。这看起来似乎有些浪费，因为太阳的功率是385亿亿亿瓦，地球接收到的辐射只占太阳总辐射的22亿分之一。但这样的好处是显而易见的：地球的整个轨道都处于一个非常均匀的辐射场中，无论运行到轨道哪个位置，都能获得稳定的光照。假如不受能量与技术手段的限制，这种能源供应方案无疑是最完美的。大自然造物主除了自身的规律外不受任何限制，它的方案充满了大气之美。

地球到太阳的距离是一个非常关键的因素，必须安排得恰到好处，否则太阳的能量难以得到有效利用。1.5亿公里的日地距离恰到好处，太阳周围有一个适合生命的区域——生命带，地球轨道恰好落在那里。

如果日地距离缩小5%，那么光辐射会过于强烈，一系列连锁反应会使地球成为酷热的火海。在地球轨道以内，有两颗行星——水星和金星，水星被太阳照射的一面温度超过400摄氏度，金星由于太阳照射和自身的温室效应，整个表面都超过了400摄氏度。

相反，如果日地距离扩大超过50%，它又会变成一个冰冷的世界。地球轨道以外的行星，全都是冰冷的世界，最近的火星，平均温度比地球低了约50度。太阳系疆域辽阔，一直延伸到10万亿公里以外，在如此广阔的区域里，适宜的生命带范围也就区区1亿公里左右，仅仅是太阳系半径的1/10万，而地球轨道恰在其中。

除了日地距离要合适，地球的轨道也必须很圆才行，如果轨道偏心率大，它与太阳的距离就会时远时近，它就会忽冷忽热。所有天体轨道都是椭圆，地球也不例外，但地球轨道非常接近圆形，近日点距太阳约1.47亿公里，远日点距太阳约1.52亿公里，如果把地球轨道缩小成一个半径1.5米的圆，近地点和远地点偏离只有2.5厘米。地球的近圆轨道使它与太阳的距离相当稳定，这也是地球能够保持稳定气候的一个关键因素。

自转——东西方向轮流加热

恰到好处的日地距离仅仅是要素之一，地球必须旋转起来，才能使光和热均匀布散。

地球每23小时56分4秒自转一周，这是以遥远恒星为参照的自转周期，称为一个恒星日；它导致太阳光以平均24小时为周期扫过地表，使得地球表面在东西方向上轮流得到光照。

大自然对地表温度的调节过程也是匠心独具。早晨，当太阳升起地平线时，大气同时开始吸热，这就不致使温度骤然上升；傍晚，随着太阳落下地平线，大气开始缓慢放热，又不致使温度骤然下降；自然对生命是极为友好的。

地球旋转的速度也恰到好处。假如地球旋转得太慢，漫长的白天会使热量累积太多，以至酷热难耐，漫漫长夜也会更加寒冷；相反，假如地球旋转太快，升温和散热都不能充分完成，地表热量分布就会过于均匀，从而导致星球没有气候变化。

沿自转轴的旋转使光和热均匀在地表布散，这是一幅多么简洁和谐的画面！但在很长的时间里，人类不能理解其中的奥妙，以为看到的斗转星移是它们在围绕地球旋转。真相虽简单而美，习惯了幻象的人却总是难以接受，直到1805年，法兰西科学院院士梅西耶还这样写道："天文学家们要使我相信地球像一只烧鸡穿在铁棍上那样旋转，那真是枉费心机。"

公转—— 南北半球轮流加热

地球自转，昼夜交替，实现了热量沿东西方向快速布散，虽然已经很好，但还不够完美，热量还需要在南北方向进一步布散，地球公转就实现了这一点。在地球围绕太阳公转一周的过程中，太阳光交替照射地球的北半球和南半球，使得南北半球轮流加热，也就有了四季变化。

地球四季变化取决于大自然一个极为巧妙的安排。倘若地球公转的时候直立着身子—— 自转轴垂直于公转轨道面，那太阳光就永远直射赤道，南北半球也就不会有四季变化了。巧妙的是，大自然让地球斜着身子旋转—— 自转轴与公转轨道面形成23度半的夹角，而且自转轴的指向相当稳定—— 总是指向北极星附近，这样，在地球公转的过程中，太阳光就能以稳定的周期交替直射南北半球，这一过程如下：

春分日（3月21日前后），太阳光直射赤道，全球昼夜平分，太阳正东方升起，正西方落下。春分之后，太阳开始给北半球加热，阳光直射点从赤道向北移动，从地面看，太阳从东北方升起，西北方落下，北半球白天开始比黑夜长，气温渐渐回升。

夏至日（6月21日前后），太阳光直射到最北端——北回归线，这一天北半球白天最长，黑夜最短，南半球相反。夏至后，太阳的直射点开始返回南方。

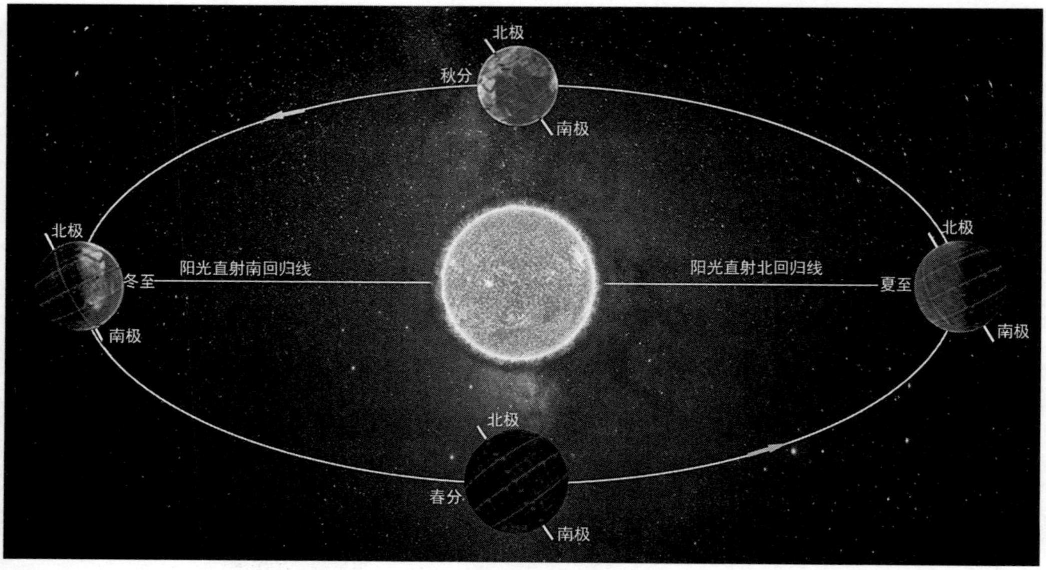

秋分日（9月22日前后），太阳光再次直射赤道，全球昼夜平分，太阳从正东方升起，正西方落下。秋分之后，太阳开始给南半球加热，阳光直射点从赤道向南移动，从地面看，太阳从东南方升起，西南方落下，北半球的白天变得比黑夜短，气温也渐渐变冷。

冬至日（12月22日前后），太阳光直射到了最南端——南回归线，北半球白天最短，黑夜最长，南半球相反。冬至之后阳光直射点又开始返回北方，至春分时直射赤道。

太阳光直射点在南北回归线之间周期性扫过，交替给南北半球加热，使得热量在南北方向得到均匀布散，这样一个周期，称为一个回归年，长度是365日5小时48分46秒，或365.2422日。回归年是阳光照射的周期，也是季节循环的周期，决定自然现象的变化，中国的二十四节气，就基于回归年周期。

恰到好处的地轴倾斜

地球四季变化还取决于大自然另一个极为巧妙的安排——地球自转轴与公转轨道面形成23度半的倾角，而且这夹角大小相当稳定，所以地球常被形容为斜着身子公转。

如果地轴倾角过小，比如地球近乎直立着公转，四季的变化将很不明显，海洋蒸发出来的水汽就会在两极堆积成庞大的冰山；反过来，如果地轴过于倾斜，两极地区会被太阳光强烈照射到，冰山将会反复融化和冻结，地球的气候变化就会过于剧烈了。

惊人的细节？

关于四季变化，还有一个极有意思的问题，法国天文学家弗拉马里翁在他的《大众天文学》里谈到过这个问题。很多人以为，在一年当中，太阳光有一半时间直射北半球，一半时间直射南半球，其实并非如此，我们来看一下：

太阳光直射北半球的时间：

从春分到秋分，共计186天10小时。

太阳光直射南半球的时间：

从秋分到春分，共计178天20小时。

太阳光直射北半球的时间比直射南半球多了近8天。这是一个很有意思的结果，看一下世界地图就能清楚地知道，北半球的陆地面积比南半球大得多，居住的生命当然也比南半球多许多，正好北半球得到的光照时间也比南半球多。难道大自然对生命如此关爱，以至于在这样的细节上都安排得恰到好处？

第32章 伴侣

月球这个伴侣，对地球生命系统的形成和稳定至关重要

夜间的照明

如果把地球理解为一艘宇宙飞船，那么月亮就是它的子飞船，它们一起组成了地月系。月亮不但使地球的夜晚更富有诗意，而且还给地球生命带来了夜间照明，看上去大自然对地球生命真是关怀备至；或者说，地球实在是一个完美的宇宙飞船。

对于一部分习惯夜生活的现代人来说，月亮也许显得太暗，但夜晚是需要安眠的，月亮作为夜间照明是恰到好处的。事实上，在满月之夜，一些生物已经表现出了亢奋状态，这一天人们平均要多花5分钟才能进入睡眠，这天夜晚的总睡眠时间也会比平时缩短20分钟。据统计，满月之夜各种刑事暴力事件明显增多，纽约的放火事件在满月时比平时增加一倍以上，东京消防厅的急救车出动次数也在满月时出现高峰。可见，为了保持生物的节律，夜晚的月亮是必须足够柔和的。

如果把月亮换成别的同样大的天体，通常都会亮好多倍，月亮本身很黑暗，因为它表面覆盖着一层厚厚的月壤，这些月壤黑得像煤，能够把大部分太阳光吸收掉。平均下来，整个月面对太阳光的吸收率高达93%，反射出来的只有7%而已。为什么人们会感觉到月亮很明亮呢？那是因为夜晚的天空更黑暗，它把月亮衬托得明亮了。

月亮是足够暗淡的，即便是满月，也只相当于20多米外一盏100瓦电灯的

亮度。在大部分时间里月亮的亮度远低于满月，比如，弦月（半月）的亮度只有满月的1/10，而不是想象中的1/2。

月亮的圆缺变化还给地球生命提供了一个天然计时周期——朔望月，这是阴历的一个月，因为月亮又叫太阴。

月亮对地轴的稳定作用

月亮当然不仅仅是给地球飞船提供夜间照明，也不仅仅给地球乘客提供一个时间周期，更重要的，它和地球共同造就了生命系统。首要的，它稳定了地球。

在人们看来，地球是一个极其沉重的大球体，它的行动严肃又稳重，或者说极为笨重，很难受外界影响，实际情况并非如此。因为地球悬浮在太空中，不受任何支撑，没有一点儿摩擦，因而非常敏感与活跃，外界微小的影响都会引起它的反应，就像飘荡在空中的肥皂泡，轻盈摇摆。不但太阳的巨大引力牵引地球，而且路过的行星，比如邻近的金星和火星，乃至遥远的木星和土星等，都会对地球产生牵引作用，使其位置产生移动，或者姿态发生摇摆。比如木星，地球每次靠近它时（木星冲日前后），虽然距离有6亿多公里之遥，但木星却能将地球拉出轨道几公里。地球每次与木星交会，都要起身离开，趋向木星，向木星大哥恭敬施礼。而金星在轨道上接近地球时，地球也要向轨道内移动一下，侧身向小妹问好。

行星不但会把地球拉出轨道，还想迫使它不停地摇摆跳舞。因为地球并不是一个理想的球体，自转的离心力造成赤道部分略微向外鼓出一些，赤道半径比极半径长21公里。赤道鼓出的这一点会受到其他星球的牵引，地球自转轴就会摇摆不定。

但月亮的存在稳定了地球。月亮虽然比其他行星质量小许多，但距离近得多，它施加给地球的引力影响有效抑制了其他行星的引力摄动影响，成为稳定地球姿态的强大力量。结果是，地球自转轴和黄道面的夹角总是维持在23度半附近，只摆动一个很小的幅度——在22.1和24.5度之间徘徊，周期是41,000年。

并不是每个行星都能轻而易举地保持旋转轴稳定。看一看地球的一个近邻——火星，它和地球很相似，自转周期是24小时37分。火星的两颗卫星——火卫一和火卫二都很小，长度只有几十公里，对火星的姿态起不到任何调控作用。火星目前的自转轴倾角是25度，但它会在13度至40度间摇摆变化，相应地，火星气候常常会出现灾害性巨变，这种巨变能够达到生物灭绝的程度。

地轴的进动

月亮虽然使地轴的倾斜角保持稳定，但它也会导致另一个结果——地轴会缓慢转动，这叫地轴的进动。一个快速旋转的陀螺即使在倾斜的时候也不会立即倒下，因为它的旋转轴会转动。地轴的旋转也是如此，只是慢了许多，25800年才转动一周。我们通常说地球的自转轴保持不变，稳定地指向北极星，实际是忽略了它的转动。

因为地轴在旋转，它实际上不会永远指向同一颗恒星，因而北极星是由不同的恒星轮流担任的，交替的周期就是25800年。

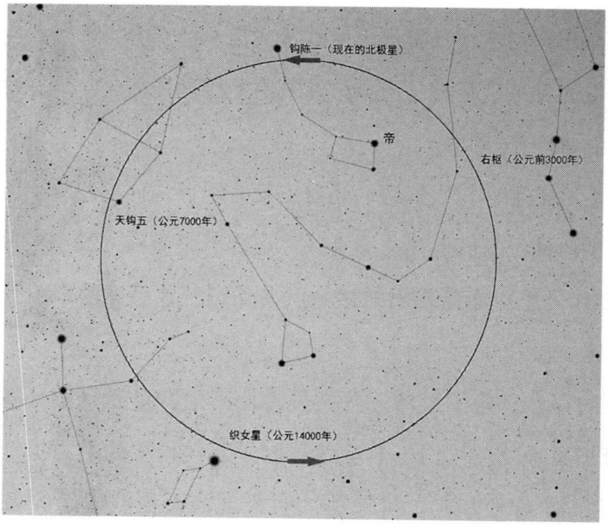

地轴以25800年为周期旋转，北极星也由不同的星星轮流担任

公元前1000年前后，北天极指向了小熊座帝星附近，帝星就是那时的北极星，帝星的名字就由此而得。此后很长时间，地轴指向的北天极附近没有亮星。几百年前，北天极渐渐指向勾陈一，于是勾陈一成为众星环绕的北极星。勾陈一的地位目前还在不断加强，因为地轴还在继续靠近它。100年后，22世纪初，北天极最接近勾陈一，然后渐渐偏离而去。公元130世纪，地轴将指向北天耀眼的明星——织女星。在那前后上千年时间里，织女星将成为北极星，正如公元前130世纪，它曾是冰川时期我们祖先的北极星一样。上一次织女星作为北极星时，地球上是荒芜的冰河世纪，地球自转轴进动了半圈后，地球上迎来了高度繁荣的现代文明；地轴再转动半圈，织女星再次成为北极星时，大地上又会是什么样子呢?

埃及首都开罗附近有一个小城叫吉萨，那里有大金字塔和狮身人面像。大金字塔建于5000多年前，里面有一个隧道，在金字塔内顺着隧道望去，正好能看到北极星。看来，古埃及的法老希望死后能够升到天的中央——北极星那里，继续在天上当他的法老。

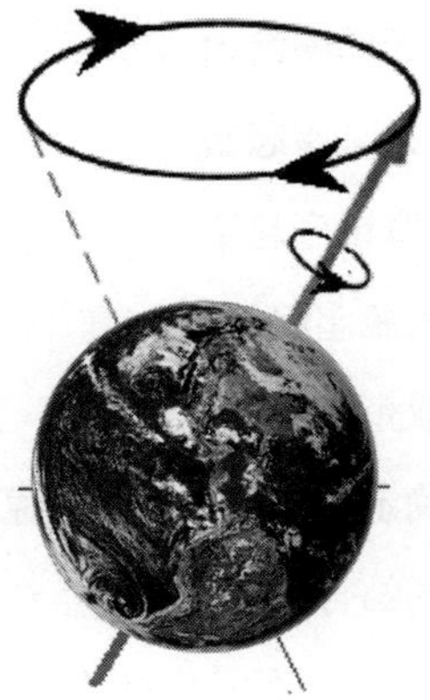

地球就像一个旋转的陀螺，自转轴以25800年为周期旋转进动

当时在金字塔隧道内看到的北极星，只是一颗不太亮的星——天龙座的右枢星。虽然暗弱，但因为它位于天之中央，众星环绕，也就具有帝王的地位。然而法老绝不会想到，北极星的帝王之位，居然也像人间的王朝一样会轮替。几百年后，随着一代法老王朝的结束，这颗暗弱的北极星也从金字塔隧道

的视野中渐渐隐去了。

月亮偷偷改变了你的星座

月亮带来的地轴进动还改变了很多人的黄道星座。根据占星学，一个人所属的黄道星座由阳历的生日决定，其具体边界和二十四节气相关联，一个人通过查阅自己出生那一年的二十四节气时刻，可以准确得到自己的星座，比如，2016年黄道十二星座边界范围如下（每年相差不大）：

春分（3月20日 12:30）白羊座起始

谷雨（4月19日 23:29）金牛座起始

小满（5月20日 22:36）双子座起始

夏至（6月21日 06:34）巨蟹座起始

大暑（7月22日 17:30）狮子座起始

处暑（8月23日 00:38）室女座起始

秋分（9月22日 22:21）天秤座起始

霜降（10月23日 07:45）天蝎座起始

小雪（11月22日 05:22）人马座起始

冬至（12月21日 18:44）摩羯座起始

大寒（1月20日 05:23）水瓶座起始

雨水（2月19日 13:33）双鱼座起始

之所以根据出生日期来确定星座，最根本的原因是，生日那天的太阳运行到了那个星座，太阳和星座的结合给刚出生的生命打上了特定的星座烙印。

然而，根据这个定义，大多数人的星座都是错误的，因为现在流行的星座日期范围是几千年前确定的。由于月亮牵引地轴进动，它导致的另一个结果是，每年的春分时刻，黄道上的太阳位置都会比前一年向西退一点点。几千年下来，地轴已经旋转了三十多度，太阳在黄道星座的运行日期已经大大不同了。

下面是目前太阳在各个星座的实际运行日期（每年大致相同）：

白羊座：4月19日～5月15日

金牛座：5月15日～6月22日

双子座：6月22日～7月21日

巨蟹座：7月21日～8月11日

狮子座：8月11日～9月17日

室女座：9月17日～11月1日

天秤座：11月1日～11月23日

天蝎座：11月23日～11月30日

蛇夫座：11月30日～12月18日

人马座：12月18日～1月20日

摩羯座：1月20日～2月17日

水瓶座：2月17日～3月13日

双鱼座：3月13日～4月19日

月亮给地球自转踩刹车

早期的地球旋转很快。地质学和古生物学方面的研究发现，3.7亿年前，每年有400天左右，那时一天约是21小时；13亿年前，地球一年至少自转546圈，一天只有16个小时。越往早期，地球的自转速度越快。在太阳系早期，地球飞速旋转。快速的自转不仅意味着生活节奏加快，夜晚的美梦被缩短，更重要的是，通常星体旋转愈快，风力就越强，持续时间也越久。狂风肆虐，巨浪滔天，没有片刻安宁，这样的环境对生命来说太过残酷。生命即使能够诞生，等待他们的也只是噩梦，而不是奇迹般的进化。

幸运的是，大自然给地球安排了月亮这个伴侣，它给地球的旋转踩了刹车。

地球表面大部分被海洋覆盖，当海水转动到月亮下方时，月亮的引力会把海水拉涨起来，并且反方向向西拉动，形成阻碍地球向东自转的力量，于是，地球的自转速度便一点点慢下来。这一过程一刻也没有

停息。目前，地球每自转一圈都比前一圈变慢0.000,000,02秒，自转速度每百年延长约2毫秒。经过几十亿年的缓慢减速，地球自转的节奏缓慢下来，狂澜止息，地球安静下来，成为一个美好的生命摇篮。

地球有了足够长的夜晚，使生命得以安眠并可以美梦连连；地球的气候足够温柔，使生命能够从容享受风和日丽的日子，这一切月亮功不可没。生命也没有辜负大自然的厚爱，在地球上顺利诞生并不断地进化下去。

渐渐远离而去

地球自转减慢的同时，月亮也渐渐远离地球而去。因为力的作用都是相互的，当月亮把海水向西方拉去时，海水反过来就会对月亮施加一个向东的力，这个力与月亮的公转方向相同，它使月亮公转速度增大，月亮就会渐渐远离地球而去。

月亮远离地球的速度现在已经可以精确地测量出来。几十年前“阿波罗”号登月时，宇航员在月球表面安放了一面镜子。此后，科学家从地球上向这面镜子发射激光，并通过激光往返时间测算月地距离。结果发现，月球每年远离地球约3.8厘米。

在早期地球的夜空中，月亮肯定是硕大而又明亮；随着地球自转渐渐减慢，月亮也渐渐远去，它在夜空中越来越小。当地球的自转速度接近24小时的时候，月亮的大小看上去正好和太阳差不多，这时候人类在地球上诞生。

因为月亮和太阳看起来差不多一样大，人类就能欣赏到一个极为壮观的天象——日全食。当月亮运行到太阳和地球之间，三者排列成一条直线的时候，就会发生日全食。随着月亮继续远离，它看上去会越来越小。大约6亿年之后，月亮将不再能完全遮挡太阳，那时候在地球上就再也看不到日全食的天象奇观了。

第 33 章　舰队

太阳系是一个完美的宇宙生命保障系统

整齐的队列

如果把地球比作一艘宇宙飞船，太阳系就是一个庞大的舰队，舰队里有八大行星，依次是：水星、金星、地球、火星、木星、土星、天王星、海王星。地球之外的七大行星就像地球飞船的护卫舰，航行在地球飞船的内外两侧，小心翼翼地护卫着承载生命的地球飞船。

八大行星的阵形非常规范，总结起来有三个特点：

共面性：行星都近似位于同一个平面；

同向性：行星围绕太阳公转的方向都相同；

近圆性：行星的轨道都很接近圆形。

八大行星到太阳的距离也暗含某种深刻的法则，如果取一列数：

0，3，6，12，24，48，96，192……

将每个数加上4，再除以10，就得到一个新数列：

0.4，0.7，1.0，1.6，（2.8），5.2，10.0，19.6……

这个数列就是行星到太阳的距离之比，称为提丢斯-波得定则，其中的2.8处为小行星带。

太阳系天体数量众多，除了八大行星外，还有若干矮行星，数十万颗小行星，上千亿颗彗星。太阳占据了绝对的支配地位，它占了太阳系总质量的

99.86%，八大行星和所有其他天体加起来，质量总和还不到太阳系的0.2%。这样，太阳的引力就起到了绝对支配地位，它牢牢地控制着众多天体，使它们老老实实运行在自己的轨道上，形成了一个和谐有序的庞大阵列。

太阳系是目前所知的唯一的生命系统，借助这个样本，我们可以更好地理解外星生命可能具备的条件。

一般来说，适合生命的行星到恒星的距离应当恰到好处，也就是落在恒星的“生命带”里。然而，恒星的生命带会有多宽？行星距离恒星太近或者太远可能会导致什么样的结果？太阳系这个样本会给我们带来很多启示。

类地行星

八大行星中，有四颗位于温暖的太阳系内部，称为内行星，它们是：水星、金星、地球和火星。水星、金星、火星和地球类似，主要由岩石构成，体积和质量都较小，平均密度较大，表面温度较高，它们与地球一起又称为类地行星。

水星

水星是一个相对较小的行星，直径4800公里，距离太阳平均6000万公里。这样，水星的第一个特点是很热。当水星运行到近日点附近的时候，天空中的太阳看上去就相当壮观，大小相当于地球天空太阳的10倍。在强烈的太阳光照射下，水星地表温度最高可达摄氏400多度，铅和锡在这里也会熔化。而在星球的另一面，黑夜则是漫长而寒冷的，温度低到摄氏零下200多度，这是因为水星的大气极其稀薄，无法把热量散播开来。

假如一颗行星距离其恒星很近，它的最大特点会是很热。

其次，因为来自恒星的辐射太强烈，它表面的空气分子很容易被剥离，因此行星上不会有浓厚的大气，也就不可能有液态水，这样的行星难以支持生命。

距离恒星近的行星还有一种特殊的情况，就是自转很慢，其自转周期和公转周期或者相同，或者是某种比例的共振。月亮离地球很近，它的自转周期和公转周期就相同，这导致它永远以相同的一面对着地球。水星则形成了奇特的3:2共振比例，也就是自转三周的时间里恰好公转两周：自转一周需要59个地球日，公转周期是88个地球日。水星自转三周才会出现一次昼夜变化，它的一天等于地球上的176天。

水星这漫长的一天显得非常奇特：太阳从东方升起，极其缓慢地朝天顶移动，变得越来越大；然后，太阳会停顿下来，继而向东退回去，退一小段距离后再次停住，然后再继续向西方运行，同时渐渐缩小。由于水星上没有空气，即使在白天，水星的天空也是黑暗的，太阳的外层大气日冕可以显露出来，而星星则会和太阳一同出现在天空，虽然明亮，却不会闪烁。

金星

金星和地球很像是一对姊妹行星：它们有很多相似的地方，金星只是在个头上稍小一点，重量上稍轻一点，距离上稍近一些，看起来就像是大自然为生命备份了两颗行星，但现在的金星环境却相当极端。

金星甚至比水星还热，它全球表面的温度高达480度。这是因为金星有着极为浓密的大气，表面大气压相当于地球海洋一公里深处的水压，大气中97%是二氧化碳，其中漂浮着硫酸的云层。二氧化碳强大的温室效应，导致了金星表面的高温，猛烈的风又把热量布散到金星各处，使得金星上没有凉爽的夜间，也不存在寒冷的两极地区。与地球自转轴的23度半倾角相比，金星的自转轴倾角只有2度多，几乎和公转轨道面垂直，这使得金星也没有季节变化。

金星的大气活动极为猛烈，常常会出现大规模的闪电和雷鸣。前苏联1978年发射的“金星12号”探测器降落金星表面过程中，记录到1000次闪电，最大的一次持续15分钟。金星表面遍布火山，直到现在它们还在不停地喷发，滚滚岩浆到处流淌，外表美丽的维纳斯其实是一个实实在在的炼狱。

地球和金星这对姊妹行星，到太阳的距离仅仅相差了4200万公里，环境相差就如天壤之别。由于这两颗行星是由同一片星云物质形成的，最初它们的条件应该非常接近，现在为什么差异如此巨大呢？一个很可能的原因是，地球正好落在了太阳的“生命带”内——距离太阳不远也不近，而金星则没有，距离的这一点变化引起的连锁反应，最终导致了金星环境发展到了另一个极端。这样，太阳或者其他恒星的“生命带”很可能并不像一部分乐观天文学家

前苏联“金星13号”1981年登陆金星表面，工作了127分钟就毁坏了。

火星

地球轨道外面的火星，被看做地球的“孪生兄弟”，因为两行星有很多相似之处：火星的自转周期是24小时37分，这样它的昼夜变化就与地球非常类似；火星自转轴的倾角是25度，接近地球的23度半，这样它的四季变化就与地球非常类似，只不过火星的一年要长些，是687天；火星的两极有白色的极冠，使人想到地球白雪皑皑的两极地区。直到20世纪初，很多人都还相信火星上生活着高度智慧的火星人。

2015年9月，美国宇航局发现火星表面有间歇性的液态水体出现。“好奇号”火星探测车甚至在火星上发现了一个早已干涸的远古淡水湖，并且找到了碳、氢、氧、硫、氮等关键的生命元素，由此推测，在遥远的过去，火星很可能拥有充沛的水。天空里飘浮着朵朵白云的火星给人以无限遐想，有人甚至异想天开地提出，也许地球人就来自火星。

地球这个“孪生兄弟”现在的情况不是太妙。火星的大气极其稀薄，大气压不足地球的1%，其中95%是二氧化碳。远离太阳，大气又稀薄，导致它极为寒冷，表面平均温度比地球低了约50度。

火星地表极为荒凉，到处是沙砾与岩石覆盖的平原，因为其沙石中含有铁锈（氧化铁）的成分，看起来呈暗红色，就像一颗生了锈的星球。火星上常常刮起巨大的风暴，漫天沙尘遮天蔽日，甚至能覆盖整个行星。

看来，即便是类地行星，它们的环境差别也极大。宇宙为太阳系预备了四

"勇气"号拍摄的火星日落。在火星上观看日落，会是怎样的心情?

类木行星

八大行星中的另外四颗——木星、土星、天王星、海王星，都位于寒冷的太阳系外部，称为外行星，土星、天王星、海王星都和木星类似，与木星一起称为类木行星。

类木行星的第一个共同特点是体积巨大。最大的是木星，直径14万公里，体积是地球的一千三百多倍，质量是地球的318倍，其他七大行星全部加起来，质量还不到木星的一半。土星排第二，直径12万公里，体积是地球的750倍，它和木星一起还被称为巨行星。天王星和海王星排在第三位和第四位，直径分别是5.1万公里和4.9万公里。接下来我们将会看到，巨大的类木行星在保护地球安全方面起着重要的作用。

类木行星的第二个共同特点是，其表面是主要由氢气和氦气形成的浓密大气层，大气层下面是由液态氢和液态氦组成的深深的海洋，温度都在摄氏零下一百多度。有一个石质和铁质的核心，但只占不大的比例。因此，类木行星的密度都比较低，其中土星的密度最低，只有水密度的70%。

这样，类木行星明显是不适合生命的，但它们的一些卫星，体积颇大，且具有固体的外壳，而且含有液态水，被认为是很有希望的星球，其中木卫二是最被寄予厚望的一颗。

木卫二比月亮稍小，直径3100公里，拥有稀薄的含氧的大气，与木星之间的平均距离为67万公里，公转一周只需三天半时间。跟其他的木卫一样，木卫二被木星的潮汐力锁定，永远以固定的一面朝向木星。木卫二的表面覆盖了一层厚厚的冰，冰层上布满了陨石撞击坑和纵横交错的条纹，冰层下面很可能隐藏了巨大的液态水海洋，其水量之大，超过了地球上的总水量。这个巨大的液态海洋里，会游动着各种稀奇古怪的鱼类吗？也许，能够发现微生物的迹象，就是寻找外星生命的巨大突破了。

大行星对地球的保护

木星、土星、天王星、海王星这些巨大的类木行星在太阳系舰队里无疑担负着护卫舰的角色，它们在地球的外围构筑起一道道保护屏障，抵御外来的袭击者，大大降低了小天体撞击地球的概率。如果有不速之客闯入太阳系，这些护卫的大行星会利用强大引力把它们捕获，从而消灭这些来袭者。1994 年 7 月，人类就亲眼目睹了一次这样的过程 —— 一颗名叫苏梅克–利维9号的彗星被木星捕获并消灭。

这颗彗星很久以前从外太空闯入太阳系，悄无声息地潜伏在太阳系里，游荡了一圈又一圈。彗星的行踪逃不过木星，木星早已盯上了它。不久，彗星就被木星的引力捕获，被迫环绕木星飞行。接着木星开始了第二步惩罚。

1992年7月9日，彗星被木星拉扯到自己的洛希极限内。洛希极限就是造成天体解体的最近距离，木星的洛希极限距离其表面12万公里，一颗小天体进入木星上空12万公里以内，就会被木星引力的潮汐作用扯碎。这一次，苏梅克–利维9号彗星被木星揪到距表面4万公里，结果其彗核被碾碎成无数碎块，最大的直径有三四公里。在木星潮汐力的作用下，这些碎块又排成整齐的一列，乖乖地围绕木星运行，远远看去，就像一列彗星列车，又像一串璀璨的太空项链。

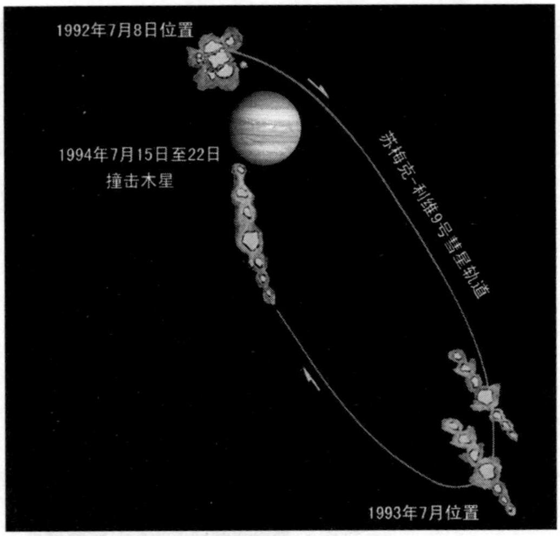

惩罚依然没有结束。木星用引力把苏梅克–利维9号这个大项链在太空甩出5000万公里，之后再把它拉回来，最终收进自己的怀抱里。

那是1994年7月17日，这列长达200万公里的彗星列车末日来临。它以每秒60公里的速度撞击到木星表面，撞击持续到7月22日。5天多时间里，苏梅克–利维9号彗星总共释放了40万亿吨TNT当量的能量，相当于20亿颗广岛原子弹爆炸的威力，爆炸产生的火焰温度达到7000摄氏度，比太阳表面温度还高；爆炸的闪光如此之强，以至远在8亿公里外的地球人类借助望远镜就可以亲眼目睹。木星表面虽然被撞出了几块小黑斑，一段时间过去，就一点痕迹也没有了。

据有人统计，发生在木星上的小天体撞击概率是地球的2,000至8,000倍，毫无疑问，由于木星等大体积行星在外围的拦截，地球的安全系数大大增加。恐龙灭绝被认为很可能是天体撞击造成的，那样规模的撞击概率大约1亿年会有1次。如果没有四颗类木行星在太阳系外围的保护，地球遭受大撞击的概率就会大大增加，如果是那样，大型哺乳动物尤其是人类，在地球上恐怕永远没有出头之日了。

行星清空了太阳系内的威胁

地球处在温暖的太阳系内部，有一个安全的环境，这得益于众行星早期对太阳系内部的“清空”。太阳系这个大舰队初建成功的时候，会遗留下很多小天体，如果它们一直在太阳系内部晃悠，对生命来说绝非吉祥。大行星们会通过一种称为“引力弹弓”的方式把小天体弹射到太阳系外，从而清空这些危险分子。

引力弹弓效应，就是小天体靠近行星时，被行星引力拉着飞行一段距离，从而获得更大的速度。在机场或商场平缓的电梯上很容易体验到这种感觉，以某个速度走上电梯，并在电梯上保持步行速度，运行的电梯会把能量传递给你，等到下电梯时就会明显感觉到速度加快了。在太空探索中，科学家们常借用行星的“引力弹弓”来给探测器加速，从而用较少的燃料到达较远的目标。1977年发射的旅行者号姊妹探测器，就上演了利用行星引力弹弓飞出太阳系的精彩一幕，这过程有助于我们理解引力弹弓的强大效应。

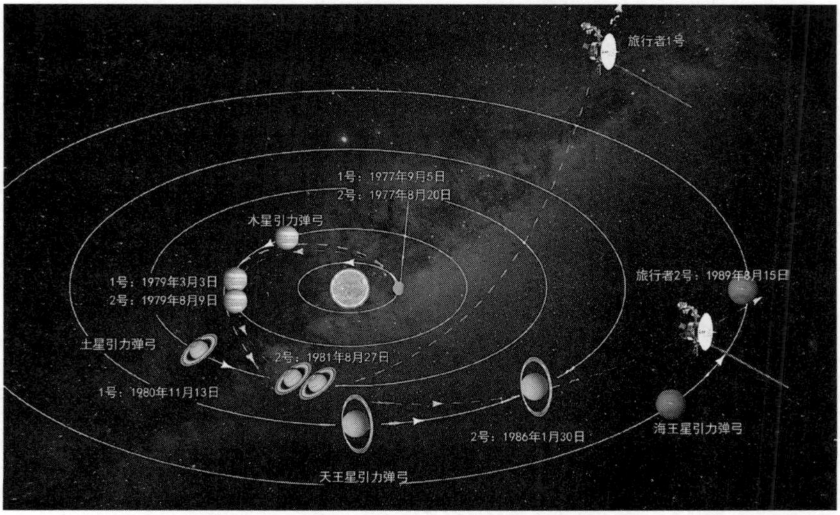

旅行者1号2号利用行星引力弹弓弹出太阳系的过程

旅行者号的发射利用了179年一遇的特殊行星排列。1979年8月9日，旅行者2号飞越木星，木星的引力弹弓把它弹向土星；1981年8月27日，旅行者2号飞越土星，土星的引力弹弓把它弹向天王星；1986年1月30日，旅行者2号飞越天王星，天王星的引力弹弓把它弹向海王星；1989年8月15日，旅行者2号飞越海王星，海王星的引力弹弓给它最后一次加速，旅行者2号踏上了飞向太阳系外的漫漫旅途。

旅行者1号晚半个月发射，但它进入了一条更快的轨道。1979年3月3日，旅行者1号到达木星，并借助木星的引力弹弓弹向土星；1980年11月13日，旅行者1号到达土星，由于发现土卫六拥有浓密的大气层，控制人员临时决定让旅行者1号舍弃探访天王星和海王星的计划，让它靠近土卫六探测，然后利用土卫六的引力弹弓效应，直接弹向太阳系外，目前旅行者1号是飞得最远的人类探测器。

行星清空太阳系的引力弹弓效应与旅行者号的发射类似，但引力弹弓的加速不需要一次完成，每一次加速都会使小天体能量提升，轨道变得更大，经过多次轮回，甚至持续若干万年，小天体最终会被弹出太阳系。对于已经有50亿年历史的太阳系来说，在地球上进化出哺乳动物之前，大行星有足够的时间来清除太阳系内部，为地球生命预备好安全的太空环境。

太阳系为何如此稳定

太阳系已经存在了50亿年，这样一个庞大的联合系统为什么能够如此稳定而长久地存在呢？科学家们是相当困惑的。

早在牛顿的时代，人们就已经发现，木星在缓慢地进行螺旋向内运动，而土星则逐渐向外，照这样下去，几万年之后太阳系就会崩溃。牛顿无法用他的理论来解释这一现象，因为如果考虑所有行星之间的引力关系，就太麻烦了，牛顿认为它超出了人类思维所能及的范围，只能把太阳系的稳定归为上帝大能的控制。

但1776年法国的拉普拉斯攻克了这一难题。拉普拉斯是天体力学的集大成者，他证明，木星和土星的轨道变化是周期性的，木星缓慢螺旋向内运动到一定程度，就会反过来向外运动回去，而土星向外运动到一定程度也会返回内部，这是一个周期为数千年的振荡而已。

拉普拉斯又用自己的理论来反演太阳系，推断出行星在古代天空中的位置，比如他曾推算出，“公元前228年3月1日4时23分（巴黎时间），土星位于室女座 γ 星（东上相）下方两个手指处”，这结果和2000年前巴比伦人的观测记录惊人地吻合，这使拉普拉斯对天体力学的自信达到顶点，并最终导致了拉普拉斯式的决定论：假如有一个全能的智者（后被称为拉普拉斯妖），能知道某一刻所有自然运动的力和物体位置，那么未来就会像过去那样出现在他面前。

当时拿破仑问拉普拉斯：“你的学说里为什么没有上帝？”拉普拉斯毫不犹豫地回敬道：“陛下，我不需要那个假说。”在拉普拉斯体系下，一切都是精确可知的，太阳系是完全稳定的，拉普拉斯认为他已经证明了行星的轨道是“牢不可破”的。

但后来人们发现拉普拉斯还是错了，后来的数学证明，行星轨道从长期来看本质是混沌的，不可预测的。对于一个天体系统来说，一个微小的引力扰动，在若干万年以后究竟会引发什么样的后果，从根本上无法确知，就如同蝴蝶效应一样，任何有关行星命运的结论都必须用概率来表达。

现代的天文学家使用超级计算机模拟太阳系的行星运行，发现即使把行星的位置精确到一个原子直径，依然无法准确预报1亿年之后它们的位置，这表明太阳系本质确实是混沌不可知的，各种结果都有可能出现，比如地球撞向太阳或被弹出太阳系等极端结果都可能。

但一个明显的事实是，自太阳系形成以来，这个庞大而复杂的天体系统已经稳定地运行了50亿年。这表明，大自然存在一种人类尚不明白的机制，能够维持太阳系的长久稳定。

太阳系实在是一个理想的宇宙生命保障系统，当这个系统预备好之后，生命就在地球上顺利诞生了，那是宇宙伟大创造的自然延续。

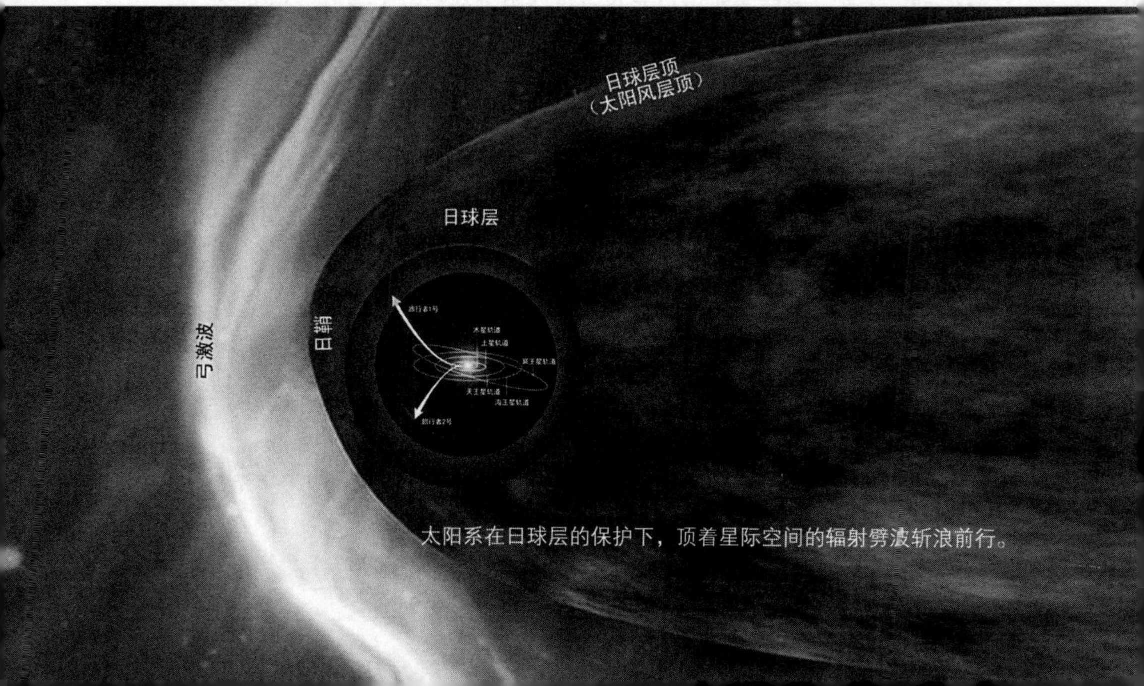

太阳系在日球层的保护下，顶着星际空间的辐射劈波斩浪前行。

第 34 章　茫茫宇宙觅知音

高级智慧生命绝不仅仅生存于地球上

存在外星人吗?

我们是宇宙孤独的旅行者吗？外星球上存在智慧生命吗？夜空的点点繁星里，会不会有无数双眼睛也在搜寻和仰望我们？

宇宙如此浩瀚，仅仅只有地球这一个星球上有智慧生命，是很奇怪的事情。就像一棵枝繁叶茂的大果树，只在其中的一个小枝头挂着一只小小的果子，这当然很不合理。在很多天文学家看来，询问外星人是否存在这个问题，有些类似于哥伦布航海之前人们问：存在新大陆吗？新大陆上会有人吗？其实，太阳系外每一个类似地球的行星都是一个新大陆，如果在某些新大陆上生存着未知的“印第安人”，是很平常的事情。

1961年11月，美国西弗吉尼亚州绿岸镇附近的射电天文台，举办了一次探讨地外智慧生命的学术会议。与会的科学家们普遍相信，在合适的行星上出现生命是确定无疑的。天体物理学家德雷克甚至提出了一个“绿岸公式”，来推测银河系内有可能与我们进行通讯的智慧文明数量。因为各项因子都不确定，推测的结果差异很大，卡尔·萨根最乐观，他估计银河系有超过100万个文明星球，科幻作家阿西莫夫认为这个数目是50万，德雷克本人估计是1万个。大家估算最少数目也不会低于40，这个数字和“银河系漫游指南”里给出的宇宙终极答案——42很接近。

外星人会是什么样子？会在哪里？

地球是大自然给我们的明显启示。外星生命纵然可以极端不同，但基本上可以肯定，最大的可能是类似地球的、基于碳基编码的生命，因而，它们的生存环境应该类似地球。

这样，天文学家们就把寻找外星生命的目光投向了类地行星，那里应该有水，有氧气，温度合适。当然，前提是，必须先有一颗适合生命的恒星。

什么样的恒星支持生命?

仰望布满星星的夜空总会让人有无限的遐想，那些星点旁边的行星里会有智慧生命存在吗？那上面有孩子们正在嬉笑追逐吗？有青年男女在谈情说爱吗？有农夫正在田间劳作吗？有军队正在激烈厮杀吗？有老年人在冬日的暖阳里憩息吗？有车水马龙的街市吗？这发生在我们身边的一幕幕，是那样平淡无奇，不会引起关注，但如果这样的情景正在外星球上演，着实会让我们震撼不已。

究竟哪些恒星能够支持智慧生命呢？

第一，支持智慧生命的恒星最可能是主序星。

主序星就是处于青壮年时期正常发光的恒星，它们由核心的氢核聚变反应提供能量。如果一颗恒星已经老去，变成了红巨星甚至白矮星，它的周围将不会有生命；即使以前曾经有过，也会在主序星向红巨星和白矮星的剧烈转变中消亡。

金牛座的亮星毕宿五是冬夜的明星，它正步入晚年，体积大大膨胀，直径超过6000万公里，如果把它放到太阳位置，在地球上看，它的圆面比太阳大1800多倍。这个阶段的毕宿五很不稳定，亮度极不规则地变化，在1000万年内就会变成星云。哈勃空间望远镜观测到毕宿五至少拥有5颗行星，可以断定，在这些行星上不会再有孩子们的欢声笑语了。

同样，天蝎座的心宿二、猎户座的参宿四都是明亮的红巨星，也不要期待在它们周围有灯红酒绿的场景。参宿四已经演化到红巨星末期，随时都可能超新星爆发，它若爆发，亮度会超过满月，白天也能看见，这奇观非常值得期待。鉴于它距离我们有六百多光年，它的光芒传递到地球需要走六百多年时间，说不定它已然爆发，超新星的光芒正在飞向地球的途中也未可知。

牧夫座明亮的大角星是一颗橙色巨星，它的质量和太阳差不多，但演化到后期的它体积已经膨胀到太阳的一万多倍，辐射强度比主序星时期强了好多倍，即使它周围曾经孕育了智慧生命，他们也会在经历一段炼狱般的挣扎后归于寂静。小犬座的南河三是太阳系的明亮近邻，闪光在冬夜的星空里，距离只有11.4光年，但它也开始走向晚年，已经膨胀成为亚巨星，正在向红巨星演变，智慧生命存在的可能性正在消失。

太阳系附近还有两颗著名的白矮星——大犬座的天狼星B、小犬座的南河三B，距离分别是8.6光年和11.4光年。红巨星推开外层气体剩下的残骸是白矮星，这一过程抛失了大量质量，但不会毁灭恒星周围的行星。行星会因为中央恒星的质量变小而缓慢外移，从而在一个更大的轨道上继续围绕白矮星运行，只是它上面的智慧生命不可能捱过这漫长的灾变过程。

银河系的恒星有10%步入老年，成为红巨星或白矮星，在这些星球周围的行星上，不可能再有燕子呢喃，也不会听到白鹤鸣叫，一切劳作的声音也都止息了。

第二，大质量恒星难以孕育智慧生命。

要孕育智慧生命，恒星必须维持足够长的稳定发光时间，也就是寿命足够长，使生命有时间进化。地球进化出智慧生命用了46亿年，不能确定这一时间长度是否具有典型性，但在地球上，所有同类的生物都有类似的生命周期，进化本身也很可能存在类似的周期，外星智慧生命进化需要的时间也不会相差太悬殊——大约10亿年的假设是比较合理的，这就要求恒星的寿命最好在10亿年以上。

处于青壮年时期的主序星，质量越大，燃烧越猛烈，寿命就越短。大质量恒星能够快速为银河系制造出支持生命的重元素，但其本身却不太适合支持生命。例如，天狼星A的质量是太阳的2倍，它只能在正常的主序停留10亿年，然后就会膨胀变成一颗红巨星，它目前的年龄只有几亿年，这对进化出智能生命来说显得不太充分；虽然有流传很广的关于天狼星人的传说，但它周围有智慧生命的可能性微乎其微。

织女星的情况和天狼星A差不多，它的质量是太阳的2.5倍，寿命不到10亿年；狮子座的亮星轩辕14质量是太阳的4倍，寿命只有1亿岁，目前年龄是5000万岁，天文学家们不会把宝贵的望远镜使用时间浪费在它们上面。

猎户座的参宿七、天鹅座的天津四质量更大，是超级巨星，更不可能支持生命了。不过大质量恒星数量不多，只占银河系恒星总数的1%。

第三，小质量恒星对生命并不理想。

小质量恒星温度较低，颜色发红，大多是红矮星。红矮星燃烧缓慢，具有非常长的寿命，比如离太阳系最近的恒星——比邻星，就是一颗红矮星，其质量是太阳的1/8，寿命超过1万亿年，但这样的恒星太暗，比邻星发光量大约只有太阳的1/20000，一年发的光还不及太阳的半小时。

一颗围绕红矮星运行的行星要能孕育生命，唯一的办法是向恒星靠拢，以获得足够的热量。但这时恒星的潮汐引力很可能会将行星锁定，行星永远只能以一面对着恒星，就像月亮绕地球那样，结果行星的一半被持续烘烤，另一半则近乎永久冰冻，这当然对生命是很不利的。如果行星上的空气很多，它的气候会很不稳定，热空气与冷空气的循环会导致猛烈的暴风席卷整个行星，且永不停息；如果行星上的空气稀薄到足够平静，它又难以维持智慧生命的需要。

不但如此，大多数红矮星还相当不稳定，经常产生强烈的耀斑爆发。天文学家发现一些红矮星每天能爆发多次耀斑，紫外辐射会瞬间增强几百倍到上万倍。在那几分钟内，恒星甚至由红色变成蓝色，辐射出强烈的紫外线，这会杀死行星上暴露在外的生命。另外，红矮星的紫外线和高能带电粒子很容易把距离很近的行星大气吹跑，导致行星失去它的大气层，进而失去它表面的海洋。红矮星如果有强大的磁场，可以保护自己免受高能辐射的袭击，可由于它自转极慢，即便有一个金属内核，也不太可能有强大磁场。由于这些原因，红矮星周围的环境必定极为艰苦，不排除大质量红矮星周围有低等的微小生命生存在行星的表面之下，但大型智慧生命生存的可能性极小。

绝大多数红矮星可以从支持智慧生命的恒星名单里暂时排除，这部分恒星占银河系恒星的80%以上，这样，能够支持智慧生命的恒星不会超过总数的10%。

第四，有些双星难以支持智慧生命。

双星在银河系很普遍，太阳系的近邻南门二就是一对双星，很多人称它是人类恒星际旅行的第一站。

这两颗恒星和太阳很相似，A星稍亮一点，B星稍暗一点，每一颗星都是最理想的生命支持者，但它们两个一绕转，情况就不太妙了。南门二双星在一个椭圆轨道上互相环绕，周期80年，相距最近约17亿公里，比太阳到土星稍远；最远53亿公里，比冥王星稍近。

如果有一颗行星在类似地球的轨道上环绕南门二A星，从行星上看，A星和太阳差不多，B星的亮度在170个满月至2300个满月间变化。

如果一颗行星在类似地球的轨道上环绕南门二B星，从行星上看，B星和太阳差不多，A星的亮度在520个满月至6300个满月之间变化。

对于习惯地球夜空的人类来说，双星的天空是奇特的，但对围绕双星运行的行星上的生命来说则是不祥的。在双星干扰下，行星的轨道很难维持稳定；甚至，双星之间的广大区域里难以形成行星，除非离某一颗恒星距离特别近。当恒星演化时，一颗恒星的引力会影响另一颗恒星的物质盘，两颗恒星都难以产生行星，存在于恒星周围的将是无数颗毫无价值的小行星。事实上，太阳系的小行星带，位于火星和木星之间，就是一个没能形成行星的遗物，那是木星引力干扰导致的结果。

2012年10月16日，天文学家在南门二B星旁发现一颗行星，质量与地球相当，它果然紧贴着B星运行，距离只有0.04天文单位——600万公里，是水星到太阳距离的1/10，每3天多一点就绕恒星公转一周；行星表面温度至少有1200度，是不可能有生命存在的。

综合各种条件，适合生命的恒星能够百里挑一就算不错了。由于银河系有3000亿颗恒星，这样算下来大概会有30亿颗适合的恒星，它们都很类似太阳，这是自然的，因为太阳本身在孕育生命上相当成功，和它越相似才越有希望。

寻找类地行星

有了合适的恒星，还要有围绕该恒星运行的类似地球的行星。太阳有八颗大行星，其他的恒星也都会有自己的行星吗？这些行星中有类似地球的行星吗？

由于行星比恒星小得多，自身又不发光，探测起来非常困难。比如，从10秒差距（32.6光年）外观测太阳系，地球的亮度只有28等，而且紧挨着太阳，完全淹没在太阳的光辉里，直接用望远镜看到的可能性极为渺茫。天文学家们主要用间接方法寻找行星，比如行星引力会拉动恒星，使其运动速度发生微小变化等。现代测量技术进步之大令人惊讶，4.2光年之外的比邻星速度哪怕是每秒1米的变化——相当于人的步行速度，都可以被测量出来。

1995年11月，天文学家发现了飞马座51星的一颗行星。飞马座51星距离约50光年，质量、大小都和太阳差不多，是非常理想的恒星，然而那颗行星距离恒星太近，不到800万公里，只有水星轨道的1/8，围绕恒星旋转一周只需4.2天，明显不在恒星的生命带里。

此后，由于技术改进，尤其是2009年以搜寻行星为目标的开普勒空间望远镜发射升空，太阳系外行星发现得越来越多。这些行星大多是类似木星的巨大行星，距离中央恒星大多小于日地距离，与地球的条件相去甚远。

2015年7月24日，开普勒空间望远镜新发现了第1935颗系外行星——开普勒452b，它被称为“地球2.0”。从外观上看，开普勒452b与地球的相似度达到了98%，直径是地球的1.6倍，到母恒星的距离和日地距离差不多，公转周期385天。

其母恒星开普勒452位于1400光年远的天鹅座方向，也是一颗非常理想的恒星：年龄约60亿年，温度和太阳相同，亮度是太阳的1.2倍。目前离确定开普勒452b上面是否有生命还为时过早，因为无法确定上面是否有水和空气。

2016年5月10日，美国宇航局又公布了开普勒太空望远镜确认的1284颗系外行星，使发现的太阳系外行星总数超过3200颗，处在恒星宜居带内有希望存在生命的系外行星达到21颗。

太阳系外行星的大量发现，证实了天文学家们的猜想：恒星普遍都有自己的行星。但是，行星的个头类似地球吗？到恒星的距离合适吗？有适宜的温度吗？表面有大量的水吗？有充足的氧气吗？

这些条件都具备的比例是相当低的，加上恒星的因素，粗略地估计，银河系将会有几十万颗类似地球的行星，它们是广袤的银河大漠中的绿洲，很可能生存着智慧生命。

与外星人联系的尝试

如果茫茫宇宙中存在大量的外星智慧生命，我们能和这些外星人建立联系吗？这是一个巨大的诱惑，20世纪70年代，科学界刚刚具备大功率射电通讯能力，天文学家们就开始了与外星人联系的尝试。

波多黎各山谷中那台巨大的射电望远镜——阿雷西博望远镜是探索外星智慧生命的先锋，1974年，科学家们把这台射电望远镜对准武仙座的球状星团M13，向其发送了一组信号，透露出了人类的一些关键信息，比如人类的DNA构成，人类的外形、身高、数量，太阳系的情况等。M13距离远在25000光年之外，这些无线电信号传递到那里，需要25000年时间。如果那里有高度智慧的外星人，能够接收到这信号，并给予回应，信号传回地球也是5万年以后的事情了。

距阿雷西博发展信息仅仅过去了不到半个世纪，现在看发送的信息已经过时了不少。人类DNA双螺旋碱基对的数量搞错了；地球人口数量又增加了快一倍；那时候太阳系是九大行星，现在成了八大行星。2006年，国际天文学联合会重新定义行星概念，冥王星从太阳系“第九大行星”地位下降到“矮行星”。不知道这些信息会不会误导外星人，但这可能让霍金感到满意，按照霍金的看法，最好不要把人类的信息披露给外星人，那可能给人类带来危险。

霍金的忧虑和科幻小说中的黑森林法则有些相似，这法则认为，宇宙就是一座黑暗森林，每个文明都是带枪的猎人，像幽灵般潜行于林间，消灭出现在他面前的每一个生命，因为那对他而言是永恒的威胁。这样，任何暴露自己存在的生命都将被很快消灭。

霍金也许有些杞人忧天，因为结论完全有可能相反，高度文明的外星人也可能不像地球人那样富于侵略性。要想到达其他星球，技术必须发展到很高的水平。技术永远是一把双刃剑，如果一个星球的文明发展出极高的技术，而他们的道德水平却不能约束它，那么这技术最可能首先毁灭自身。因此，越是科技发达的文明，它的道德水平可能越高。这样，主动发射信号去搜索外星文明，根本就不是什么危险的事。

再回到20世纪70年代。那时代人们对太空探索几近狂热，不考虑什么时候或者能不能收到回音，也不考虑危险不危险，只管去做。在那个十年里，美国先后发射了四艘飞向太阳系外的探测器——先驱者10号、11号，旅行者1号、2号，这四艘探测器都有和外星智慧生命联络的方案。

先驱者10号和11号上面携带的是一张地球名片——一张15×23厘米大小的镀金铝板，它把地球人类的关键信息暴露无遗。

名片上刻有地球人类男女的裸体形象，男人举起右手表示向外星人致意；在他们身后，是相同比例的先驱者号飞船的轮廓，外星人可以根据比例推断出地球人身高。

名片的左方绘有一个放射性的符号，有15条直线从同一点放射出来，其中14条线段表示银河系中14颗特定频率的脉冲星，它们标记了太阳的位置，高度发达的外星文明可以根据每颗脉冲星独特的讯号周期轻而易举地找到这些脉冲星并定位太阳系。

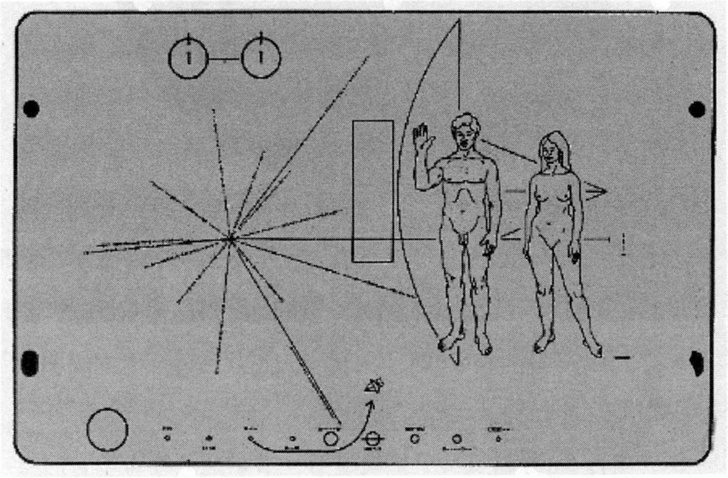

找到太阳系后还能很快定位地球，因为铝板下方绘出了太阳系的图案。太阳与行星按由内向外的顺序画出，圆圈的大小代表星体的相对尺寸。从左数第四个小圆圈发出的曲线表示先驱者号探测器的旅行轨迹：由太阳系的第三颗行星——地球出发，绕过第五颗行星——木星，向太阳系外飞去。

旅行者1号和2号上携带的是一张金唱盘，存储的信息比先驱者号丰富了许多。金唱盘里存储有116幅图像，展现了地球各种风貌；有一个90分钟的地球之声，记录了地球上的各种声音；有27首世界名曲，包括中国古曲《流水》；有55种人类语言对外星人的问候，其中包括四种中国的方言（普通话、闽南语、粤语、吴语），不知道外星人能否感受到地球人的友善和向往。金唱盘中还有这样一句话：

“通往星空之路困难丛生”。

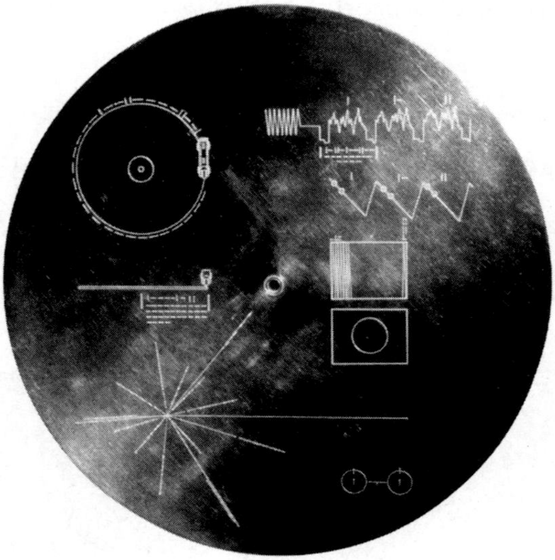

参与设计先驱者号地球名片和旅行者号金唱盘的人中，卡尔·萨根是极为热心的一个。在美国，作为天文学家的卡尔·萨根的知名度一度超过所有的影星、歌星、国家领导人，1991年美国青少年评选的“十大聪明人”，卡尔·萨根名列榜首。

1989年，旅行者1号越过冥王星轨道后，卡尔·萨根希望它回望一眼地球，让人类获得一个遥望地球的视角。1990年2月14日情人节这天，在64亿公里外，旅行者号拍摄了地球的照片——迄今为止最远的地球照片，一个只有3个像素的蓝色小点。

根据这张照片，萨根后来写成了科普名著《暗淡蓝点》，在书的序言中萨根写道：

再看看那个光点，它就在这里。那是我们的家园，我们的一切。你所爱的每一个人，你认识的每一个人，你听说过的每一个人，曾经有过的每一个人，都在它上面度过他们的一生。我们的欢乐与痛苦聚集在一起，数以千计的自以为是的宗教、意识形态和经济学说，所有的猎人与强盗、英雄与懦夫、文明的缔造者与毁灭者、国王与农夫、年轻的情侣、母亲与父亲、满怀希望的孩子、发明家和探险家、德高望重的教师、腐败的政客、超级明星、最高领袖、人类历史上的每一个圣人与罪犯，都住在这里——一粒悬浮在阳光中的微尘。

在浩瀚的宇宙剧场里，地球只是一个极小的舞台。想想所有那些帝王将相杀戮得血流成河，他们的辉煌与胜利，曾让他们成为光点上一小部分的转眼即逝的主宰；想想栖身于这个点上的某个角落的居民，对别的角落几乎没有区别的居民所犯的无穷无尽的残暴罪行，他们的误解何其多也，他们多么急于互相残杀，他们的仇恨何其强烈！

……

有人说过，天文学令人感到自卑并能培养个性。除了这张从远处拍摄的我们这个微小世界的照片，大概没有别的更好办法可以揭示人类的妄自尊大是何等愚蠢。对我来说，这强调说明我们有责任更友好地相处，并且要保护和珍惜这个淡蓝色的光点——这是我们迄今所知的唯一家园。

图像偏左下光带里的暗淡蓝色小点，就是从64亿公里之外拍摄的地球。

第 35 章　穿越星际去旅行

我们可以去拜访外星人吗

我们的宇宙之旅到达尾声。展现在人类面前的，是一个无限浩瀚的宇宙，这个宇宙经历了一个伟大的创生过程，一步步造就了空间和时间，造就了原子和星球，最后是我们的诞生，这实在是一个激动人心的浩瀚时空和激动人心的创生之路。而且，还可以肯定的是，人类并不孤独，宇宙中有无数的文明与我们同在。

我们能够去拜访宇宙中的同类吗？

假设银河系中能够进行无线电通讯的文明星球总数有30万个，而且大致均匀分布在银盘里，那么每个文明间的平均距离大约是600光年。假如到21世纪末，宇宙飞船的速度可以达到每秒300公里，以这样的速度到达太阳系最近的恒星邻居南门二需要4300年，到达600光年之外需要60万年时间，这根本实现不了银河系内的恒星际穿越，更不要说到其他星系去旅行了，仅仅是那个近邻——仙女座大星系M31也远在250万光年之外。

我们被永恒地囚禁在浩瀚宇宙中一个小小的星球上了吗？

狭义相对论之梦

狭义相对论揭示出这样一幅美妙景象：由于速度可以使时间的流逝变慢，一个人即使在自己短暂的一生中，也有可能漫游整个宇宙！

根据狭义相对论的理论，速度越快，时间流逝得越慢。假如宇宙飞船速度达到光速的99%，飞船上的时间流速将只有地球的14%。地球上过去100年，飞船上只过去14年，这使得几百光年范围内的恒星旅行在一生中变得可能。

如果速度达到光速的99.999999%，时间流速将变慢到10万分之14，地球上过去10万年，飞船上仅过去14年，这样在乘客的一生中，就可以穿越整个银河系。只要速度无限接近光速，时间就可以无限变慢，这样从理论上来说，在人的一生中可以实现随意漫游宇宙。当然，地球的时间依然按原来的速度流逝。一艘极其接近光速的宇宙飞船，可以在乘客感觉很短时间内漫游几百亿光年再返回来，但此时地球时间已经过去了几百亿年，太阳早已熄灭变成白矮星，地球早已生机不再了。

要实现这种大幅度的时间变慢效应，需要的速度极高，也就是非常接近光速。会有这样的宇宙飞船吗？

如何加速

未来能够大大提升飞船速度的方案，容易想到的有以下几种：

核聚变动力飞船

就是用类似微型原子弹爆炸的装置产生的能量作为动力，“底达罗斯”方案就基于此原理。这艘设想中的飞船大得惊人，总重量超过5万吨，火箭高达230米，70层楼高，最宽处直径130米，比两个足球场还大，美国曾经制造过的最大火箭“土星五号”在它面前简直不值一提。火箭需要携带3万吨氦3和2万吨氘作为核聚变燃料，而这仅仅能飞往6光年之外的巴纳德星。

核聚变最多能够把7/1000的质量转化成能量，飞船最终可以达到的极限速度是每秒3.7万公里，以此速度飞往近邻巴纳德星需要五十多年时间。

反物质动力飞船

反物质和物质相遇会湮灭，质量全部转化为能量，其效率是燃烧石油的上百亿倍，是核聚变反应的一百多倍，湮灭产生的能量中只有60%可以用作飞船的动力，这将是效率最高的飞船，只需几克反物质燃料即可把一个不太大的探测器在40年内送到南门二。

困难在于取得反物质材料，因为并没有天然存在的反物质可供开采，只能把湮灭过程反过来，使用粒子加速器制造反物质，这过程需要消耗极大量的能量。现在全世界每年制造出来的反物质仅有1/100亿克，还不够加热一杯咖啡，全世界大型粒子对撞机开动1000年才能制造出1微克反物质。而据测算，一艘重量为100吨的宇宙飞船，速度要想达到光速的40%，需要携带的反物质相当于80艘超级油轮的装载量。而且，反物质只要和物质相遇就要湮灭，如何保存大量反物质也是极难克服的困难。

激光帆飞船

利用激光束推动太空帆也是设想的方案之一。它需要在太空或者月球上建立一个太阳能激光阵列，通过一个直径达上千公里的透镜，把激光束聚焦到一片远程太空帆上，太空帆的直径达上百公里，宇宙飞船就附着在这个太空帆上。

如果用这种方式飞向南门二，激光阵列需要产生的激光束功率高达7.2万亿瓦（大约是2014年中国全国平均用电功率的10倍）。在旅程的前一半，激光的光压推动太空帆和宇宙飞船向前加速，持续不断地加速40年，飞船的速度可以达到光速的1/5——每秒6万公里。旅程的后一半飞船开始减速，减速的办法是，将位于激光帆中央的宇宙飞船与帆脱离，并甩向帆的后方，把激光帆变成一个反射镜，它把激光束反向聚焦在飞船上，这时候激光束变成了阻力，飞船就慢慢减速，同时它与帆越来越远，到达目标星时飞船的速度可以降低到环绕飞行。

近光速旅行的唯一理论方案

上述几种方案技术难度极大，也最多只能把飞船加速到光速的1/5左右，与近光速飞行相去甚远。把飞船提高到极其接近光速还面临另外一个巨大障碍：物体越接近光速，它的质量会变得越大；如果飞船的时间流逝变慢到万分之一，质量也将增加到1万倍。将飞船加速到极其接近光速，以实现时间的大幅度变慢，需要的能量如此之大，以至于用人类的手段根本不可能实现。

这样，理论上也不可能实现近光速飞行吗？基帕·索恩提出的一个设想，是目前所知的飞船能够达到近光速飞行的唯一可能方案。

这方案需要借助引力弹弓来为飞船加速，不过能够将飞船加速到近光速的引力弹弓并非普通的行星或者恒星能够胜任，它需要一对非常特殊的黑洞：第一，它们的环绕轨道必须极其椭圆；第二，黑洞必须足够大。

假如有这样一对黑洞，人类可以驾驶飞船接近双黑中的一个，比如B黑洞，环绕其旋转，时机合适时借助B黑洞的引力弹弓效应弹向A黑洞，这样飞船的速度就提升了一次。然后在适当的时机，飞船跳回黑洞B，再重复上述过程。飞船在两个黑洞之间跃来跃去，飞船就能加速得越来越快。只要双黑洞的轨道足够椭圆，飞船速度就可以无限接近光速；只要黑洞足够大，无限接近光速的飞船依然可以围绕黑洞运行，进而把这一过程继续下去，只是飞船环绕黑洞时需要无限接近黑洞视界。

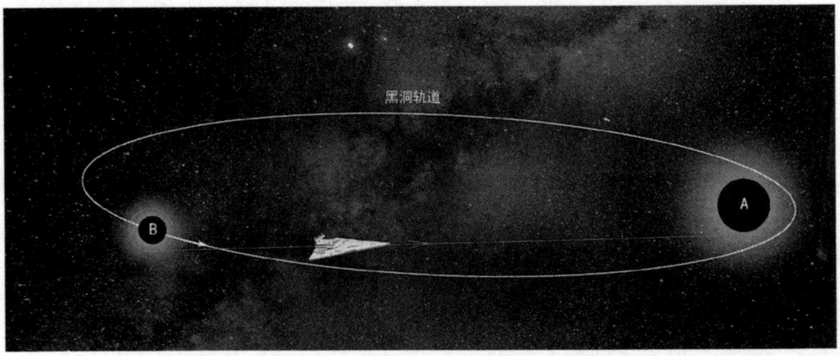

这样，飞船只需要少量燃料去控制在每个黑洞上方的飞行，就可以不断提升速度。一旦达到了理想的近光速，就可以发动火箭离开黑洞，飞向宇宙深处的目标星系。

方案无疑是非凡的，但这样的双黑洞存在吗？可能性为零。即使有，飞船又怎么飞过去呢？即使飞过去加成功加速了，可它又怎样减速呢？没有任何天体引力能够拉住这样的飞船，除非是黑洞，还必须是同样的双黑洞才能给它减速。

恒星际旅行还有另一个无法回避的问题。若一艘飞船真的以近光速在太空飞行，迎面而来的气体分子和尘埃，相对于飞船的速度就是近光速的，极小的一团尘埃，其能量就足以毁灭飞船，这样的飞船是不可能在宇宙中畅行无阻的。

看来，要想加速飞船来实现恒星际的自由穿越，答案很明确：不可能。

难道人类真的永远被囚禁在太阳系附近的空间范围内吗？其实还有一种更可能的途径——虫洞。

虫洞

虫洞是连接两个不同时空的通道，它是广义相对论的推论之一。虫洞这个名词，最早由约翰·惠勒于1957年提出。惠勒做了一个比喻，把时空比作一个苹果，在其表面上，从一个点到另一个点需要走一条弧线，但如果有一条蛀虫在这两个点之间蛀出了一个虫洞，通过虫洞就可以在这两个点之间走直线，这显然要比原先的弧线来得近，把这个类比从二维的苹果表面推广到三维的物理空间，就是宇宙的虫洞。

虫洞是宇宙中相距遥远的两点间的一条假想捷径，它有两个洞口，洞口内的距离可以很短，比如几百米，洞口外的距离不受限制，比如几百光年、几万光年，或者若干亿光年。这样，人们从一个洞口进去，只需要走几百米，就可以到达若干光年外的地方，轻而易举地实现恒星际或者星系际的穿越。

虫洞通过超空间联结着其他的时空区域，我们可以用二维画面来理解虫洞的这种联结。用一张纸代表宇宙空间，把这张纸弯折过来，这相当于时空是弯曲的，当然，地球人类并不能感觉到时空是弯曲的，那是在极大尺度上发生的事情。我们会发现，二维空间内相距很远的两个点，在三维空间里可以相当近，只需在纸面上穿一个洞，就可以把二维面上遥远的两点联结起来了。

假如虫洞真的在地球附近，那么洞口在我们面前像什么呢？在二维的弯折的纸面上，洞口是一个圆。因此在我们的三维宇宙中，它应该是一个球，有点像黑洞的球状视界。差别在于，黑洞的视界是单向的，任何东西都能进去，但不能从里面出来，虫洞的洞口是双向的，我们能从两个方向穿过它，可以走进洞里，也可以回到外面的宇宙。如果向球状洞口内看，可以看见来自另一个星球的光芒。

因为时间与空间结合在一起，超越空间，必然同时超越时间。设想一个虫洞的两个洞口，一个位于地球附近，另一个位于27000光年外的银河系中心，洞内的距离只有几百米。你从地球一端的洞口进去，经过洞内很短的距离和很短的时间，从另一个洞口出来，就到达了银河系中心，这时候地球上的时间也过去了27000年，你来到了未来的27000年后的银河系中心。你这时候进入那个洞口，穿过虫洞回到地球，你又会回到27000年前的地球，也就是现在。虫洞不仅是空间的隧道，同时也必然是时间机器，从一个方向穿越过去，可以走进未来，反方向穿越它，可以回到过去。

超体

玄妙的虫洞展示了星际旅行的光明前景，它们真的存在吗？当年爱因斯坦看待虫洞和黑洞一样，认为它们只是数学伎俩而已，不可能真的存在。不过爱因斯坦的态度也不见得可靠，他有时候也过于保守。

虫洞的存在有一个前提，就是存在高维度空间。我们感受到的极遥远空间和极漫长时间，有可能通过高维度空间联结在一起，这种高维度空间还称为超空间，也有人称为超体。超体可以赋予生命更大的自由度，一个二维的生命体被一个完整的圆困住，它若不打破这个圆，根本就无法出来，可是我们从三维空间里可以把它轻松拿出来。对二维空间来说，三维空间就是超体。

存在超越三维空间的超体吗？最初，科学家为了解决一些物理问题，假想存在着高维度空间，结果发现描述问题很方便，后来渐渐意识到，高维度空间很可能真的存在。尤其是20世纪的最后两个十年，弦理论和M理论先后问世，它们用不同的模型解释世界，弦理论把粒子看成一维的能振动的弦，M理论里则是二维的能振动的膜。在弦理论里，要想完善而自洽地描述宇宙，需要十个空间维度，M理论则需要十一维。我们感觉到的空间是三维空间，加上时间的一维，总共是四维，额外的维度在哪里呢？

四维时空能被感觉到，是它们在宏观尺度上显现出来，但其余的维度却蜷缩在量子尺度里，人们根本察觉不到。就像人的一根头发，从远处看，是一根一维的线，如果拿到放大镜下看，会发现它上面有很多细节，显示出三维的特征。空间的维度也是如此，粗看上去，是四维的时空，如果能够深入到极其微观的尺度——量子尺度，就能够看到还有更多的维度存在了。

并不是所有的额外维都蜷缩到了极微观尺度，也可能有维度放得很大——甚至是无限大。如同极微观维度附着在我们的四维时空一样，我们的四维时空也附着在这个更大更高的维度上，是高维度时空里的一个膜，如同二维空间是三维空间里的膜一样。

如果四维时空是一个膜，那么无限发达的文明就有可能制造出虫洞来。就像把一张纸折叠在一起钻个洞，从而使不同纸面上的空间联结在一起，无限发达的文明可以把空间膜扭曲起来，在其上凿两个类似黑洞的洞，成为一个虫洞，它把看上去极遥远的两个空间点连通起来。

流行于科幻小说中的曲率引擎飞船与建造虫洞类似。一艘处于太空中的飞船，用巨大的负能量在周围形成一个空间曲率泡，同时把后方的空间曲率熨平，减小其曲率，飞船就会被前方曲率更大的空间拉过去，飞船超空间运动，速度不受光速的限制，可以像穿越虫洞那样快速抵达看似极遥远的地方。至于飞船本身，将停留在由平滑时空组成的泡内，它本身的运动速度并非超光速，因而并不违反相对论。

无法超越的困难

然而，无论是制造虫洞，还是曲率引擎飞船，都需要巨大的能量。按照能量守恒定律，要把一艘宇宙飞船送到若干光年之外，无论是直接飞过去，还是制造空间弯曲让飞船穿越时空，需要消耗的能量是差不多的。

因而像制造虫洞，或者曲率飞船，只是理论上的可能，是无限发达文明才能实现的任务。无限发达文明的意思是，他们只受物理定律的制约而没有技术手段的限制，能量的供应也是源源不断的。弯曲空间需要消耗能量，制造虫洞或者改变空间曲率需要的能量，相当于把不止一个星球的质量转化为能量。人类不是无限发达的文明，不可能让飞船超越时空地穿越恒星际空间。

费米悖论

1950年，诺贝尔奖获得者、物理学家费米在和别人讨论飞碟及外星人的问题时，突然冒出一句："他们都在哪儿呢？"这句看似简单的问话，就是著名的"费米悖论"。

假如人类在100万年后能够实现恒星际的自由穿越，那么，以宇宙的时间尺度，比人类早进化100万年的外星人应该多的是，他们早就应该来到地球了。可是，他们在哪儿呢？

费米悖论并不能否认外星人的存在，它只表明，外星人不可能乘坐飞船来到地球，同样地，未来的人类也不可能乘坐飞船去拜访外星的文明。

把金属飞船和血肉之躯送往遥远外星，很可能是人类智慧萌芽阶段的想法，穿越星际的旅行必须另辟蹊径。

唯一可能的出路？

卡尔·萨根对超时空旅行有很高明的见解，他在他的科幻名著《接触》里，最早提出了借助虫洞的星际旅行。看起来最科幻，却有可能是最接近现实的终极版星际穿越。下面是小说的故事梗概：

地球人收到织女星方向传来的一串古怪射电信号，破译出来后发现是一张大机器图纸。虽然完全搞不懂它，世界多国还是决定联合起来按照说明把它制造出来。

这是一个巨大的传送装置，爱丽等5名宇航员进入这个神秘装置，准备开始与外星文明首次接触。

大机器开动，宇航员发现大机器打开了一个空间虫洞，载人舱穿过虫洞，在银河系中穿越，走马观花地参观了无数文明和遗迹，最后来到织女星附近。在那里，他们每个人都遇上了自己一生中最爱的人，那是织女星人变幻出来的形象，他们用这种方式与地球人交流，沟通毫无障碍。

爱丽遇到的形象是她已经去世的父亲，父亲领她参观了银河系中心，向她介绍了一个众多星际文明参与的工程项目：再造宇宙。他们在银河系中心建造一个超级黑洞和一个超级白洞，把几百万颗恒星牵引到其中，通过这个通道，把质量和能量运输到仙后座附近，在那里制造了一个活跃的宇宙区域。

这浩大的工程深深震撼了爱丽，这些外星文明无疑就像造物主。爱丽问父亲，你们可以操纵几百万个恒星，可以操纵时间和空间，你们信仰造物主吗？

织女星人告诉爱丽，他们确信有一种意图创造了这个宇宙，但并不是人类所认为的那样一个造物主，这个造物主只是创造了基本的物理定律，并不去干涉世界的运行。宇宙确有造物主的意图在其中，但织女星人也不清楚，他们依然在追寻之中。

星际旅行结束了，宇航员回到飞行舱中，穿过虫洞回到地球。这一趟旅程穿越了好多万光年，但按照宇航员自己的钟表，显示他们离开地球只经历了20个小时，他们知道这是一种时间变慢效应。他们兴奋地从大机器里冲出来，却发现人们正沮丧地宣布实验失败。原来地球人只是看到，机器运转起来，达到最大功率后，就开始减慢以至于最后停下来，前后不过20分钟，5个宇航员就出来了，个个处于极度兴奋中。

所有人都不相信5个宇航员的经历，宇航员们在太空旅行过程中录了很多音像资料，打开后都是空白。人们尝试再次启动机器，但却无法运转了。

卡尔·萨根式的星际旅行有可能实现吗？它需要探索另一个同样神秘的宇宙——大脑与意识，它也常被称为生命的小宇宙。假如意识与宇宙时空之间有某种深刻而普遍的联系，这种星际旅行就有可能实现。毕竟，宇宙所有时空与其万物都起源于同一个奇点，它们之间有某种更深刻的联系是极有可能的。

如果卡尔·萨根式的星际旅行能够实现，人类就有可能获得终极的自由，从而成为名副其实的无限空间之王。

人类的困境

我们身处一个无限伟大的宇宙，我们来自一个无限伟大的创生过程。与此形成强烈反差的是，我们的身体是这样渺小，存在的时间是这样短暂，在无限的空间大海与无限的时间长河里，我们几乎是被囚禁在时空的一个点上，如一朵小小的浪花一闪而逝。

我们究竟是宇宙的囚徒，还是无限空间之王？